"十三五"国家重点出版物出版规划项目
面向可持续发展的土建类工程教育丛书
普通高等教育工程造价类专业系列教材

BIM 与工程造价管理

主　编　卢永琴　王　辉
副主编　肖光朋　文　希
参　编　郭丹丹　项　健　郑文武　王选恺　张人之　唐益粒
　　　　赵　霞　甘源鑫　胡智威　张孟宇　石秋妹
主　审　陶学明

机械工业出版社

本书内容将工程造价专业知识与 BIM 技术相结合，旨在培养学生运用计算机及信息技术辅助解决工程造价相关问题的能力。全书共 8 章，主要介绍了 BIM 技术及 BIM 与工程造价的关系、Revit 软件基础知识、基于 Revit 软件的建筑装饰工程和安装工程计量模型的创建方法、基于 CAD 软件的建筑装饰工程和安装工程计量模型的创建方法、BIM 工程计价、BIM 与工程造价控制等。书中提供了大量的图例和案例，以帮助学生理解和掌握 BIM 技术在工程造价中的应用。

本书可作为高等学校工程造价、工程管理专业 BIM 相关课程的教材，也可作为工程造价从业人员的参考书。

本书配有 PPT 电子课件，免费提供给选用本书作为教材的授课教师。需要者请登录机械工业出版社教育服务网（www.cmpedu.com）注册，免费下载。

图书在版编目（CIP）数据

BIM 与工程造价管理/卢永琴，王辉主编. —北京：机械工业出版社，2021.3（2024.6重印）

（面向可持续发展的土建类工程教育丛书）

普通高等教育工程造价类专业系列教材 "十三五"国家重点出版物出版规划项目

ISBN 978-7-111-67428-3

Ⅰ.①B… Ⅱ.①卢… ②王… Ⅲ.①建筑造价管理—计算机辅助设计—应用软件—高等学校—教材 Ⅳ.①TU723.3-39

中国版本图书馆 CIP 数据核字（2021）第 019096 号

机械工业出版社（北京市百万庄大街 22 号　邮政编码 100037）
策划编辑：刘　涛　责任编辑：刘　涛　高凤春
责任校对：王明欣　封面设计：马精明
责任印制：李　昂
北京捷迅佳彩印刷有限公司印刷
2024 年 6 月第 1 版第 3 次印刷
184mm×260mm ·18.5 印张·459 千字
标准书号：ISBN 978-7-111-67428-3
定价：55.00 元

电话服务　　　　　　　网络服务
客服电话：010-88361066　机　工　官　网：www.cmpbook.com
　　　　　010-88379833　机　工　官　博：weibo.com/cmp1952
　　　　　010-68326294　金　书　网：www.golden-book.com
封底无防伪标均为盗版　机工教育服务网：www.cmpedu.com

前　言

BIM技术的应用作为建筑业数字化转型升级的一项重要内容，近年来在政府和行业机构的推动下，应用深度和广度不断扩大，已成为工程造价信息化不可或缺的部分。根据高校工程造价专业人才培养要求，工程造价信息化技术知识包括工程计量与计价软件、工程造价信息管理以及BIM原理及应用等几大方面。工程造价信息化课程作为工程造价专业的必修课，主要培养学生运用计算机及信息技术辅助解决工程造价专业相关问题的基本能力。

本书在内容上既兼顾BIM原理也强调工程计量计价模型的创建。BIM技术的载体是模型，模型的精细程度决定了数据的准确度，但为避免将BIM技术与单纯的建模等同理解，本书在内容编排上考虑了BIM在工程造价管理方面的应用，力求使学生在掌握建模方法的基础上，将工程造价知识与BIM技术应用结合起来。

全书共分为8章。第1章为绪论，旨在让学生了解BIM技术以及BIM与工程造价确定的紧密关系；第2章为Revit软件基础知识，介绍了Revit软件涉及的基础概念和典型操作内容，为后续章节做总体上的铺垫；第3、4章介绍了基于Revit软件的建筑装饰工程和安装工程计量模型的创建方法以及BIM建模和工程量提取的完整过程，增强学生理解操作上的连续性；第5、6章分别介绍了基于CAD软件的建筑装饰工程和安装工程计量模型的创建方法以及传统计量软件的操作方法；第7章为BIM工程计价，介绍了从不同模型中获取的工程量与计价软件有效衔接后，工程量清单和计价文件的编制方法，完成了工程造价从计量到计价的完整过程；第8章为BIM与工程造价控制，介绍了BIM在建设项目各个阶段工程造价控制中的具体应用。

本书由西华大学卢永琴、王辉担任主编，肖光朋、文希担任副主编。具体编写分工为：第1章由卢永琴编写，第2章由郑文武、王选恺共同编写，第3章由卢永琴编写，第4章由卢永琴、甘源鑫共同编写，第5章由张孟宇、赵霞共同编写，第6章由王选恺、胡智威共同编写，第7章由卢永琴、石秋妹共同编写，第8章由文希、项健、肖光朋共同编写。全书由卢永琴、王辉统稿。

在本书的编写过程中，得到了多方面的支持和帮助。西华大学陶学明教授认真审阅了书稿，提出了很多宝贵意见。郭丹丹、肖光朋和赵霞在资料收集和插图编辑方面做了大量工作，四川省宏业建设软件有限责任公司的张人之和唐益粒为本书中的案例提供了诸多建议，在此表示衷心的感谢。同时，本书在编写过程中参考了书后参考文献中的信息，在此对资料提供者和原创作者表示感谢。

由于 BIM 技术发展日新月异，加之编者水平有限，书中疏漏之处在所难免，衷心希望广大读者给予批评指正！

本书配套的施工图、族库、样板文件可登录下面网址下载：https：//pan. baidu. com/s/11tCOOaq_5gzWQPn6fCV5cQ（提取码：2121）。

编　者

目　录

1.1 BIM 概述

这是一个数字化时代，在计算机和互联网充分普及的背景下，人们各种信息的获取和处理变得更为迅捷和有效。数字化技术正冲击着各行各业的传统技术和管理模式，推动了建筑业设计、建造和管理等领域的创新和变革，同时也催生了建筑信息模型（Building Information Modeling，BIM）。进入 21 世纪以来，BIM 在国内从不为人所知到迅速在建筑业内传播，其应用对象从小规模建筑到体量大且复杂的建筑体，应用范围从最初的设计阶段到施工阶段并开始扩展到运维阶段，呈现出良好的发展态势。在国家对建筑业信息化发展的大力推动下，各级政府相继推出支持 BIM 技术应用的相关政策，促使该技术更加广泛普及，并成为设计和施工企业承接项目的必要能力。

2011 年 5 月，住房和城乡建设部发布《2011—2015 建筑业信息化发展纲要》，强调要加快 BIM 等新技术在工程中的应用，推动信息化标准建设，形成一批信息技术应用达到国际先进水平的建筑企业。从而掀起了施工行业 BIM 技术的应用热，对建筑业信息化起步发展起到了积极的推动作用。

2013 年 9 月，住房和城乡建设部发布《关于推进 BIM 技术在建筑领域内应用的指导意见》，向社会各界广泛征求意见，其中明确指出"2016 年，所有政府投资的 20000m² 以上的建筑的设计、施工必须使用 BIM 技术"，强化了设计、施工企业使用 BIM 技术的紧迫性。

2015 年 6 月，住房和城乡建设部发布《关于推进建筑信息模型应用的指导意见》，提出到 2020 年末，建筑行业甲级勘察、设计单位以及特级、一级房屋建筑工程施工企业应掌握并实现 BIM 与企业管理系统和其他信息技术的一体化集成应用。并规定到 2020 年末，以下新立项项目勘察设计、施工、运营维护中，集成应用 BIM 的项目比例达到 90%：以国有资金投资为主的大中型建筑；申报绿色建筑的公共建筑和绿色生态示范小区。《关于推进建筑信息模型应用的指导意见》旨在贯彻《关于印发 2011—2015 建筑业信息化发展纲要的通知》和《住房城乡建设部关于推进建筑业发展和改革的若干意见》的有关工作部署和推进建筑信息模型的应用。

2016 年 8 月，住房和城乡建设部发布《2016—2020 建筑业信息化发展纲要》，强调加快 BIM 普及应用，实现勘察设计技术升级；推广基于 BIM 的协同设计，开展多专业间的数据共享和协同，优化设计流程，提高设计质量和效率；研究开发基于 BIM 的集成设计系统及协同工作系统，实现建筑、结构、水暖电等专业的信息集成与共享。

2017 年以来，国家和地方开始加大 BIM 政策与相关标准的落地应用举措。国务院于 2017 年 2 月发布的《关于促进建筑业持续健康发展的意见》提到加快推进建筑信息模型（BIM）技术在规划、勘察、设计、施工和运营维护全过程的集成应用。住房和城乡建设部组织编制了《建筑业发展"十三五"规划》，明确建筑业技术进步目标包括加大信息化推广力度，应用 BIM 技术的新开工项目数量增加。2019 年 2 月，住房和城乡建设部发布《关于印发〈住房和城乡建设部工程质量安全监管司 2019 年工作要点〉的通知》，提出支持推动 BIM 自主知识产权底层平台软件的研发，组织开展 BIM 工程应用评价指标体系和评价方法研究，进一步推进 BIM 技术在设计、施工和运营维护全过程的集成应用。同年 3 月，国家发展改革委与住房和城乡建设部联合发布的《国家发展改革委 住房城乡建设部关于推进全过程工程咨询服务发展的指导意见》中指出大力开发和利用建筑信息模型（BIM）、大数据、物联网等现代信息技术和资源，努力提高信息化管理与应用水平，为开展全过程工程咨询业务提供保障。由于 BIM 技术在建筑业转型升级中的大力推进与 BIM 人才相对匮乏之间的矛盾日益明显，住房和城乡建设部在 2019 年 3 月发布了《关于印发 2019 年部机关及直属单位培训计划的通知》，将 BIM 技术列入面向从领导干部到设计院、施工单位人员、监理等不同人员的培训内容，为 BIM 技术人才的培养与输出提供保障。在国家政策引导下，全国多个省市也相继出台了 BIM 技术应用指导意见和应用指南，多部国家 BIM 标准相继获批实施。

一系列政策是国家在信息化发展战略背景下提高建筑业信息化水平的循序渐进的政策引导，表明了促进行业发展改革的决心。迄今国内建筑信息化市场有了多年的经验探索和理论成果，但建筑业信息化率与国际建筑业信息化率平均水平相比差距仍然很大，BIM 技术的集成应用并不成熟，也并非所有使用者都获得预期的回报。因此建筑业界包括房地产商、设计方、施工承包商、项目管理咨询方以及各大高校仍在积极探索 BIM 技术的应用和理论研究。

1.1.1 BIM 的概念

BIM 作为技术术语最早由美国人提出，最初用于建筑设计上，主要用于解决计算机辅助建筑设计（Computer Aided Architectural Design，CAAD）中存在的问题，如 2D 建筑图高度冗余、重复画图、设计变更导致图纸不一致、施工图信息获取过程困难等。20 世纪 90 年代 BIM 技术在欧美国家开始蓬勃发展，计算机网络通信技术的飞速发展，以及软件开发商的不断努力，为 BIM 技术的广泛传播和应用奠定了基础。21 世纪初 BIM 概念引入我国并逐渐被人们所熟悉，简单来讲，建筑信息模型可理解为数字化的建筑三维几何模型。随着 BIM 技术逐渐在大中型项目中的应用，BIM 的含义逐渐被人们理解，并成为我国建筑业信息化技术的代名词。以下主要从 BIM 应用更为成熟的美国国家标准和我国新近颁布的国家标准对 BIM 的概念进行解释。

1. 美国国家标准中 BIM 的定义

美国国家 BIM 标准（NBIMS）中对 BIM 的定义由三层含义组成。

第一层含义为 Building Information Model，是指设施的物理和功能特性的一种数字化表达，强调了 BIM 是一种数字化表达，是描述建筑物和其他设施的结构化的数据集，可为决策提供依据。

第二层含义为 Building Information Modeling，指 BIM 是一个共享的知识资源，是一个分享有关这个设施的信息，从建设到拆除的全生命周期中为所有决策提供可靠依据的过程。该含义中强调了设施模型建立的行为和目标，指出 BIM 不仅仅限于模型本身的描述，更是创建设施信息模型的行为。BIM 模型适用范围包含三种类型的设施或建造项目。

1）Building，建筑物，如一般办公楼房、住宅建筑等。

2）Structure，构筑物，如水坝、水闸、水塔等。

3）Linear Structure，线性形态的基础设施，如公路、铁路、桥梁、隧道等。

第三层含义为 Building Information Management，即建筑信息管理。支持数据标准和 BIM 用途的数据要求。数据的连续性使相关信息能够在发送方和接收方都理解的条件下可靠地进行交换。在统一的标准前提下，项目的不同阶段，不同利益相关方才能在 BIM 中插入、提取、更新和修改信息，并使数据流动顺畅以支持和反映各方的协同作业。

2. 我国国家标准中 BIM 的定义

我国行业标准《建筑对象数字化定义》（JG/T 198—2007）把 BIM 定义为："建筑信息完整协调的数据组织，便于计算机应用程序进行访问、修改或添加。这些信息包括按照开放工业标准表达的建筑设施的物理和功能特点以及其相关的项目或生命周期信息"。该标准明确了 BIM 包括建筑设施的物理特性和功能特性，并覆盖建筑全生命周期。

国家标准《建筑信息模型应用统一标准》（GB/T 51212—2016）和《建筑信息模型施工应用标准》（GB/T 51235—2017）中关于 BIM 的定义为："在建设工程及设施全生命周期内，对其物理和功能特性进行数字化表达，并依此设计、施工、运营的过程和结果的总称，简称模型。"这里的"BIM"可以指代"Building Information Modeling""Building Information Model""Building Information Management"三个相互独立又彼此关联的概念。在《建筑信息模型统一标准》中，将建筑信息模型的创建、使用和管理统称为"建筑信息模型应用"，简称"模型应用"。规范强调模型应用应能实现建设工程各相关方的协同工作、信息共享；模型应用宜贯穿建设工程全生命周期，也可根据工程实际情况在某一阶段或环节内应用；模型应用宜采用基于工程实践的建筑信息模型应用方式（P-BIM），并应符合国家相关标准和管理流程的规定。

由上述关于 BIM 的定义可知，BIM 既包含模型本身作为某阶段或者整个项目生命周期的物理载体的描述，也包含作用于模型的一系列应用和管理工作。但它既不等同于一个简单的三维几何模型，也不仅仅是狭义的建模技术，其含义远远超过了其字面本身的表达。

BIM 技术的含义也可以这样来描述：BIM 技术是一项应用于设施全生命周期的 3D 数字化技术，它以一个贯穿其生命周期都通用的数据格式，创建、收集该设施相关的信息并建立信息协调的模型作为项目决策的基础和共享信息的资源，帮助人们虚拟地计划、设计、构建和管理整个项目。这里的 BIM 技术则侧重于信息模型的有效形成并应用的过程和行为。

1.1.2 BIM 的特点

如前所述，关于 BIM 的定义可通过三个层面来理解，当单提"BIM 模型"时，是指"Building Information Model"，提到模型创建和应用时即是指"Building Information Modeling"，即 BIM 技术。因此，对 BIM 的理解已经超出了模型本身的含义。结合模型和技术应用，BIM 有如下特点：

1. 可视化

BIM 可视化首先是三维模型可视化，其次是模型信息以及传递过程可视化，这是 BIM 技术最显著的特点。

相对 CAD 技术下的二维设计图表现方式，BIM 软件所建立的 3D 立体模型即为设计结果。3D 设计能够精确表达建筑的几何特征，相对于 2D 绘图，3D 设计不存在几何表达障碍，对任意复杂的建筑造型均能准确表现。传统二维施工图上表达的复杂构件信息不再需要工程人员自行想象，而是通过 BIM 模型直观呈现出来，减少了理解错误，提高了施工效率。

BIM 模型能使看不懂建筑专业 CAD 图的业主和用户通过模型清楚了解即将建造的建筑物的各类特征。更重要的是，BIM 附带的构件信息（几何信息、关联信息、技术信息等）为可视化操作提供了有力的支持，不但使一些比较抽象的信息（如应力、温度、热舒适性）可以用可视化方式表达出来，还可以将设施建设过程及各种相互关系动态地表现出来。在项目建设过程中，设计、建造、运营过程中各方的沟通、讨论、决策都在 BIM 所呈现的可视化状态下进行，极大提高了沟通和解决问题的效率。

2. 模型信息的完备性

从 BIM 定义中可知，BIM 是设施的物理和功能特性的数字化表达，信息是 BIM 的核心组成部分。BIM 模型信息中除了包括对工程对象的 3D 几何信息和拓扑关系的描述，还包括实际工程对象完整的工程信息：

1）设计信息：对象名称、结构类型、建筑材料、工程性能等。
2）施工过程信息：施工工序、进度、成本、质量信息等。
3）资源消耗信息：人力、机械、材料等消耗量。
4）维护信息：工程安全性能、材料耐久性能等。

除此之外，BIM 模型信息还包括工程对象之间的工程逻辑关系。

完备的信息存储功能可迅速地为设计师、施工方、业主等各方提供各类所需数据，节约了过去需要查询多种图纸和资料而花费的大量时间和精力。

信息的完备性还体现在 Building Information Modeling 这一创建建筑信息模型行为的过程。在这个过程中，设施的前期策划、设计、施工、运营维护各阶段都连接了起来，把各阶段产生的信息都存储进 BIM 模型中，使得 BIM 模型的信息来自单一的工程数据源，包含设施的所有信息。BIM 模型内的所有信息均以数字化形式保存在数据库中，以便更新和共享。

信息的完备性使 BIM 模型能够具有良好的基础条件，支持可视化操作、优化分析、模拟仿真等功能，为在可视化条件下进行各种优化分析和模拟仿真提供了便利条件。

3. 模型信息的关联性和一致性

工程信息模型中的对象是可识别且相互关联的，模型中某个对象发生变化，与之关联的所有对象会随之更新。源于同一数字化模型的所有图纸和图表均相互关联，在任何视图（平面、立面、剖面）中对模型的任意修改，都视为对数据库的修改，会立即在其他视图或图表中相应地方反映出来，避免了传统 CAD 设计方式下在各个图纸上重复多次修改，并且各构件之间可以实现关联显示、只能互动。例如，当移动视图中墙体构件时，墙上附着的门窗构件也会相应移动；删除墙体时，墙体所附着的门窗也随之删除等。这就大大提高了项目的工作效率。

模型信息的一致性体现在生命周期不同阶段模型信息是一致的，同一信息无须重复输入。当设计阶段采用 BIM 设计时，工程项目招投标以及施工阶段均在同一模型的基础上进行深化和施工，避免重复建模和计算，并在此基础上进行三维交底、进度控制、质量控制、造价控制、合同管理、物资管理、施工模拟等管理工作，确保了施工与 BIM 模型更好地对接。

4. 协调性

专业协调是建设过程中的重点内容，BIM 技术在很大程度上克服了以往各专业的协调障碍问题。项目建设过程中各专业之间常常因信息的传递和沟通的不顺畅出现各种冲突，如管道与结构冲突，各个房间出现冷热不均，没有预留洞口或尺寸不对等情况。这些问题大都是在施工现场根据已有安装情况进行调整或改造，常常会增加人工和材料的消耗。

BIM 能提供清晰、高效率地与各系统专业有效沟通的平台，通过其特有的三维模型效果和检测功能，将原来施工中才能发现的问题提前到施工之前。通过建造前期对各专业的碰撞问题进行协调，生成协调数据，提供给参与各方以便共同协商讨论解决方案。同时减少不合理变更方案或者问题变更方案，使施工过程顺利进行。

5. 模拟性和优化性

在前述有关 BIM 的定义中提到 BIM 是一个建立设施电子模型的行为，以解决建设过程每一个阶段的各类问题为目标。BIM 技术的模拟功能为解决工程中的疑难问题提供了有效的技术支撑。

BIM 的模拟性在设计阶段主要体现为节能模拟、紧急疏散模拟、日照模拟和热能传导模拟等，达到优化设计方案的目的。在施工阶段模拟性体现为通过对施工计划和施工方案进行分析模拟，充分利用时间、空间和资源，消除冲突，以获得最优施工计划和方案。并通过建立模型对新工艺和复杂节点等施工难点进行分析模拟，为顺利施工提供技术方案。在后期运营阶段，还可以进行日常紧急情况处理方式的模拟，如地震人员逃生模拟和消防人员疏散模拟等。

事实上，整个设计、施工和运营的过程就是一个不断优化的过程，优化通常受信息、复杂程度和时间的制约。现代建筑物的复杂程度大多超过参与人员本身的设计优化能力极限，而 BIM 模型提供复杂建筑物的完备信息，加上配套的各种工具恰好提供了对项目进行优化的条件。基于 BIM 的优化，可以完成以下两种任务：

（1）对项目方案的优化 把项目设计和投资回报分析结合起来，可以实时计算出设计变化对投资回报的影响。这样业主对设计方案的选择就不会停留在对形状的评价上，而是哪种项目设计方案更有利于自身的需求。

（2）对特殊项目的设计优化 在大空间随处可看到异形设计，如裙楼、幕墙和屋顶等，这些内容看似占整个建筑的比例不大，但是占投资和工作量的比例却往往很大，而且通常是施工难度较大和施工问题较多的地方。通过模拟分析，对这些内容的设计施工方案进行优化，为改善工期和减少工程实施的造价提供可能。

6. 生成工程文档

项目生命周期各个阶段都产生了大量的信息，不同于传统 CAD 设计方式下建筑物的几何物理信息和施工过程中人员、材料、时间、成本等信息处于相互分割的状态，BIM 模型及平台中集成了这些可用信息，并且通过一定的标准保证了其在各阶段的传输和各专业软件之间的共享和交换，BIM 在各类软件支持下生成预定的设计和施工文档分类存储以供调用。例如，通过 BIM 模型可直接生成设计阶段施工图；可导入导出结构材料参数数据、声学数据和能耗数据文件；可记录下每一次的设计变更状态并生成报告；可提供工程量数据并形成工程造价文件，并在施工阶段结合不同专业软件完成工程进度文档和成本文档等。值得注意的是建筑模型本身也是作为重要的工程文档成为 BIM 技术的重要特征之一。

1.1.3 BIM 标准

1. BIM 标准分类

BIM 的作用是使建设项目各方面的信息从规划、设计、施工到运营的整个过程中无损传递，这依赖于不同阶段、不同专业之间的信息传递标准，即需要一个全行业的标准语义和信息交换标准，为项目全生命周期各阶段、各专业的信息资源共享和业务提供有效保证。目前 BIM 标准分为 3 大类：分类编码标准、数据模型标准、过程交付标准。

（1）分类编码标准　分类编码标准直接规定建筑信息的分类，并将其代码化。例如，对不同建筑类型、构件类型、不同材料种类等进行分类，赋予唯一编码。目前，国外采用的分类编码标准主要有 OmniClass 标准、MasterFormat 标准等。国内建筑行业分类编码标准主要有《建筑产品分类和编码》《建筑信息模型分类和编码标准》。

（2）数据模型标准　数字模型标准规定 BIM 数据交换格式，即用于交换的建筑信息的内容及其结构，是建筑工程软件和共享信息的基础。目前国际上获得认可的数据模型标准包括 IFC（Industry Foundation Class）标准、CIS/2（CIMsteel Integration Standards Release 2）标准、gbXML（The Green Building XML）标准。我国采用工业基础类 IFC 标准作为数据模型标准。

（3）过程交付标准　过程交付标准规定用于交换的 BIM 数据的内容，即什么人在什么阶段产生什么信息。为保证信息在各专业和各阶段传递的准确性，需要对传递信息内容、流程、参与方进行严格规定。过程交付标准主要包括 IDM（Information Delivery Manual）标准、MVD（Model View Definitions）标准和 IFD（International Framework for Dictionaries）库。

在上述 BIM 标准体系编制中，主要利用了三类基础标准：建筑信息组织标准、数据模型表示标准以及 BIM 信息交付手册标准。建筑信息组织标准用于分类编码标准和过程交付标准的编制，数据模型表示标准用于数据模型标准的编制，BIM 信息交付手册标准用于过程交付标准的编制。

2. 我国国家 BIM 标准体系

根据国际 BIM 标准体系，2012 年以来，我国陆续立项了有关 BIM 标准编制项目。2012 年住房和城乡建设部发布建标〔2012〕5 号文，立项了 5 项 BIM 国家标准编制工作，包括《建筑信息模型应用统一标准》《建筑信息模型分类和编码标准》《建筑工程信息模型存储标准》《建筑信息模型设计交付标准》《制造工业工程设计信息模型应用标准》。2013 年立项编制《建筑信息模型施工应用标准》，2014 年立项编制行业标准《建筑工程设计信息模型制图标准》。

（1）《建筑信息模型应用统一标准》（GB/T 51212—2016）　该国家标准于 2017 年 7 月 1 日开始实施。它作为最高标准，对整个项目生命周期里，如何建立、共享、使用 BIM 模型，做出了统一的规定，包括模型的数据要求、模型的交换及共享要求、模型的应用要求、项目或企业具体实施的其他要求等，其他标准应遵循该标准的要求和原则。

（2）《建筑信息模型分类和编码标准》（GB/T 51269—2017） 该国家标准于 2018 年 5 月 1 日开始实施，属于基础数据标准。该标准与 IFD 关联，基于 Omniclass，面向建筑工程领域，规定了各类信息的分类方式和编码办法，这些信息包括建设资源、建设行为和建设成果。对建设资源的描述从完整的建筑结构、大型建设项目、复合结构的建筑综合体到个别的建筑产品、构件材料；建设行为描述包括各种建筑活动、参与者、工具，以及在设计、施工、维护过程中使用的各种信息。对于信息的整理、关系的建立、信息的使用都起到了关键性作用。

（3）《建筑工程信息模型存储标准》 该国家标准对应着国际标准体系的数据模型标准，主要参考 IFC 标准，针对建筑工程对象的数据描述架构（Schema）做出规定，以便于信息化系统能够准确、高效地完成数字化工作，并以一定的数据格式进行存储和数据交换。例如，建筑师在利用应用软件建立用于初步会签的建筑信息后，他需要将这些信息保存为某种应用软件提供的格式，或保存为某种标准化的中性格式，然后分发给结构工程师等其他参加者。

（4）《建筑信息模型设计交付标准》（GB/T 51301—2018） 该国家标准于 2019 年 6 月 1 日开始实施，属于执行标准，对应上述 BIM 模型过程交付标准中的 IDM、MVD 标准。标准规定了交付准备、交付物、交付协同三方面内容，包括建筑信息模型的基本架构（单元化）、模型精细度（LOD）、几何表达精度（Gx）、信息深度（Nx）、交付物、表达方法、协同要求等。

（5）《制造工业工程设计信息模型应用标准》（GB/T 51362—2019） 该国家标准是面向制造业工厂和设施的 BIM 执行标准，于 2019 年 10 月 1 日开始实施，是国家 BIM 标准体系的重要组成部分。该标准结合制造工业工程特点，从模型分类、工程设计特征信息、模型设计深度、模型交付和数据安全等方面对制造工业工程设计信息模型应用的技术要求做了统一规定，对统筹管理工程规划、设计、施工与运维信息，建设数字化工厂和提升制造业工厂的技术水平有着重要作用。

（6）《建筑信息模型施工应用标准》（GB/T 51235—2017） 该国家标准自 2018 年 1 月 1 日起实施。标准面向施工和监理，规定其在施工过程中该如何使用 BIM 模型中的信息，以及如何向他人交付施工模型信息，这包括深化设计、施工模拟、预加工、进度管理、成本管理等方面。

（7）《建筑工程设计信息模型制图标准》（JGJ/T 448—2018） 该标准属于行业标准，自 2019 年 6 月 1 日起实施。标准明确了 BIM 在设计阶段的模型定义及信息交流规则，包括建筑信息模型的表达精度、三维模型工程计量要求、模型单元的编号和颜色统一要求以及对交付视图编号及命名方式进行了统一规划。为建筑全生命周期的信息资源共享和业务协作提供有力保证。

1.2 BIM 在建设项目全生命周期的应用

在 2010 年美国宾夕法尼亚州立大学的计算机集成化施工研究组研究完成的《BIM 项目实施计划指南》第二版中，发表了 BIM 技术在设施全生命周期的四个主要阶段的 25 种常见的应用，如图 1-1 所示。

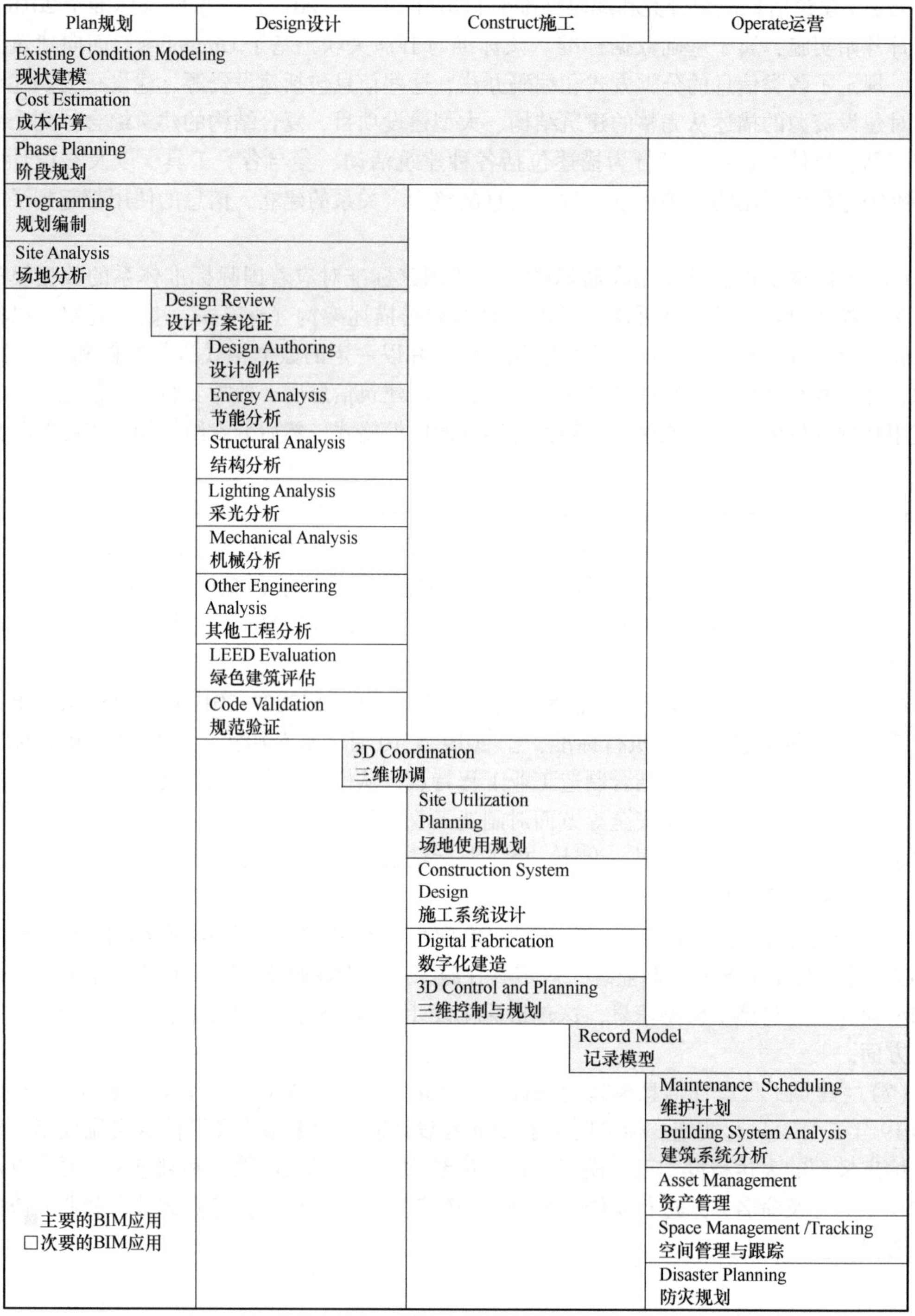

Plan规划	Design设计	Construct施工	Operate运营
Existing Condition Modeling 现状建模			
Cost Estimation 成本估算			
Phase Planning 阶段规划			
Programming 规划编制			
Site Analysis 场地分析			
	Design Review 设计方案论证		
	Design Authoring 设计创作		
	Energy Analysis 节能分析		
	Structural Analysis 结构分析		
	Lighting Analysis 采光分析		
	Mechanical Analysis 机械分析		
	Other Engineering Analysis 其他工程分析		
	LEED Evaluation 绿色建筑评估		
	Code Validation 规范验证		
		3D Coordination 三维协调	
		Site Utilization Planning 场地使用规划	
		Construction System Design 施工系统设计	
		Digital Fabrication 数字化建造	
		3D Control and Planning 三维控制与规划	
			Record Model 记录模型
			Maintenance Scheduling 维护计划
			Building System Analysis 建筑系统分析
			Asset Management 资产管理
			Space Management /Tracking 空间管理与跟踪
			Disaster Planning 防灾规划

主要的BIM应用
□次要的BIM应用

图 1-1　BIM 技术的 25 种常见的应用

　　经过近几年 BIM 技术的研究和发展，国内 BIM 技术的应用范围逐渐扩大，但由于中美建筑市场的差异以及本土主流 BIM 软件的欠缺，国内 BIM 应用在行业跨度和深度上都和美国有一定距离，不过主要应用方向是一致的。以下简单介绍目前国内 BIM 技术在项目全生命周期各个阶段的主要应用。

1.2.1 规划阶段 BIM 应用

项目前期行为计划和规划对整个生命周期的影响程度最大,该阶段需要确定建筑空间和功能要求、处理场地和环境问题,明确建筑标准和区域规划条件等因素。该阶段概念设计包括建筑的功能、成本、建筑方法、材料、环境影响、建筑实践、建筑文化及建筑美学等观点。项目理想规划方案即最优的建筑设计方案和最低的目标成本。规划阶段的 BIM 应用主要包括现状建模、投资估算和进行可视化能耗分析。

1. 现状建模

利用数字化三维扫描技术将场地条件信息载入到基于 BIM 技术的软件中,创建出道路、建筑物、河流、绿化以及高程的变化起伏等现状模型,并在现状模型的基础上根据容积率、绿化率、建筑密度等建筑控制条件创建工程的建筑体块的各种方案,提供可选方案的概念模型。

2. 投资估算

投资估算是业主最为关心的一个要素,准确的估算在项目初期是非常有价值的。在项目决策阶段主要是利用概念性的 BIM 模型包括的历史成本信息、生产率信息及其他估算信息组件进行投资估算。并且根据不同方案的对比,权衡造价优劣,为项目规划提供重要而准确的依据。

3. 进行可视化能耗分析

该阶段可借助相关的软件采集项目所在地的气候数据,并基于 BIM 模型数据利用相关的分析软件进行可持续绿色建筑规划分析,如日照模拟分析、二氧化碳排放计算、自然通风和混合系统情境仿真等。讨论在新建筑增加情况下各项环境指标的变化,从而在众多方案中优选出更节能、更绿色、更生态、更适合人居的最佳方案。

1.2.2 设计阶段 BIM 应用

在 BIM 概念体量模型基础上,进行初步设计和详细设计。该阶段以选定的 BIM 体量模型进行细部设计,包括:设计出最新的建筑模型,并以此为基础进行结构设计建模、机电设计建模;执行建筑、结构、机电模型整合确认组件冲突和空间要求,并调整设计避免冲突;依据整合模型进行绿色建筑评估;依据建筑 BIM 模型辅助统计工程量更新项目成本估算等,并且更新 BIM 执行计划以便进入施工阶段。

1. 设计方案论证

在前一阶段概念模型基础上,结合各类基础数据与三维模拟方案,直观的模型环境十分方便评审人员、业主对方案进行评估。通过空间分析结果对设计能否满足功能需求等方面进行评估论证,甚至可以就当前设计方案讨论施工可行性以及如何削减成本、缩短工期等问题,可对修改方案提供切实可行的方案。

2. 可视化协同设计

设计师在可视化设计软件系统中进一步设计建筑外观、功能、机械系统尺寸以及结构系统计算。从 BIM 平台角度看,不同专业甚至是身处异地的设计人员都能够通过网络在同一个 BIM 模型上展开协同设计,避免各专业各视角之间不协调的事情发生,保证后期施工的顺利进行。

3. 性能分析

BIM 模型中包含了用于建筑性能分析的各种数据，只要数据完备，将数据通过 IFC、gbXML 等交换格式输入到相关的分析软件中，即可进行当前项目的节能分析、采光分析、日照分析、通风分析以及最终的绿色建筑评估。

4. 设计概算

BIM 模型信息的完备性简化了设计阶段对工程量的统计工作，模型的每个构件都和 BIM 数据库的成本库相关联，当设计师在对构件进行变更时，设计概算都会实时更新。

设计阶段 BIM 技术应用通常产生的成果文件有建筑专业模型、结构专业模型、机电（MEP）专业模型、由 BIM 模型输出成本估算、整合后的各专业集成模型及空间确认报告、由 BIM 模型中可量化工程项目输出的详细工程量表等。

1.2.3 施工阶段 BIM 应用

在施工阶段，对设计做任何改变产生的成本都远远高于施工前期设计阶段。如前所述，应用 BIM 技术的主要优势在于它能减少设计变更，节省施工的时间和成本。一个精确的建筑模型可使项目团队中的所有成员受益，它能够使施工过程变得更加流畅、更易规划，既能节省时间和成本又能减少潜在的错误和冲突。施工阶段的 BIM 技术应用主要是承包商参与的过程，传统的设计-招投标-建造（DBB）模式限制了承包商在设计阶段贡献他们的知识，特别是当他们可以显著增加项目价值的时候。理想的 BIM 应用必须是承包商在建设项目的早期介入，例如在整合项目交付模式（IPD）下，合约要求建筑师、设计师、工程总承包商、关键贸易商从项目的一开始就一起工作，那么 BIM 技术就可作为有利的协调工具。

BIM 技术在施工阶段可以有如下多个方面的应用：冲突检测和综合协调、施工方案分析模拟、数字化建造、物料跟踪、施工科学管理等。

1. 冲突检测和综合协调

空间冲突是施工现场中重要的问题源，但利用准确详细的模型进行细致的冲突检测可以很大程度上消除空间冲突。在施工开始前利用整合所需专业的 BIM 模型在可视化状态下对各个专业（建筑、结构、给排水、机电、消防、电梯等）的设计进行空间检测，检查各个专业管道之间的碰撞以及管道与结构的碰撞等。如发现碰撞则及时调整，这样就较好地避免在施工过程中因管道发生碰撞而进行拆除、重新安装产生的各种浪费和工期延误。还可将各专业的管线进行更加合理的预先排布，使施工过程更加流畅。

目前，主要使用的冲突检测技术有两种：使用 BIM 设计软件自带功能和单独的 BIM 集成工具。几乎所有 BIM 设计工具都有冲突检测功能，但目前较多使用单独的 BIM 集成工具，这类工具可提供的冲突检测分析更复杂一些，可分析更多类型的软冲突（实体间实际并没有碰撞，但间距和空间无法满足相关安装、维修等施工要求）、硬冲突（实体与实体之间交叉碰撞）。

2. 施工方案分析模拟

承包商可在 BIM 模型上对施工方案进行分析模拟，如复杂施工工艺模拟、进度模拟、施工组织模拟等，充分利用空间和资源整合，消除冲突，得到最优施工方案。施工模拟通常采用四维（4D）模型来进行，即在三维（3D）模型基础上考虑了时间因素，通过一定的工具使得用户可以把工作在时间和空间上关联起来，开展直观的进度计划与工作交流。

常用的方法是首先运用专业软件进行施工进度计划的编制，将进度任务安排和 3D 模型的构件对象对应，然后通过将进度计划文件与参数化 3D 模型链接起来，运用 BIM 工具将细分的活动在 4D 进度模拟中动态展示出来。这种 4D 模型保证了施工现场管理与施工进度在时间和空间上协调一致，能够有效帮助管理者合理安排施工进度和施工场地布置，并根据进度要求优化人、材、机各种资源。

4D 模型还可以对项目复杂的技术方案进行模拟，特别是对于新形式、新结构、新工艺和复杂节点，可以充分利用 BIM 的参数化和可视化特性对节点进行施工流程、结构拆解、配套工器具等角度的分析模拟，实现施工方案的可视化交底，进一步改进施工方案实现可施工性，以达到降低成本、缩短工期、减少错误和浪费的目的。4D 模型还可对场地、材料和设备进行合理安排，如脚手架搭设、塔式起重机的设置等，保证施工过程更加顺畅。

3. 数字化建造

数字化建造的前提是详尽的数字化信息，而 BIM 模型的构件信息都以数字化形式存储。例如，像数控机床这些用数字化制造的设备需要的就是描述构件的数字化信息，数字化信息为数控机床提供了构件精确的定位信息，为建造提供了必要条件。建筑业也可以采用类似的方法来实现建筑施工流程的自动化。尽管建筑不能像机械设备一样在"加工"好整体后发送给业主，但建筑中的许多构件的确可以异地加工，然后运到建筑施工现场，装配到建筑中。例如，门窗、预制混凝土结构和钢结构等构件，解决了施工场地狭窄和现场施工速度慢等局限。此外，全数字化运维管理系统也是未来智慧型城市的雏形，数字化建造也将成为未来建筑业发展的方向。

4. 物料跟踪

在施工阶段，由于 BIM 模型详细记录了建筑物及构件和设备的所有信息，通过 BIM 技术与 3D 激光扫描、视频、图片、GPS、移动通信、射频识别技术（Radio Frequency Identification，RFID）、互联网等的集成，可以实现对现场的构件、设备以及施工进度和质量的实时跟踪。例如，可以把建筑物内各个设备构件贴上二维码标签，通过移动端扫描可查看设备的详细信息，使得传统的物料、设备管理更清晰高效，信息的采集与汇总更加及时准确。

5. 施工科学管理

通过 BIM 技术和管理信息系统的集成，可以有效支持造价、采购、库存、财务等的动态精确管理，减少库存开支，在竣工时可以生成项目竣工模型和相关文件，有利于后续的运营管理。业主、设计方、预制厂商、材料供应商等可利用 BIM 模型的信息集成化与施工方进行沟通，提高效率减少错误。

1.2.4　运营阶段 BIM 应用

工程竣工后，在 BIM 模型中加入竣工状态及主要系统和设备的信息，形成运营 BIM 模型，以供设施管理使用。传统设施管理方式通常用纸质文档方式记录各设施信息，以备设备检修、查询，由设备厂商定期维护设施。随着设施运营维护时间增加，维修信息越多，造成文件管理的负担越大，如设施管理交接不慎也可能导致数据遗失，增加管理的难度。在 BIM 技术环境下，通过数字化的方式将设备信息以二维的图文接口进行管理及存储，可最大程度确保数据不会遗失。此外，运营模型还可用于制订防灾计划和灾害应急模拟。

1. 竣工模型交付与维护计划

工程竣工后，施工方对 BIM 模型进行必要的测试和调整再向业主提交，这样运营维护管理方得到的不只是设计图和竣工图，还能得到反映真实状况的 BIM 模型（里面包含了施工过程记录、材料使用情况、设备的调试记录以及状态等资料）。运营模型能够将建筑物空间信息、设备信息和其他信息有机地整合起来，结合运营维护管理系统可以充分发挥空间定位和数据记录的优势，合理制订运营、管理、维护计划。例如，当业主对房屋进行二次装修时，通过 BIM 模型可以清楚了解哪里有管线，哪里是不能拆除的承重墙等；当维护设备时需要了解某台设备的生产商信息，可以通过二维码扫描方式迅速查询到 BIM 模型中已经设置好的有关该设备的所有信息。

2. 资产管理

通过 BIM 建立维护工作的历史纪录，可以对设施和设备的状态进行跟踪，对一些重要设备的适用状态提前预判，并自动根据维护记录和保养计划提示到期需保养的设备和设施，对故障的设备从派工维修到完工验收、回访等均进行记录，实现过程化管理。另外，如果基于 BIM 的资产管理系统能和诸如停车场管理系统、智能监控系统、安全防护系统等物联网结合起来，实行集中后台控制与管理，则能很好地解决资产的实时监控、实时查询和实时定位，并且实现各个系统之间的互联、互通和信息共享。

3. 建筑系统分析

运营 BIM 模型作为运营期建筑能耗监测与分析系统的基础数据库，在此基础上，借助相关分析软件对建筑运营期产生的能耗进行分析，即对建筑运营期采暖、通风、热水供应、空调、照明等进行模拟分析并计算其总能耗。基于对统计结果的分析，为能耗监测系统提供方向，设计能耗监测系统。

4. 空间管理

应用 BIM 技术可以处理各种空间变更的请求，合理安排各种应用的需求，并记录空间的使用、出租、退租的情况，实现空间的全过程管理。例如，结合模型对房屋出租进行规范性管理，通过 BIM 模型可以迅速了解不同区域属于哪些租户，以及这些租户的相关信息。

5. 防灾计划与灾害应急模拟

基于 BIM 模型丰富的信息，可以将模型以 IFC 等交换格式导入灾害模拟分析软件，分析灾害发生的原因，制订防灾措施与应急预案。灾害发生后，将 BIM 模型以可视化方式提供给救援人员，让救援人员迅速找到合适的救灾路线，提高救灾成效，还能在灾后有效地进行受灾损失统计。

BIM 技术可以使运营阶段管理工作有据可依，降低运营阶段的维护管理费用。但现阶段由于技术原因，在运营维护阶段应用 BIM 技术的案例并不多，BIM 技术的很多优势还没有被充分的挖掘出来。但毫无疑问，BIM 能提供运营维护阶段的管理工作需要相关数据信息的支持，这是一个客观的事实。除此之外，BIM 技术还可用于项目更新的方案优化、结构分析以及项目拆除阶段的爆破模拟、废弃物处理、环境绿化、废弃运输处理等。

1.3 BIM 与工程造价确定

1.3.1 工程造价的构成

工程造价是按照确定的建设内容、建设规模、建设标准、功能要求和使用要求等将工程项目全部建成，在建设期预期或实际支出的全部费用。我国现行建设项目投资构成中，固定资产投资与建设项目的工程造价在量上相等，工程造价主要构成为建设投资。建设项目总投资构成见表1-1。

表1-1 建设项目总投资构成

		费用构成		
建设项目总投资	固定资产投资（工程造价）	1. 设备及工器具购置费	工程费	建设投资
		2. 建筑安装工程费		
		3. 工程建设其他费	预备费	
		4. 基本预备费		
		5. 价差预备费		
		6. 建设期贷款利息		
		7. 固定资产投资方向调节税（暂停征收）		
	流动资产投资（流动资金）			

表1-1中，工程费是指建设期内直接用于工程建造、设备购置及其安装的费用，包括建筑工程费、安装工程费和设备购置费。工程中常把建筑工程费和安装工程费称为建筑安装工程费，也是狭义上对工程造价的理解。在实际工程中，工程量清单计价模式下为方便建筑安装工程费的确定和计算，根据其形成顺序可将建筑安装工程费分为分部分项工程费、措施项目费、其他项目费、规费、税金。

工程计量与计价是工程造价确定与管理的主要内容，占项目总投资比例最大的建筑安装工程费无疑是工程造价确定的重点。建筑安装工程费的基本要素是组成建筑物的各单位构件（分项工程）工程量、各种资源要素的价格以及产生建设过程中的各种费用。由于建筑产品有着与一般工业产品不同的技术经济特点，其产品庞大而且受土地限制决定其个体的单件性，从而使每个建筑产品有自身独立的设计文件以及独立的施工过程，目前尚不能达到完全批量生产的程度。因此，建筑安装工程费（建筑产品价格）的确定就必须使用一系列独特的工程量计算程序和计价方法。

1.3.2 BIM 与工程计量

1. 工程计量依据

工程造价的确定分为工程计量和工程计价两个环节。工程计量，即各专业工程的工程量计算，是指建设工程项目以工程图、施工组织设计或施工方案及有关技术经济文件为依据，按照相关工程国家标准的计算规则、计量单位等规定，进行工程量的计算活动。

在工程项目实施的各个阶段，都贯穿着项目实体的工程量计算，由于每个阶段造价控制目标不同，工程量计算的粗略程度也不同。通常在项目招投标阶段有详细施工图文件以后，工程量计算的内容更细化、计算依据和规则也更加清晰。工程计量通常采用如下依据：

1）各专业工程量计算规范。

2）经审定通过的施工设计图及其说明。

3）经审定通过的施工组织设计或施工方案。

4）经审定通过的其他有关技术经济文件。

在工程招投标阶段，为实现公平竞争原则，采用了统一的工程量清单，以规范的形式规定了各专业工程统一的工程量计算规则。目前，与工程计量相关的各专业规范有《建筑工程建筑面积计算规范》（GB/T 50353—2013）、《房屋建筑与装饰工程工程量计算规范》（GB 50854—2013）、《仿古建筑工程工程量计算规范》（GB 50855—2013）、《通用安装工程工程量计算规范》（GB 50856—2013）、《市政工程工程量计算规范》（GB 50857—2013）、《园林绿化工程工程量计算规范》（GB 50858—2013）、《矿山工程工程量计算规范》（GB 50859—2013）、《构筑物工程工程量计算规范》（GB 50860—2013）、《城市轨道交通工程工程量计算规范》（GB 50861—2013）、《爆破工程工程量计算规范》（GB 50862—2013）等。

2. 工程计量原理

结合工程造价的计价原理，工程计量时，需要将一个项目根据工序或部位分解为若干个子项分部分项工程，对各子项进行计量，作为进一步计算子项综合单价的基础。工程计量包括工程项目的划分和工程量计算两部分工作，即首先将单位工程划分为可以确定数量且方便于计价的各个分部分项工程，然后按照各个分项工程的特点以及工程量计算规则计算出相应的工程量。例如，建筑装饰工程可以按照施工顺序细分为土石方工程、地基处理与边坡支护工程、桩基工程、砌筑工程、混凝土工程及钢筋混凝土工程、金属结构工程、木结构工程、门窗工程、屋面防水工程等分部工程。但是，各分部工程还不能作为计量的最基本单元，还需要进一步细分，如土石方工程还可划分为平整场地、基础土方开挖、土方回填、余方弃置等分项工程，依据相关的计算规则、施工图设计文件以及施工组织设计便可计算出基本单元（分项工程）的工程量。

传统的工程计量采用手工计量和软件计量两种方式。手工计量即根据设计施工图，利用直尺、计算器等工具进行构件尺寸测量和计算。这种方式需要消耗大量的造价工作人员和劳动时间，而且工程量计算的准确性因造价人员专业水平不同而存在较大差异，给工程项目管理带来较大麻烦。在计算机普及后，手工计算部分工程量成为计算机算量的补充手段。

专业软件计量原理是利用软件将施工图内容重新绘制或者识别，形成符合计量需要的模型，再由软件自动计算并统计各专业工程量。专业计量软件的应用极大地提高了工程量计算速度和效率，工程量的确定也更加趋于准确。在二维施工图设计模式下，计量人员需要对施工图和施工工艺有全面的认识，对于部分原施工图中没有表达的内容，必须清楚地理解后才能完整反映到新建模型上。尤其是一些结构复杂的建筑物，其计量模型的创建比较困难，常常需要计算机和手工结合共同完成工程量计算工作。

无论是手工计量还是软件计量，在工程造价的确定和管理过程中，工程量始终是建设项目各参与方关注的内容。由于工程项目实施各阶段，施工图的变更、工程的突发状况等都会带来建筑物工程量的变化，工程计量难免在各阶段重复，直到工程竣工结算完成，计量工作才最后结束。因此，工程计量无疑也是目前工程造价管理过程中工作量占比例非常大的一部分。BIM 技术的兴起和发展，给工程造价管理带来了大的变革，改变了工程计量与计价的方式和方法。

3. BIM 技术计量方法

BIM 技术工程计量是指在相关规范的指导下，通过设计阶段建立的 BIM 模型，直接统计获得每一个分项工程或构件的工程量，无须再重新建模生成工程量数据的一种新的工程计量方式。

目前，BIM 技术计量方法主要采用三种方式：一是直接从 BIM 基础模型中（如 Revit 模型）获取各专业的工程量；二是多软件协同提取 BIM 工程量，即将 Revit 模型导出到传统软件中计量，通过传统计量方式获取工程量；三是利用 Revit 平台插件提取工程量。

（1）Revit 模型工程量 在 BIM 设计建模时，按照相关标准和规范的分类要求将建筑物的构件进行分类建模，同时模型中载入相关的工程量计算规则，特别是相交构件的扣减规则。当建筑及机电模型完成后，通过软件统计分析功能，直接形成构件工程量明细表。图 1-2 所示为 Revit 模型中自动生成的结构柱明细表。

<B_结构柱明细表>				
A	B	C	D	E
族	类型	砼强度等级	体积（立方米）	柱根数
BIMC构造柱	GZ1	C25	0.37	6
混凝土-矩形-柱	KZ1-800x600	C30	10.15	6
混凝土-正方形-柱	KZ2-600x600	C30	5.18	4
混凝土-正方形-柱	KZ2-700x700	C30	3.26	2
混凝土-正方形-柱	KZ3-600x600	C30	182.29	144
异形柱	KZ4	C30	12.44	6
混凝土-圆形-柱	KZ5-400mm	C30	5.21	6
异形柱	KZ6	C30	19.86	12
混凝土-矩形-柱	TZ1-200x300	C30	6.54	31
总计: 217			245.31	217

图 1-2 结构柱明细表

BIM 模型直接生成的构件工程量，是按构件模型尺寸精确计算出的数据，完全反映构件实际情况，这种方法最直接、也最理想。但目前 Revit 模型不能完成所有分项工程量统计，如钢筋工程量、部分措施项目等工程量统计。另外，模型直接生成明细表工程量与现有工程量计算规范并不完全一致，这都造成 Revit 模型工程量的直接使用有一定困难。

（2）多软件协同提取 BIM 工程量 该方法是利用 BIM 设计模型，结合现有的专业成熟计量软件系统，统计出各专业工程量，为下一步工程计价和进度计划的编制提供基础数据。这种方法将传统的计量软件与 BIM 设计建模软件结合起来，通过将 Revit 模型导入传统工程计量软件，形成算量模型，并在传统算量平台上进行工程量计算后生成工程量清单。该方式充分发挥了两者的专业优势，也是现阶段 BIM 技术应用中普遍采用的方法。

但这种方式在将模型导入传统计量软件时，需要进行数据格式转换，可能会导致部分构件的算量模型与 Revit 模型不一致，从而使工程量统计不准确。

目前成熟的工程计量软件，均采用工程量清单计价规范作为构件工程量统计的依据，但由于规范仍沿袭了手工按施工图计算工程量的思维，工程量计算时忽略了一些细小的不易计算的构件尺寸。例如，建筑装饰工程中，混凝土梁板项目工程量计算规则为"按设计图示尺寸以体积计算，不扣除单个面积 $\leqslant 0.3m^2$ 的柱、垛以及孔洞所占体积"，以此计算出的工程量相较 BIM 模型直接生成的明细表的构件数量或构件实际工程量会存在一定的差异，通过后期工程计价的环节来进行弥补和调整。

（3）利用 Revit 平台插件提取工程量 在已有的 Revit 模型基础上，通过内置在 Revit 中的算量插件，进行工程设置、模型映射、工程量清单挂接以及工程量统计，最终形成工程量清单报表。由于该算量插件中内置了当前的工程量计算规范，工程量计算结果符合工程计价的要求。相比第二种方式，没有中间数据转换环节，避免构件在转换过程中出现各种丢失或识别误差导致工程量偏差。基于 Revit 平台插件提取工程量的方式对模型的要求，尤其是对族的分类编码的要求比较高。模型映射过程，本质上都是对族名称的识别，所以在初期创建Revit 模型时要求有严格的建模规则，以符合工程算量需要。

4. BIM 技术计量特点

相比传统的工程量计算方式，BIM 技术计量有如下特点：

（1）工程量一致性　从理论上来讲，施工图所示建筑物各类构件实体的工程量是唯一的。但在传统计量方式下，每一个造价人员出于对图纸的理解和自身职业水平高低不同而计算出不同的结果，使用不同软件商的计量软件，在工程量数据上也有一定差异。另外，各参与方由于利益驱使原因也可能导致各自会有不同的工程量数据。因此，承发包双方在商务谈判时，一个最为重要也最为枯燥的工作内容就是核对工程量，工程量数据的分歧往往是承发包双方争议的焦点，这也是工程结算工作耗时长的重要因素。

在 BIM 技术环境下，将统一的计量规范置入到 BIM 模型中，形成了唯一的工程量计算标准，项目的各参与方得到的工程量完全一样。经过修改和深化过的 BIM 模型作为竣工资料的主要部分，成为竣工结算和审核的基础。理想状态下，承包商在提交竣工模型的同时就相当于提交了工程量，设计院在审核模型的同时就已经审核了工程量。

（2）工程量准确度高　传统工程计量需要依据设计院给出的二维图建立三维算量模型，工程量的准确度依赖于造价人员对于图纸的理解和自身职业水平的高低。传统算量软件计算不规则或复杂的几何形体的能力比较弱，甚至无法计算，往往通过手工计算或者粗略估算，准确度大大降低。采用 BIM 技术后，复杂构件模型能在设计阶段建立好，不需要在计量阶段重复建模，利用建好的三维模型对构件实体进行扣减计算，准确性高。例如，在机电安装工程方面，由于设计阶段对各类管道之间可能的碰撞情况进行了分析和调整，管道布置与实际做法一致性程度较高，也提高了管线的工程量计算的准确性。

（3）可实现数据共享和历史数据积累　基于 BIM 的工程量计算可以实现工程量与所有工程实体数据的共享与透明。设计方、建设方、施工方、监理方等可以统一调用 BIM 模型而实现数据透明公开共享，保证了各方对于工程实体客观数据的信息对称性。在运维阶段，工程量与运维模型一体，可随时调用，避免了传统方式下设计文件和工程造价文件之间的相互割裂。已完工程模型统计的算量指标积累，对今后类似项目的投资估算和可行性研究具有比较大的参考价值。

1.3.3　BIM 与工程计价

1. 工程计价原理及方法

工程计价是指按照规定的程序方法和依据，对不同阶段的工程造价及其构成内容进行估计或确定的行为。工程计价依据包括与计价内容、计价方法和价格标准相关的各专业设计资料、工程计量计价规范、工程计价定额及工程造价信息等。

工程计价的基本原理就是将建设项目分解为最基本的构造单元，按一定计量单位确定其数量，再逐步确定每一个单元的直接生产费用，即基本子项的单价，结合单价和数量按一定方法计算，最后汇总各类费用获得整个建筑物的工程造价。

建设项目在不同的建设阶段，工程造价呈现出的详细程度均不一样，工程计价方法和粗略程度不同。工程计价方法主要分为两大类：一种是利用经验数据、工程造价指标并按照一定程序计算工程造价的估价体系，如项目投资估算，需要参考一定时期的工程造价指标和费用标准进行计价；另一种是根据现有的计价规范、计价定额或消耗量定额，计算工程基本构造单元的工程量所需要的基本费用，即通过项目划分形成的分项工程的单位价格，再按一定的费用计算标准完成整个单位工程和单项工程造价，从而完成从工程单价到工程总价的确定过程。

目前我国建设工程承发包及实施阶段普遍采用工程量清单计价方法，工程单价采用综合单价。工程量清单计价过程分为工程量清单编制和工程量清单计价两个阶段。工程量清单编制程序如图1-3所示。

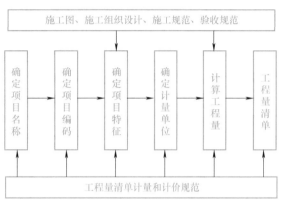

图1-3 工程量清单编制程序

工程承发包阶段，招标人在工程量清单基础上根据项目特点结合国家规范、地区行业定额、工程造价信息等资料编制招标控制价，投标人在工程清单基础上结合企业定额等资料编制投标报价。图1-4所示为建筑安装工程工程量清单计价程序。

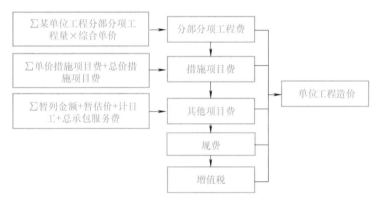

图1-4 建筑安装工程工程量清单计价程序

在工程施工阶段，承发包双方根据合同文件和工程实施进度等资料进行工程价款支付和合同价款调整等工程造价的计价和管理工作。

根据各个专业单位工程的造价，可计算出

$$单项工程造价 = \sum 各专业单位工程造价 \tag{1-1}$$

$$建设项目总造价 = \sum 各单项工程造价 \tag{1-2}$$

2. 工程计价特点

由于建筑产品本身体量大、构造复杂以及建设周期长等特点，决定了工程计价有如下特点：

（1）计价的单件性 建筑产品具有单件性的特点决定了每一个建筑产品均有独立的设计文件，从而使其必须进行单独计价。

（2）计价的多次性 建筑产品具有周期长、规模大、造价高的特点，其建设程序需要分阶段进行，相应的计价也要多次分阶段计价及确定，以保证计价与造价控制的科学合理性。按照工程建设程序，可将工程计价阶段划分为项目决策阶段的投资估算、初步设计阶段的设计概算、施工图设计阶段的施工图预算、工程招投标阶段的合同价、施工阶段的工程价款结算、工程竣工结算、建设项目最终的投资费用决算。

（3）计价的层次性　工程计价从纵向看具有多次性计价特征，从横向或计价对象看又具有多层次的特点。在建设项目层次划分基础上，工程计价时则首先应确定分项工程单价，汇总确定单位工程造价，再进一步将各单位（专业）工程造价进行汇总形成单项工程造价。例如，建设项目由多个单项工程构成，则汇总多个单项工程造价形成建设项目总造价。但在这个计价过程中主要是建筑安装工程费形成过程，对于广义上建设项目总造价，还需要考虑设备购置费以及工程建设其他费等费用。

（4）计价方法的多样性　工程项目的多次计价有其各不相同的计价依据，每次计价的精确度要求也各不相同，由此决定了计价方法的多样性。例如，投资估算的方法有设备系数法，生产能力指数估算法等；计算概算、预算造价的方法有单价法和实物法等。不同的方法有不同的适用条件，计价时应根据具体情况加以选择。

（5）计价依据的复杂性　影响工程造价的因素较多，因此决定了计价依据的复杂性。计价依据主要分为以下七类：

1）设备和工程量计算依据，包括项目建议书、可行性研究报告、设计文件等。

2）人工、材料、机械等实物消耗量计算依据，包括投资估算指标、概算定额、预算定额等。

3）工程单价计算依据，包括人工单价、材料价格、材料运杂费、机械台班费等。

4）设备单价计算依据，包括设备原价、设备运杂费、进口设备关税等。

5）措施费、间接费和工程建设其他费计算依据。主要是相关的费用定额和指标。

6）政府规定的税费。

7）物价指数和工程造价指数。

3. BIM 计价方法

我国工程计价方式经历了从无标准阶段、预算定额模式阶段、消耗量定额模式阶段到工程量清单计价模式阶段的演变，工程计量计价工具随之从直尺、计算器阶段发展到计算机辅助计价阶段，软件也越来越成熟。但目前工程计价工作仍然需要消耗大量的时间来完成，主要体现在清单组价工作量大、计价工作重复、造价信息不具备关联性等几个方面。清单组价即对每一个清单分项工程进行单价的确定，由于人工、材料、机械等资源价格有较强的地区性，使烦琐的组价成为继工程量之后的又一重要而庞大的工作。多次性计价是目前工程计价的一个显著的特点，也造成工程计价工作的重复和工作量增加。

BIM 技术的出现，在一定程度上缓解了工程计价工作的重复劳动，但更重要的是能对工程项目中的资源信息进行有机整合，将进度计划、资源使用计划、进度款支付等业务衔接形成联动的效应。

BIM 计价即利用 BIM 模型生成的工程量，结合计价规则和程序在计价软件辅助下形成各单位工程造价，并最终汇总为项目的工程造价。BIM 技术结合工程造价相关软件开发和应用，首先解决了 BIM 模型工程量的高效获取，其次可将工程量数据直接导入 BIM 计价软件进行组价，计价结果自动与模型关联，形成预算模型并生成造价文件。在施工阶段预算模型与进度计划关联后形成 5D 模型，为工程造价的全过程管理提供了有效的途径，有利于推动工程计价与管理向精细化、规范化和信息化的方向快速发展。

值得注意的是，BIM 技术并未改变工程造价的计价原理，只是借助了 BIM 模型以及协同平台的优势，使工程计价过程变得更便捷和快速，计算结果更加直观和准确，提高了工程造价信息化管理水平。

由于项目建设的各个阶段工程造价管理目标和内容有差异，因此工程计价工作贯穿了项目建设各个阶段，计价深度随着项目的发展逐渐加深和精细化。与之对应，各阶段 BIM 模型从粗略到精细，储备的信息逐渐增多。BIM 模型的动态调整过程中，会自动更新工程数据信息，从而能及时且准确获得各个阶段的工程量，为各阶段计价提供数据基础，并实现多算对比。表 1-2 为建设项目各阶段的 BIM 模型与工程计价内容的对应关系。

表 1-2　建设项目各阶段的 BIM 模型与工程计价内容的对应关系

项 目 阶 段	模 型 类 型	工 程 计 价 内 容
项目规划阶段	概念 BIM 模型	根据历史数据或指标编制投资估算
设计阶段	设计 BIM 模型	根据指标确定设计概算，根据市场价格形成准确的工程预算
招投标阶段	造价 BIM 模型	业主编制工程量清单和控制价；投标人编制投标报价
施工阶段	施工 BIM 模型	工程进度款、变更索赔费用计算
竣工阶段	竣工 BIM 模型	编制竣工结算

需要说明的是上述表格中的各类模型是同一模型在不同阶段的呈现形式，体现了模型的动态发展过程与工程计价的阶段性特点的一致性。在项目规划和初步设计阶段，工程造价的确定以估算和概算的方式体现，主要依据工程造价指标来完成。进入施工阶段后，随着设计信息的增加，工程预算、招标控制价、投标报价，以及工程变更、竣工结算款的计算均以工程量清单计价方式为主。

4. BIM 计价特点

基于 BIM 的工程计价的特点主要体现在以下几方面：

（1）有利于提高投资估算精度和合理性　投资估算是项目规划阶段的一项重要工作，常采用单位指标估算法、类似工程造价资料类比法、系数估算等方法。投资估算精确度和合理性主要受到估算人员业务水平、专业素质以及工程造价实际经验影响。利用 BIM 系统强大的数据统计功能，可最大限度获得已建项目的各类工程造价信息，并加以分析形成工程造价指标库。在项目规划阶段 BIM 模型基础上，运用可靠的数据指标可减少人为主观因素对投资估算的影响，以保证投资估算的合理性。

（2）基于 BIM 的工程计量和计价一体化　基于 BIM 的工程算量软件通过内置的工程量计算规范和各地定额工程量计算规则，可迅速获取构件工程量。同时 BIM 模型中丰富的参数信息为工程量清单项目特征提供相关数据，顺利生成工程量清单。BIM 造价软件根据项目特征可以与预算定额进行匹配，完成一定程度上的自动组价功能，最终实现模型工程量和单价通过 BIM 平台完成关联。图 1-5 所示为工程量清单计价与 BIM 模型的关联关系。

（3）工程造价调整更加快捷　工程变更是影响工程造价的一个重要因素。基于 BIM 的工程计价模型能够对工程变更信息及时识别，并自动实现相关属性的变更。当工程变更产生时，BIM 模型能够重新完成工程量的更新，模型关联的工程量清单和定额组价数据即可相应变化，完成工程造价的调整。

图 1-5 工程量清单计价与 BIM 模型的关联关系

（4）有助于工程项目成本管理 基于 BIM 的工程计价不仅将工程造价的形成过程与项目三维模型直观联系在一起形成 4D 模型，而且在工程建设过程中与进度计划相结合形成 BIM 5D 模型。BIM 5D 模型可动态地显示工程的施工进度，指导材料计划、资金计划等精确及时下达，并可对计划成本、实际成本和目标成本进行对比分析，实现项目成本的动态管理。图 1-6 所示为基于 BIM 5D 的造价管理模型。

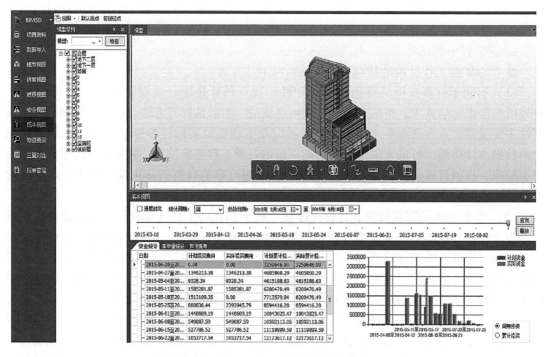

图 1-6 基于 BIM 5D 的造价管理模型

1.4 BIM 与工程造价应用工具

BIM 技术作为新技术、新思维，是以 BIM 模型为基础，涵盖整个设施从规划设计、建造、运营维护，一直到拆除的全生命周期信息管理与应用技术。BIM 技术应用的基本条件包括三个方面：其一是方法，BIM 技术应用要有明确的目标和项目实施流程，要选择适合项目的工具软件，要有满足项目能顺利运行的法律、合同、培训等相关保证措施；其二是环境，BIM 技术应用需要有能相互配合、相互协作的 BIM 团队提供技术和协调支持，要有网络、云、服务器、工作站等平台环境，以及保证信息无缝传递的 BIM 标准；其三是工具，即服务于项目生命周期各阶段、各专业、各主体方的 BIM 软件，包括建模软件、计算分析软件以及模型应用软件等。

1.4.1 常用 BIM 软件

目前国内外 BIM 软件类型繁多，用于同一阶段同样功能的软件不胜枚举。国内 BIM 技术应用的软件主要分为 8 大类，分别应用在项目生命周期的各大阶段。表 1-3 为当前国内广泛使用的 BIM 软件类型。

表 1-3　常用 BIM 软件

软件类型	软件名称	主要功能及特点
核心建模设计软件	Revit	集建筑、结构、机电为一体，创建和审核三维模型
	SketchUp	3D 概念建模；建模快，适于建设前期方案设计
	Rhino	建筑方案设计；适用于复杂的异形及特殊曲面构造
	Civil 3D	地理空间三维设计；适于勘测、场地规划、总图、道路、水利工程、市政管网等设计
	Infraworks	基础设施设计；适于概念构思、优化和生成视觉效果
	Tekla	钢结构三维设计；模型包括结构零部件几何尺寸、材料规格、节点类型、用户批注语等在内的所有信息
	ArchiCAD	建筑设计；有强大的平、立、剖面施工图设计、参数计算等自动生成功能，以及便捷的方案演示和图形渲染
	Digital Project	超大超精细参数化建模；Catia 基础上开发，设计任何几何造型的模型，且支持导入特制的复杂参数模型构件
	Bentley 软件系列	各领域基础建设设计；支持大量人员共同协作，有专业项目管理平台，在石油、化工、电力、医药和基础设施领域有很强优势
建模效率提升软件	橄榄山快模、翻模大师	模型快速翻模，提升效率；基于 Revit 平台快速有效地将 CAD 施工图转化为 Revit，提供丰富族库
	Dynamo	参数化设计；依托 Revit 做数据批量化处理，提供可视化编程环境
	MagiCAD	机电设计效率工具
	品茗 HiBIM	快速翻模、深化设计、工程算量
	Extensions	钢筋建模效率工具
	鸿业 BIM	设计辅助插件
	isBIM 模术师	快速翻模，提升效率
	族库大师	族库插件

（续）

软 件 类 型	软 件 名 称	主要功能及特点
模型分析软件	Navisworks	动态 4D 模拟、碰撞检查及动态漫游
	Solibri	模型质量及有效性分析；验证模型是否符合完整性、质量及国家标准的要求，提高 BIM 设计的质量
	Robot	结构分析；可以与 BIM 核心建模软件配合使用
	绿建斯维尔	绿色建筑分析；支持建筑节能、能耗计算、日照分析、太阳能、采光分析、风环境及噪声等设计标准或规范的要求
	PKPM 结构	结构分析软件
可视化软件	Inscape	与 Revit、SketchUp 实时同步渲染
	Lumion	动画渲染
	Twinmotion	动画渲染
	Fuzor	可视化、施工模拟
工程造价软件	广联达造价软件	工程量统计和造价分析
	斯维尔造价软件	
	晨曦造价软件	
	鲁班造价软件	
协同设计软件	Modelo	轻量化在线协作工具
	A360	在线模型及文件协作管理
	Revizto	本地＋在线的协同设计平台
施工管理软件	广联达 BIM 5D	成本和进度管理
	鲁班 SAS	注重成本和过程管理
	ITWO	整合 CAD 与 ERP 系统信息的施工 BIM 应用
	Synchro	适于大型项目 4D 施工模拟
运维管理软件	ArchiBUS	运营管理
	蓝色星球	运维管理平台

在核心建模软件中，美国 Autodesk 公司的 Revit 是目前国内使用最为广泛的基础建模软件，广泛用于民用建筑和部分基础建造领域。Revit 是一个综合性的应用程序，其中包含适用于建筑设计、水、暖、电和结构工程以及工程施工的各项功能。它可帮助专业的设计和施工人员使用协调一致的基于模型的方法，将设计创意从最初的概念变为现实的构造。

在概念设计阶段 Revit 可用于项目创建体量，在前期设计时快速进行空间分析和能量分析，可以对曲面进行网格划分和建筑物楼层划分。Revit 更多地用在建筑设计阶段快速创建建筑模型和结构模型。但对于大型复杂的建筑结构模型创建，Revit 支持性较弱，通常借助其他第三方插件或采用其他设计软件来实现，而结构的力学分析也需要导出到其他软件里进行。

本书后续章节主要以 Revit 软件及其相关的国内造价软件为基础，介绍工程造价的确定方法和过程。

1.4.2　工程造价软件

工程造价软件利用 BIM 模型提供的信息进行工程量统计和造价分析。它可根据工程施工计划动态提供造价需要的数据，也即所谓 BIM 技术的 5D 应用。目前主要以国内传统造价软件演化的 BIM 造价软件为主。国外的 BIM 造价软件有 Innovaya 和 Solibri 等。

1. 广联达 BIM 造价软件

广联达 BIM 造价软件主要有 Revit GCL 插件、广联达 GCL 软件、广联达 GGJ 软件、广联达 GQI 软件、广联达 GDQ 软件以及广联达 BIM 5D 软件等。

（1）Revit GCL 插件　该插件可将设计软件 Revit 建筑、结构模型导出为广联达土建算量软件可读取的 BIM 模型的应用软件。通过 GCL 直接将 Revit 设计文件转换为算量文件进行工程量计算。

（2）广联达 GCL 软件　广联达土建 BIM 算量软件 GCL 通过三维绘图、识别二维 CAD 图建立 BIM 土建算量模型，结合工程量计算规范考虑构件之间的扣减关系，自动计算工程量，并打印工程量报表。

（3）广联达 GGJ 软件　广联达钢筋 BIM 算量软件 GGJ 内置国家结构相关规范和平法标准图集标准构造，通过三维绘图、导入 BIM 结构设计模型、二维 CAD 图识别等多种方式建立 BIM 钢筋算量模型，自动计算工程量。同时提供表格输入辅助钢筋工程量计算，替代手工钢筋预算。

（4）广联达 GQI 软件　广联达安装 BIM 算量软件 GQI 集成了 CAD 图算量、PDF 图算量、天正实体算量、MagiCAD 模型算量、表格算量、描图算量等多种算量模式，用于计算水、电、暖通等安装工程量。

（5）广联达 GDQ 软件　广联达精装算量软件 GDQ 是专业的装饰工程量计算软件，通过批量识别 CAD 图、描图算量、三维造型、表格输入等方式计算装饰工程量。软件报表可以按房间、材料等类别分类汇总，较为方便。

（6）广联达 BIM 5D 软件　广联达 BIM 5D 软件以 BIM 平台为核心，以多专业集成模型为载体，关联施工过程中的进度、合同、成本、质量、安全、物料等信息，实现项目的进度控制、成本管控、物料管理。

2. 斯维尔 BIM 造价软件

斯维尔提供涵盖设计院、房地产企业、施工企业、造价咨询企业、电子政务等领域全生命周期的 BIM 解决方案。斯维尔工具软件主要有设计类软件、工程造价类软件和工程管理类软件。工程造价类软件主要有三维算量 for CAD、三维算量 for Revit、安装算量 for CAD、安装算量 for Revit、清单计价软件以及斯维尔 BIM 5D 软件等。

（1）三维算量 for CAD 软件　该软件是基于国际广泛使用的 AutoCAD 设计平台的建筑工程量算量软件。可进行手动三维模型布置和自动识别 CAD 图，快速生成三维构件工程量计算模型，并可将算量结果导入"清单计价"软件进行后续计价。

（2）三维算量 for Revit 软件　该软件是集工程设计、工程预算、项目管理为一体的工程管理软件。软件基于 Revit 软件平台，将建筑装饰工程量计算规范融入算量模块中，实现直接利用 Revit 模型的算量功能。

（3）安装算量 for CAD 软件　软件基于 AutoCAD 平台，通过三维图形模型，利用构件相关属性和计算数据，实现给排水、通风空调、电气、采暖、消防等安装工程专业的工程量计算。安装工程中的构件直接在共享的土建模型中进行布置可以直接对安装器材与器材、器材与土建结构构件进行碰撞检查，无须再次用其他软件和手段进行碰撞建模检查，是真正意义上的"BIM"系列建模软件。

（4）安装算量 for Revit 软件　软件基于 Revit 软件平台，将安装工程量计算规范融入算量模块中，实现直接利用 Revit 模型的算量功能。算量结果可直接导入"清单计价"软件，实现 BIM 数据传递。

（5）清单计价软件　可将土建算量软件和安装算量软件的输出数据直接导入到该软件中，实现 BIM 数据传递。系统包含工程量清单计价与传统定额计价两种模式，同时计算两套结果、打印两套报表。

（6）斯维尔 BIM 5D 软件　基于 BIM 的项目管理平台，实现施工过程中的项目进度控制、成本管控、物资管控、安全管理等功能。

本章小结

　　本章主要介绍有关 BIM 的四个方面内容。首先，BIM 概述介绍了 BIM 的基本概念在国内国外的标准定义，分别从建筑三维模型、创建及使用模型、运用模型进行管理等不同角度来理解 BIM，以达到对 BIM 概念的全面认识；通过介绍 BIM 的主要特点以明确 BIM 对建筑业技术进步带来的强大支持；介绍在 BIM 技术应用中必须依赖的 BIM 标准，BIM 标准内容涉及软件开发方、设计人员、施工企业以及业主，对模型内容和行为做了规定，为项目全生命周期各阶段、各专业的信息资源共享和业务提供有效保证。其次，BIM 在项目生命周期各阶段的应用，主要从项目规划阶段、设计阶段、施工阶段以及运营阶段四个阶段对 BIM 的实施内容和作用做了详细介绍，便于进一步了解 BIM 技术的阶段性应用功能。再次，介绍工程造价的构成以及 BIM 技术在工程造价确定上的应用，主要从 BIM 计量方法和 BIM 计价方法以及特点等几个方面进行介绍。最后介绍 BIM 造价应用工具，主要从实用性出发，对目前国内常用的 BIM 相关软件以及 BIM 造价软件进行介绍。

习　　题

1. 根据美国国家 BIM 标准，BIM 有哪三层含义？
2. 我国国家标准《建筑信息模型应用统一标准》（GB/T 51212—2016）中，如何定义建筑信息模型？
3. BIM 有哪些特点？
4. 2012 年住房和城乡建设部立项了哪些 BIM 国家标准编制工作？
5. BIM 在建设项目全生命周期中有哪些方面的应用？
6. 简述 BIM 计量的方法。
7. 简述工程造价计量与计价原理。
8. 简述 BIM 计价的特点。

第2章
Revit 软件基础

2.1 概述

BIM 技术得以实现和创造价值的一个关键因素是具有性能优越的工具，包括各专业的模型创建软件和支持软件系统的硬件设施。作为 BIM 技术载体的模型本身，由于专业所属的区别，建模软件分类也较多，这类软件称为核心建模软件，主要软件见 1.4 节中软件分类。为使软件之间能相互匹配，以达到协同工作的目的，通常使用同一 BIM 系统体系的软件。例如 Autodesk BIM 系列软件包含 AutoCAD Revit、3Ds Max、Civil 3D、Ecotect、Navisworks、Inventor 等，其中以 Revit 软件系列作为 BIM 的主要建模软件，需要与其他软件配合才能实现 BIM 所要求的功能和任务。

参数化设计是 Revit 软件的一个重要特征，它包括参数化图元和参数化修改引擎。参数化图元是指 Revit 软件中的图元都是以构件的形式出现，这些构件是通过一系列参数定义的；参数化修改引擎则是指用户在建筑设计时对任何部位的改动都可以自动修改其他相关联的部分。例如，在某一视图中修改了门窗尺寸，则其他视图也同时修改，与之关联的墙体模型也随之发生改变。

Revit 软件系列包括 Revit Architecture、Revit Structure、Revit MEP（Mechanical Electrical and Plumping）三个专业系统，目前集成在同一软件中。Revit Architecture 主要应用于建筑设计，主要功能着重于建筑外观与内部设计及家具或设备的规划，可以将设计结果用彩色的方式呈现，为设计者提供可视化效果；Revit Structure 用于结构设计，可以使用配筋、钢骨和接头等偏向结构的组件，并且导出设计结果至结构分析软件进行高效的结构分析；Revit MEP 为机电设计软件，可提供多种机电设备及管路等组件。其管路连接的功能，让机电设计人员能够进行更为细部的管路设计。

Revit 与多数软件的整合性较高，可支持 dwg、dwf、dgn、gsm、skp、odbc、ies、sat、gbXML、html、ifc、jpg、bmp 及 txt 等多种文档模式，并能满足多人同时操作同一个 dwg 文档，实时浏览其所进行的变更，实现协同工作。因此 Revit 软件成为目前 BIM 最广泛使用的软件。

由于 Revit 程序启动慢，占用系统资源多，导致建模运行不流畅，因此需要计算机硬件的配置较高。另外，当建筑模型庞大时，开启模型文档和建模时转换视角耗时相对更多，计划创建大型项目的模型可适当进行模型分割，以确保整体的执行效率。

2.2 Revit 软件界面

2.2.1 Revit 软件启动界面

双击安装好的 Revit2018 图标，进入软件的初始界面，如图 2-1 所示。在初始界面中功能选项卡呈灰色不能进行操作，通过新建项目或族进入用户界面才能够进行选项卡功能操作。Revit 软件中提供了建筑、结构、机械、构造等多个专业的样板文件。单击不同的样板即可进入对应样板创建的项目文件中。

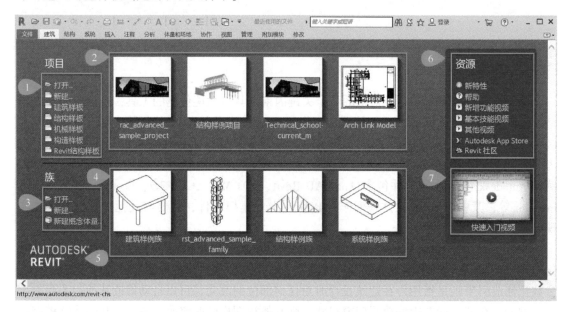

图 2-1　Revit2018 初始界面

1—新建和打开项目以及常用样板文件　2—最近使用的项目文件　3—新建和打开族或体量文件　4—最近使用的族或体量文件　5—Autodesk Revit 官方网站链接　6—Revit 新特性及资源链接　7—Revit 官方快速入门视频教程

2.2.2 Revit 用户界面

新建项目之后进入到用户界面，如图 2-2 所示。Revit 用户界面采用的是 Ribbon（功能区）界面，有利于用户更加快速地掌握操作功能。

1. 应用程序菜单及功能选项卡

单击界面左上角"文件"即可进入应用程序菜单（见图 2-3），低于 Revit2018 的版本中则单击图标 R▾ 展开应用程序菜单。在应用程序菜单中可以对 Revit 文件进行新建、打开、保存、导出等操作，单击菜单右下方"选项"，可以进行相关设置，如图 2-4 所示。

2. 快速访问工具栏

在快速访问工具栏中可以定义常用命令，默认的快速访问工具栏中包含了打开、保存、撤回、重做等常用命令。

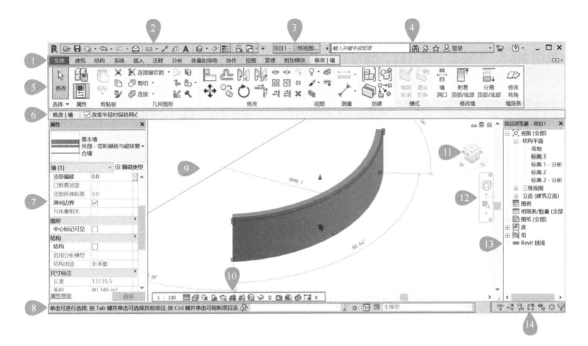

图 2-2　Revit 用户界面

1—应用程序菜单及功能选项卡　2—快速访问工具栏　3—项目信息栏　4—信息中心　5—功能区　6—选项栏
7—属性选项板　8—状态栏　9—绘图区域　10—视图控制栏　11—ViewCube　12—导航栏
13—项目浏览器　14—图元选择控制栏

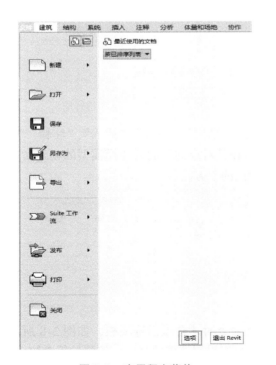

图 2-3　应用程序菜单

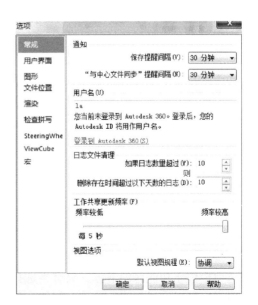

图 2-4　Revit "选项"设置

单击快速访问工具栏右侧下拉三角形，在列表中选择下方的"自定义快速访问工具栏"可添加和删除快速访问的工具，如图2-5所示。单击"在功能区下方显示"可将快速访问工具栏放在绘图区的下方显示。在 Revit 中将指针悬停在命令图标上时会出现相应的命令提示（见图2-6），按键盘上的〈F1〉键可打开 Revit 官方的帮助页。

图2-5　自定义快速访问工具栏设置

3. 项目信息栏

项目信息栏显示当前文档和操作界面名称。

4. 信息中心

信息中心包括一个位于标题栏右侧的工具集，可在线访问许多与产品相关的信息源。

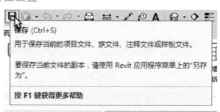

图2-6　悬停指针提示

5. 功能区

功能区是整个软件的核心区域，提供了"建筑""结构""系统""插入""注释""分析""视图"等功能选项卡。选择不同的选项卡后在其对应的功能区选择模型的创建命令，如图2-7所示。一些插件安装之后也会出现在功能区的上方。

图2-7　"建筑"选项卡

6. 选项栏

选项栏位于功能区的下方，只有当选择了创建命令时才会激活选项栏，如图2-8所示。在选项栏中可以设置创建的参数。例如，创建墙时可以设置墙体的高度、偏移量等参数。不同的创建命令选项栏设置参数也不一样。

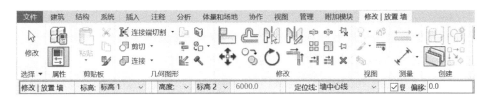

图 2-8　墙体绘制命令下的选项栏

7. 属性选项板

Revit 中"属性"选项板用以查看和定义图元的属性参数，选项板中分为 4 个区域，分别为类型选择器、属性过滤器、类型编辑器、实例类型栏，如图 2-9 所示。

类型选择器：由于 Revit 模型由多个不同构件组成，这样的构件被称为"族"，每个族都有多个类型，在创建模型时，在类型选择器中可以选择不同的类型，并通过在下方的类型编辑器新建或编辑构件。例如，在创建墙体时需要先在类型选择器中选择墙体类型再进行创建。

属性过滤器：属性过滤器是用来过滤选择的构件类别，与类型选择器不同的是属性过滤器选择特定类别不会影响选择集。

图 2-9　"属性"选项板

1—类型选择器　2—属性过滤器
3—类型编辑器　4—实例类型栏

类型编辑器：当选中图元时，单击"编辑类型"按钮，在弹出的对话框中可以编辑当前构件的相关属性，这里面的属性称为"类型属性"。

实例类型栏：当选中图元时，在该区域可以编辑当前图元的实例属性。

当未在功能区选择创建命令或未选中任何构件图元时，"属性"选项板中显示的是当前活动视图的实例属性；当选择创建命令时，选项板中则显示创建构件图元之前的默认参数。选中已创建的图元时可以通过"属性"选项板修改当前图元的实例属性。如选项板被关闭，可右击绘图区域在列表中选择"属性"，或在功能区"视图"→"用户界面"中调出。

8. 状态栏

在状态栏中会提供有关要执行的操作的提示。高亮显示图元或构件时，状态栏会显示族和类型的名称。

9. 绘图区域

绘图区域显示当前项目的视图（包括图纸和明细表）。每次打开项目中的某一视图时，此视图会显示在其他打开的视图的上面，其他视图仍处于打开的状态。

10. 视图控制栏

在视图控制栏中可以快速设置当前视图的显示模式，如图 2-10 所示。从左往右依次是：视图比例、详细程度、视觉样式、打开/关闭日光路径、打开/关闭阴影、裁剪视图、显示/隐藏裁剪区域、临时隐藏/隔离、显示隐藏的图元、临时视图属性、显示/隐藏分析模型、显示限制条件。

图 2-10　视图控制栏

11. View Cube

在三维视图的右上角可以看到视图立方体 View Cube（见图 2-11），可以通过单击或拖动 View Cube 切换模型的视角，单击图标 ⌂ 可以转到主视图。

图 2-11　View Cube

12. 导航栏

导航栏用于使用 Steering Wheels 操控盘来控制视图。

13. 项目浏览器

"项目浏览器"用于显示当前项目中所有视图、明细表、图纸、组和其他部分的逻辑层次。展开和折叠各分支时，将显示下一层项目。若"项目浏览器"被关闭，可在"视图"→"用户界面"打开"项目浏览器"。若项目浏览器项目太多可以通过搜索来查找相应的项目，还可根据需求自定义项目浏览器组织。

14. 图元选择控制栏

图元选择控制栏位于屏幕右下方，可以设置指针点选的方式。图标上有"×"号表示禁用选项。

选择链接：禁用了该选项，在视图中就无法选择链接文件，包括链接的 CAD 图、Revit 模型、点云文件。

选择底图：如禁用该选项，在视图中则无法选择导入的底图。

选择锁定图元：如禁用该选项，在视图中则无法选择被锁定的图元。

按面选择图元：如禁用该选项，在视图中则无法点选构件的面来选择图元。启用时在线框模式下不适用。

选择拖拽图元：启用时可在不选中图元时移动图元，但该功能一般被禁用，避免误操作移动图元。

2.3　Revit 族与基本文件格式

2.3.1　Revit 族

族是 Revit 中组成项目的基本单元，是一个包含通用属性（称为参数）集和相关图形表示的图元组。属于一个族的不同图元的部分或全部参数可能有不同的值，但是参数（其名称与含义）的集合是相同的。

项目中所有构件图元和注释图元都是用族创建的。根据构件不同将族分为不同类别，例如，模型图元类别包括墙、柱、梁、门、窗等，注释图元类别包括标记和文字注释。同一类别的族根据设计需要不同，图元的部分或全部属性可能有不同的值，又分为不同的族类型。例如，同为矩形柱族，但尺寸和材质可能不同，成为不同族类型。将某一类型的族图元放置在项目具体位置称为实例。

Revit 中族的创建有三种方式：系统族、可载入族和内建族。

1. 系统族

系统族是指 Revit 系统中预定义的族，可在项目中进行创建和修改，也可在项目之间进行复制，但不能保存为外部族文件，也不能作为外部文件载入到项目中。系统族包括墙、楼板、屋顶、标高、轴网、尺寸标注等。

2. 可载入族

可载入族是根据族样板（rft 文件）创建生成的扩展名为 *.rfa 的文件，可以确定族的属性设置和族的图形化表示方法。可载入族可以载入到项目中，也可以从项目文件中单独保存为族文件。

3. 内建族

内建族是指在当前项目中没有使用载入的方式创建的族，用于定义在项目的上下文中创建的自定义图元。内建族只能存储在当前项目中，不能用于其他项目，也不能单独保存为 rfa 文件。如果项目需要不希望重用的独特几何图形，或项目需要的几何图形必须与其他项目几何图形保持众多关系之一，则可创建内建图元。

2.3.2　Revit 基本文件格式

Revit 支持的原生文件格式有四种，分别为 rvt 格式、rte 格式、rfa 格式和 rft 格式。

1. rvt 格式

rvt 为项目文件格式。通常用样板开启新项目，项目包括的模型以及相关信息，保存后文件带有 .rvt 扩展名，并且无法覆盖样板文件。

2. rte 格式

rte 为项目样板格式。样板文件中定义了项目的常规属性与标准，如项目单位、标注样式、文字样式、填充样式、线样式和视图比例等，供新建项目使用。基于样板的任意新项目均继承来自样板的所有族、设置以及几何图形，但新建项目时不能直接打开样板文件建模。

3. rfa 格式

rfa 为族文件格式。用户根据模型需要创建的构件族文件，保存在项目之外，可载入到不同项目中使用。

4. rft 格式

rft 为族样板文件格式。为创建各类族文件设置的模板，新建族文件时需要选取相应的族样板。

新建族文件和选择族样板文件过程如图 2-12 所示。

图 2-12　新建族文件和选择族样板文件

2.3.3 Revit 软件支持的其他格式

Revit 软件支持多种格式的导入和导出，支持 CAD、IFC、FBX、gbXML、SAT 等多种格式文件，可以和 SketchUp、3Ds Max、Lumion、Navisworks、Fuzor、Rhino、Tekla 等其他主流软件进行交互，从而实现协同工作。

2.4 Revit 软件设置

在 Revit 软件中可以根据个人习惯对软件的用户界面、图形显示、文件位置、快捷键等进行设置。单击"文件"→"选项"进入到软件设置对话框中，如图 2-13 所示。

1. 常规

在"常规"选项中可以设置"通知"中的"保存提醒间隔"和"与中心文件同步"提醒间隔，根据用户的习惯设置提醒时间的间隔，避免长时间未保存文件的过程中软件出错带来的损失。

2. 用户界面

在"用户界面"中的"配置"框中对选项卡的显示、快捷键、双击选项等进行设置，通过勾选"工具和分析"中的选项来确定是否显示在用户界面中。

单击"快捷键"旁的"自定义"按钮，弹出的对话框如图 2-14 所示。在该对话框中可以搜索或过滤系统中的各类命令，并在下方"按新键"输入框中来指定某操作命令的快捷键，可导出或导入快捷键的配置文件。Revit 中会默认部分命令快捷键，一般根据命令英文缩写表示。

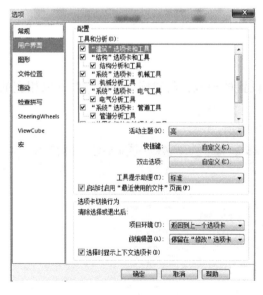

图 2-13　软件设置对话框

图 2-14　快捷键设置

3. 图形

在"图形"页面中可以根据用户的习惯设置背景颜色，或临时尺寸标注文字外观，如

图 2-15 所示。

4. 文件位置

在"文件位置"中可以更改 Revit 中样板文件、用户文件、族样板文件等路径。单击"＋"可以添加自定义的样板文件，单击"放置"按钮可以更改族库的文件路径，如图 2-16 所示。

图 2-15　图形设置　　　　　　　　图 2-16　文件位置设置

2.5　Revit 软件基础操作

2.5.1　Revit 视图设置

在 Revit 软件中基于模型的视图通常有平面图、立面图、剖面图、详图索引图、三维视图、明细表、图纸视图等。不同于 CAD 绘制的图，Revit 视图是信息模型根据不同规则的表现形式，并可在视图选项卡、视图属性面板和视图控制栏中对当前视图的比例、显示模式、显示精度等进行设置。

1. 视图选项卡

"视图"选项卡如图 2-17 所示。选项面板上的各命令功能见表 2-1。

图 2-17　"视图"选项卡

表 2-1　视图设置命令功能列表

命 令 名 称	命 令 功 能
视图样板	通过"视图样板"可以把当前视图的属性设置（视图比例、规程、详细程度以及可见性）创建为视图样板，可以通过应用视图样板来使各个视图的属性一致。创建和应用视图样板还可以通过在"项目浏览器"中右击相应的视图来创建，如图 2-18 所示

（续）

命令名称	命令功能
可见性/图形	快捷键 "VV"，用于控制项目中各个视图的模型类别、注释类别和分析模型类别以及导入类别的可见性和图形显示，包括图形的投影/表面、截面、半色调以及详细程度的控制。还可通过过滤器来筛选相应类别的图元，对其可见性进行设置，如图 2-19 所示
过滤器	创建过滤器用于在 "可见性/图形" 中设置相关类型的图元的显示模式
细线	快捷键 "TL"，激活该工具时将模型用细线表示。默认情况下，模型对象会显示线宽
显示隐藏线	用于显示被当前视图中的其他图元遮挡的模型图元和详图图元的隐藏线
删除隐藏线	用于删除被活动视图中的其他图元遮挡的模型图元和详图图元的隐藏线
三维视图	用于创建三维视图和漫游
剖面	用于创建剖面视图
详图索引	由于创建详图视图
平面视图	用于创建平面视图，包括楼层平面、结构平面等，创建的平面视图将在 "项目浏览器" 中显示
立面	用于创建立面视图
绘图视图	用于创建二维平面视图，其中只能创建二维图元且该视图的显示与建筑模型不直接关联
复制视图	用于复制当前视图，包括了 "复制视图" 和 "带细节复制"
图例	用于创建图例视图，和绘图试图一样与建筑模型不直接相关
明细表	用于创建明细表来提取当前模型中的构件数量、材质、视图列表等

"图纸组合" 面板：用于创建项目图纸。

"窗口" 面板：在 "窗口" 面板中可以切换、关闭隐藏、复制、层叠、平铺窗口，平铺窗口快捷建为〈WT〉。

用户界面：用户界面可以自定义在界面显示的窗口、设置浏览器组织以及设置快捷键。

图 2-18 视图样板设置　　　　　　　　　图 2-19 可见性/图形设置

2. 图形属性设置

在三维视图和平面视图中可以通过"属性"选项板中"图形"和"基线"属性栏修改视图比例、显示模型、详细程度、零件可见性、可见性/图形替换、图形显示选项、方向和视图的其他属性。"图形"属性窗口如图 2-20 所示,可以对当前视图的显示属性进行设置。

(1) 视图比例 "视图比例"用于设置视图在图纸上的显示比例,也可以通过视图控制栏设置视图比例,如图 2-21 所示。

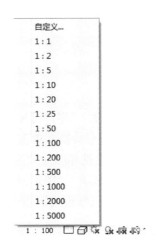

图形	
视图比例	1 : 100
比例值 1:	100
显示模型	标准
详细程度	中等
零件可见性	显示原状态
可见性/图形替换	编辑…
图形显示选项	编辑…
方向	项目北
墙连接显示	清理所有墙连接
规程	建筑
显示隐藏线	按规程
颜色方案位置	背景
颜色方案	<无>
系统颜色方案	编辑…
默认分析显示样式	无
日光路径	□

图 2-20　图形属性

```
自定义…
1 : 1
1 : 2
1 : 5
1 : 10
1 : 20
1 : 25
1 : 50
1 : 100
1 : 200
1 : 500
1 : 1000
1 : 2000
1 : 5000
```

1 : 100

图 2-21　视图控制栏中设置视图比例

(2) 显示模型 "显示模型"用于在视图中设置模型的显示而不影响详图图元或注释图元,显示模式有三种,分别为"标准""半色调"和"不显示"。"标准"设置显示所有图元;"半色调"设置通常显示详图视图特定的所有图元,而模型图元以淡灰色显示;"不显示"则只显示详图视图的专有图元。图 2-22 所示为模型显示效果。

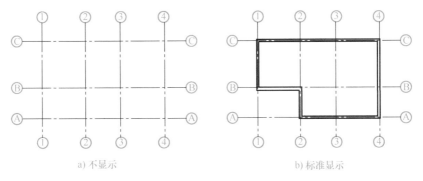

a) 不显示　　　　　　　　　　　　b) 标准显示

图 2-22　模型显示效果

(3) 详细程度 "详细程度"可以对当前视图构件的详细程度进行设置,包括粗略、中等或精细三种显示方式,功能同视图控制栏的"详细程度"按钮。

通常情况下,墙、楼板和屋顶的复合结构以中等和精细两种详细程度显示。结构框架随详细程度的变化而变化,在"粗略"程度下显示为线,在"中等"和"精细"程度下显示更多几何图形。在机电设备中,管线在"粗略"程度下以单线表示;在"中等"程度下,桥架和风管以双线模式显示,而水管是以单线显示;在"精细"程度下,管线则以真实模型的外观显示。图 2-23 所示为构件图元的不同详细程度显示。

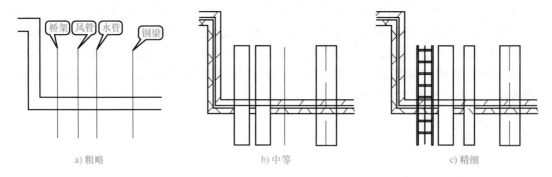

图 2-23　构件图元的不同详细程度显示

（4）零件可见性　"零件可见性"用以控制零件和原始图元在视图中是否可见。

（5）可见性/图形替换　单击"编辑"按钮打开"可见性/图形替换"窗口，用于设置当前视图的图元可见性和图元的线样式或填充图案。

（6）图形显示选项　"图形显示选项"用于控制当前视图图元的轮廓线或阴影的显示，如图 2-24 所示。在三维模式下还可设置环境的背景。

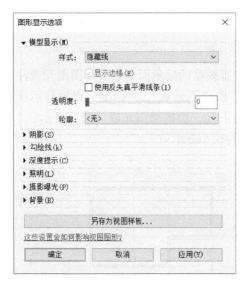
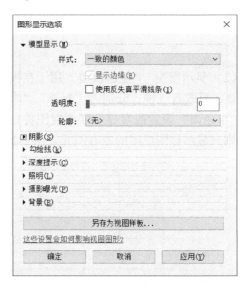

图 2-24　图形显示选项

（7）方向　"方向"用以切换项目北和正北。"项目北"是针对整个项目的北方，在默认情况下平面视图中根据"上北下南"定义方向，当旋转"项目北"之后会改变模型的方向，如果在实际项目中旋转了"项目北"之后通过链接模型将会影响两者之间的对齐。"正北"表示真实世界的北方，旋转"正北"将不会影响"项目北"的方向，也不会影响链接模型的对齐。

在"可见性/图形替换"页面中，勾选"场地"中的"测量点"和"项目基点"（见图 2-25），视图中可以看到测量点和项目基点如图 2-26 所示，测量点是指向项目北的方向，而项目基点是指向正北的方向。

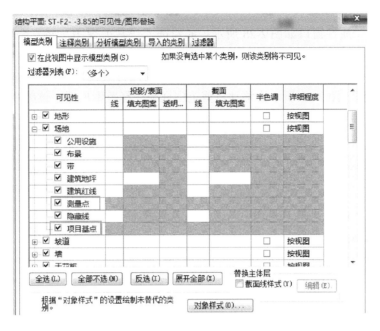

图 2-25　勾选"测量点"和"项目基点"

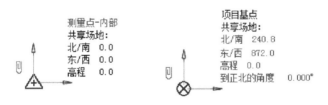

图 2-26　测量点和项目基点

（8）规程　"规程"可设置建筑、结构、机械、电气、卫浴、协调等几种专业类别。可以根据不同专业显示视图中的图元，便于在协同设计过程中多专业模型整合时，将各专业模型区分开。例如，当选择"结构"规程时，当前视图中的建筑墙体不可见。

（9）颜色方案位置　在平面视图或剖面视图中，选择"背景"可将颜色方案应用于视图的背景（平面的楼板或剖面的背景墙）。选择"前景"可将颜色方案应用于视图中的所有模型图元。

（10）颜色方案　"颜色方案"用于在平面视图或剖面视图中，根据特定值或值范围，向每个视图应用不同颜色方案。使用颜色方案可以将颜色和填充样式应用到房间、面积、空间和分区、管道和风管。

3. 基线

"基线"用于控制视图中显示参照的楼层平面，当基线选择为其他楼层时，其他楼层构件在当前楼层视图中呈半色调显示，即可以定位楼上、楼下的位置关系，如图 2-27 所示。如只需显示而不需选择操作基线所在楼层图元，则可在右下角选择"基线图元关闭"。

图 2-27　基线设置方式

4. 范围属性设置

视图"范围"属性窗口如图 2-28 所示，如勾选了"裁剪视图"将不会看到范围框之外的视图。勾选"裁剪区域可见"之后会显示裁剪框，勾选"注释裁剪"后会显示注释的裁剪框，同时勾选"裁剪视图"后范围框之外的注释图元将被裁减而不可见。注释范围框不能小于裁剪范围框。图 2-29 所示为移动裁剪范围框和注释范围框后，被剪裁的平面视图。

图 2-28 视图范围属性设置

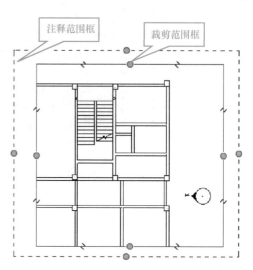

图 2-29 裁剪范围设置

"视图范围"是指控制对象在视图中垂直方向上的显示范围，单击"视图范围"栏的"编辑"按钮进入视图范围设置的对话框（见图 2-30），包括视图的顶、剖切面、底和偏移以及视图深度的设置。对应立面视图或剖面视图的相应范围如图 2-31 所示。

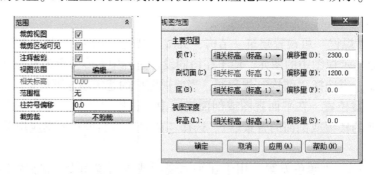

图 2-30 视图范围设置

"截剪裁"用于显示模型位于剖切平面下方的零件，分为"不剪裁""剪裁时无截面线"和"剪裁有截面线"三种显示方式，图 2-32 所示为三种剪裁方式的对比。

5. 视图控制栏

在视图控制栏中可以快速地对当前视图的比例、精细程度、视图样式、图元的隐藏/显示进行控制。

（1）视图样式 "视图样式"分为线框、隐藏线、着色、一致的颜色、真实和光线追踪六种显示模式，如图 2-33 所示。

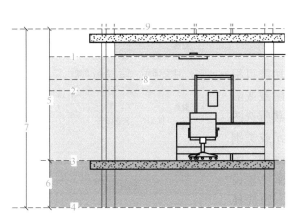

图 2-31　视图范围

1—顶部　2—剖切面　3—底部　4—底部偏移　5—主要范围
6—视图深度　7—视图范围　8—剖切面偏移　9—顶部偏移

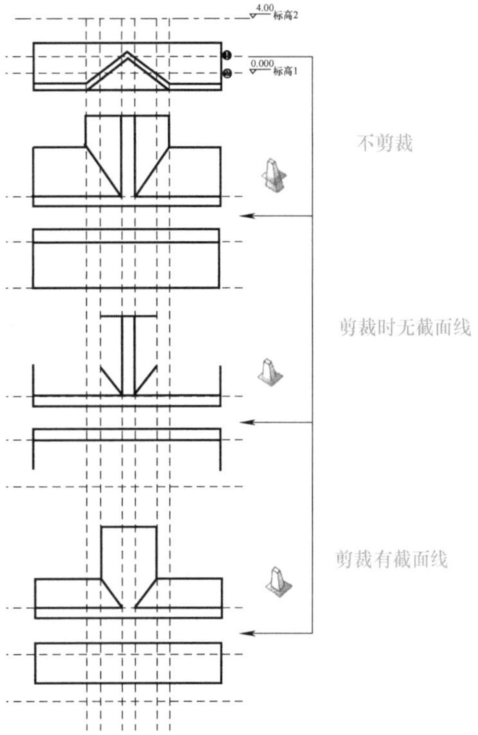

图 2-32　三种剪裁方式的对比

（2）显示渲染对话框　"显示渲染对话框"工具只出现在三维视图中，单击视图控制栏图标 后会弹出"渲染"对话框，可对渲染进行相关的设置。也可从功能区"视图"→"渲染"打开，或采用快捷键"RR"命令。

图 2-33　视图样式

在 Revit 中可以通过两种方式渲染模型：一是通过本地的渲染引擎来渲染；二是通过联网在 Autodesk 的云中渲染。采用本地渲染方法时可按以下步骤操作：

1）在渲染之前需创建一个三维视图，单击"视图"→"三维视图"→"相机"，在平面视图中选择一个合适的位置放置相机，放置之后会自动跳转到三维视图，该三维视图默认为透视视图，这里尽量不要直接打开默认的三维视图，在默认的三维视图中是平行视图，如果在"渲染"对话框中没有勾选"区域"，计算机将调用更多资源，因此导致无法渲染的情况。

2）打开"渲染"对话框，在"质量"中选择渲染的质量（见图 2-34），可以在"设置"下拉菜单栏中选择"编辑"来具体设置渲染的质量。

3）在"输出设置"中选择"分辨率"为"屏幕"或"打印机"，当选择"打印机"时可以设置 DPI，DPI 越高渲染的质量越好，画质越清晰，但耗费的时间就越长。在下方会显示未压缩的图像的大小。

4）在"照明"中选择光线的方案和设置日光的方位等。

5）在"背景"中选择背景的样式，可以选择天空中云的情况，也可选择纯色背景或自定义背景的图片等。

6）在"图像"设置中设置渲染图片的曝光值、阴影、饱和度等参数。

7）单击上方的"渲染"按钮，软件开始渲染，渲染完成后将图片保存到项目中或将图片导出。

（3）临时隐藏/隔离　"临时隐藏/隔离"功能可根据需要将选中的构件图元或相同类别图元临时隐藏或隔离，如图 2-35 所示。隐藏图元/类别选项将隐藏所选图元或相同类别，隔离图元/类别选项将所选图元或类别单独隔离出来进行编辑操作，未被选中图元则隐藏。图元隐藏或隔离后，绘图区域边框呈蓝色，选择"重设临时隐藏/隔离"选项，则恢复被隐藏图元。如选择"将隐藏/隔离应用到视图"，则图元永久隐藏，蓝色边框消失。临时隐藏图元的快捷键为"HH"，临时隔离图元快捷键为"HI"，恢复临时隐藏/隔离快捷键为"HR"。

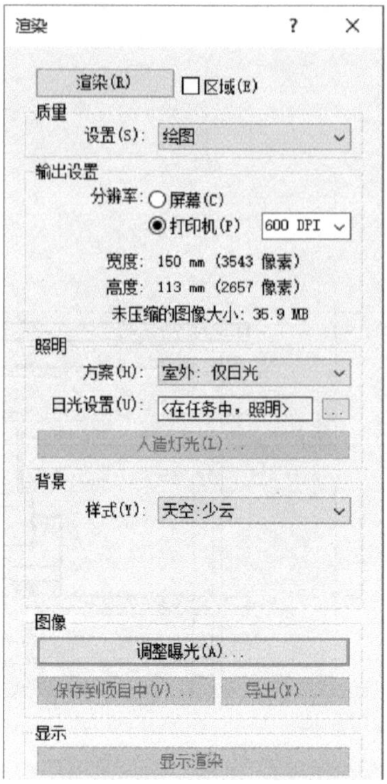

（4）显示隐藏图元　"显示隐藏图元"功能用于查看被临时或永久隐藏的图元。单击视图控制栏图标 ，绘图区域出现红色边框，被永久隐藏图元呈现红色。如要取消隐藏图元，则选中隐藏图元，右击选择"取消隐藏图元"，恢复该图元在视图中的可见性。恢复图元显示后，继续单击图标 ，则绘图区域红色边框消失，恢复正常显示模式。

图 2-34　"渲染"对话框

图 2-35　临时隐藏/隔离

2.5.2　图元的修改

在"修改"选项卡下有"剪贴板""几何图形""修改""视图""创建"等面板，可以对图元进行复制、平移、镜像等操作，便于对模型进行修改，如图 2-36 所示。

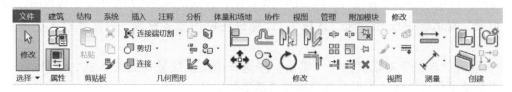

图 2-36　"修改"选项卡

1. "剪贴板"面板

在"剪贴板"面板中可以通过"复制/剪切"来复制或移动图元，常用于建筑垂直方向上的图元的复制。选择需要复制的图元后单击"复制/剪切"，然后单击"粘贴"按钮下拉三角形，模型图元可以选择"与选定的标高对齐"，注释图元可以选择"与选定的视图对齐"，从而快速地复制图元。

"剪贴板"中常用的命令"匹配类型属性"，其作用是将一个或多个图元的类型与其他图元匹配，类似于文档软件中的"格式刷"。

2."几何图形"面板

"几何图形"面板中提供了连接图元的命令集合。"连接端切割"用于钢结构的梁或柱的连接；"剪切"用于剪切空心和实心的剪切；"连接"用于清理重合构件的扣减关系，常用于土建模型中的柱、梁、板墙的扣减。

"取消/连接屋顶" ，可以将两个屋顶进行连接，如图 2-37 所示。激活命令后单击需要延伸的屋顶边界，再单击附着的屋顶，即可连接。

图 2-37　屋顶连接

"梁/柱连接" ，可更改梁或柱的连接方式，单击连接处的箭头可以切换连接方式，图 2-38 所示为梁和柱的四种连接方式。

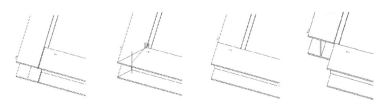

图 2-38　梁和柱的四种连接方式

"墙连接" ，可以更改墙的连接方式。将指针移动到两道墙连接处会出现一个矩形框，单击矩形框，在选项栏设置墙体的连接类型，如图 2-39 所示。

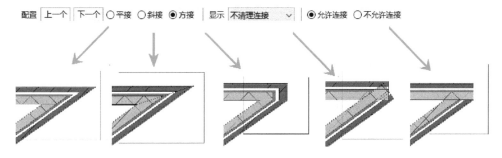

图 2-39　墙体连接方式

"拆分面" 🗐 可将图元表面拆分，激活"拆分面"的命令后选择需要拆分的图元表面，用创建工具创建拆分面的轮廓后确认，如图2-40所示。然后使用"填色" 🌡·对拆分的区域进行材质填充，如图2-41所示。

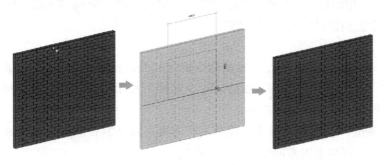

图 2-40　拆分表面

3. "修改" 面板

"修改"面板中，可以对图元进行平移、镜像、复制等操作，如图2-42所示。常用命令功能及快捷键见表2-2。

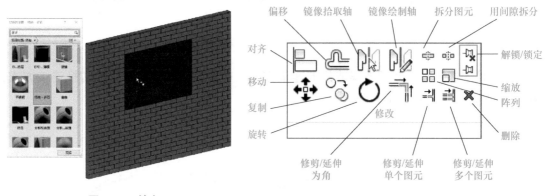

图 2-41　填色　　　　　　　　　　　图 2-42　"修改" 面板

表 2-2　常用命令及快捷键

命　　令	功能及基本操作	快捷键
对齐	将一个或多个对象与选定对象对齐	AL
偏移	用于偏移线、墙、梁等图元。命令激活后拾取需要偏移的图元，在选项栏里选择图形方式或数值方式来进行偏移，还可以选择是否复制	OF
镜像	镜像拾取轴。先选择图元，然后单击镜像命令，拾取对称轴，镜像图元位置	MM
	镜像绘制轴。先选择图元，然后单击镜像命令，创建对称轴，镜像图元位置	DM
拆分图元	在选定位置剪切构件图元	SL
用间隙拆分	主要用于墙体的拆分，在拆分后留有间隙并可设置间隙的宽度	
锁定	将选择对象锁定，禁止对其进行操作	PN
解锁	将锁定对象解锁，恢复可操作状态	UP
缩放	将选择图元按一定比例缩小或放大，只适用于线、墙、图像，或基于线的图元的缩放。分为按图形和按数值缩放图元两种方式	

（续）

命　令	功能及基本操作	快捷键
阵列	快速地复制等间距的图元。阵列的方式分为沿直线进行复制的线性阵列和沿弧线进行复制的径向阵列两种	AR
修剪/延伸单个（多个）图元	修剪/延伸单个（多个）图元到指定的参照边界（可以是线、墙、风管、水管等）	
修剪/延伸为角	修剪或延伸图元为角。注意在修剪时需要单击要保留的部分	TR
旋转	用于旋转构件	RO
复制	用于复制选定图元	CO
移动	用于移动选定图元。也可使用方向键移动构件图元	MV
删除	用于删除选择的图元	

4. "视图"面板

"视图"面板中常用到"置换图元"功能，该工具用于三维视图中分解模型，形成更直观的模型分解图，如图 2-43 所示。

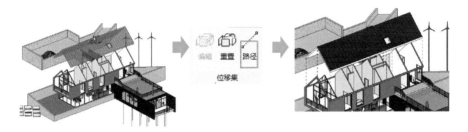

图 2-43　置换图元

置换图元的主要步骤为：选择图元→单击"视图"面板中的图标 ⬚ →移动图元，在"位移集"面板中"编辑"添加位移的图元，单击"路径"可以添加图元位移的路径显示，单击"重置"可以将所有的位移的图元恢复到原位置。

5. "创建"面板

"创建"面板中"创建组"可以将相同的部分创建成组，便于模块化管理。该功能在实际项目中用得比较多。

创建组的主要步骤：选择需要成组的图元→单击"创建"面板中的"创建组"图标 ⬚ →输入组名称。成组的模型不能直接编辑，需要选择模型组单击"成组"面板中"编辑组"进入到组编辑器中编辑图元。复制组之后，如果对其中一个组的图元进行编辑，其他组也会跟着变化。单击"解组"可以解组模型组，单击"链接组"可以链接"模型组"的文件。单击"文件"选项卡→"另存为"→"库"→"成组"可以导出模型组，如图 2-44 所示。

"创建零件"工具可对选定的图元进行创建零件，常用于创建墙体或楼板的装饰分割，如图 2-45 所示。

创建零件的主要步骤：选择图元→单击"创建"面板中的图标 ⬚ →在"零件"

图 2-44　导出模型组

面板中单击"分割零件"→编辑草图或选择相交轴网/参照平面→创建分割线。

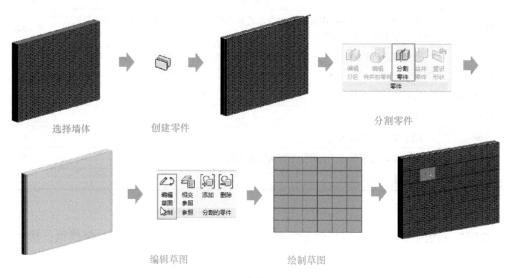

图 2-45　墙体表面零件分割

2.5.3　材质编辑

模型材质的设置可通过"管理"选项卡"设置"面板中"材质"来实现，如图 2-46 所示。

（1）标识　在弹出的"材质浏览器"中，"标识"页面可以更改项目中与材质关联的常规信息，如说明信息、产品信息等。

（2）图形　"图形"页面用以对构件进行外观着色、表面填充图案、截面填充图案（通过选择填充图案来更改外观纹理）等修改。

（3）外观　"外观"页面包括信息、材质类型、饰面凹凸等修改选项，可通过右上角替换和复制资源命令来更改材质。

（4）物理　"物理"页面可对构件的物理信息进行描述，用于建筑的结构分析。

一般而言，实际操作编辑材质时不在以上功能页面设置，而是通过构件"属性"选项板中"编辑类型"修改所需要的材质，图 2-47 所示为墙图元的材质编辑方式。实际使用中通常用"图形"和"外观"两个页面。

图 2-46　材质设置

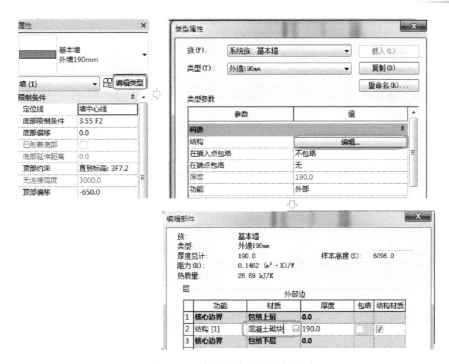

图 2-47　墙图元的材质编辑方式

2.5.4　实例参数的添加

参数是 Revit 中族构件携带信息的方式，参数可用来存储和控制构件的几何、非几何数据的表达方式以及内容，对项目中的任何图元、构件类别均可以自定义参数信息。参数分为类型参数和实例参数，在"类型属性"对话框和实例属性栏中显示。

Revit 软件中默认的构件参数设置可能不满足实际设计或计量需要，为方便后面进行清单计价，需要对模型添加部分实例参数来完善模型信息。实例参数添加命令位于"管理"选项卡"设置"面板上。以创建柱的砼强度等级这一实例参数为例，可按以下步骤进行：

1）单击"管理"选项卡下"项目参数"→在弹出对话框中单击"添加"按钮，如图 2-48 所示。

2）在"参数属性"对话框新建名称为"砼强度等级"的项目参数，并修改参数数据为"实例"，选择规程为"公共"，选择参数类型为"文字"，选择参数分组方式为"标识数据"，在右边类别表中选择应用的构件"结构柱"（注："柱"为建筑柱，框架柱应选择"结构柱"），如图 2-49 所示。

3）单击"确定"按钮，完成参数添加，

图 2-48　"项目参数"对话框

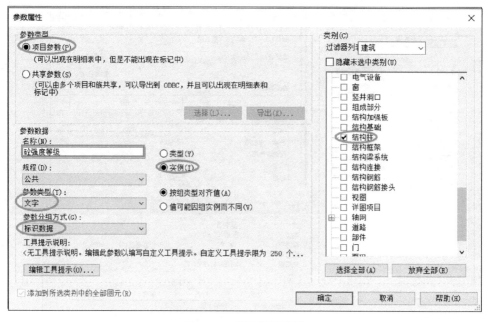

图 2-49　参数属性设置

再单击图 2-50 所示"确定"按钮退出。

4）添加完成后，可在"属性"对话框中对应参数位置进行信息添加，如图 2-51 所示。

图 2-50　"砼强度等级"参数添加

图 2-51　"属性"选项板中生成参数

2.5.5　明细表的创建

明细表是 Revit 以表格数据方式显示构件信息的方式，可统计模型对象的数量。表中的信息是从项目中的图元属性中提取出来的，建模过程中建立明细表，构件发生增、删、改时，明细表会自动更新以反映这些变化。明细表的数据可以输出到其他软件程序中，可导出Excel 表格。

1. 创建明细表

明细表主要分为"明细表/数量""材质提取""配电盘明细表""图形柱明细表"四

类。通常模型采用"明细表/数量"来提取构件的数量等参数进行统计。不同的构件分别用不同的明细表表示其构成图元的数据。例如柱明细表、墙明细表、门窗明细表等。创建配电盘明细表时需首先选择配电箱图元，"修改"选项卡中才会出现"创建配电盘明细表"功能选项。下面以门窗明细表为例介绍创建过程。

1）打开"视图"选项卡下"明细表"下拉菜单，选择"明细表/数量"，弹出"新建明细表"对话框，如图 2-52 所示。在"类别"列表框中选择"窗"，左边默认明细表名称为"窗明细表"，单击"确定"按钮。

2）在弹出的"明细表属性"对话框中有"字段""过滤器""排序/成组""格式""外观"五个选项卡。在"字段"选项卡"可用的字段"列表框中选择明细表所需要的字段，如"族""类型""高度""宽度""合计"等，单击"添加"按钮或双击字段，添加到右侧"明细表字段"列表框中（见图 2-53），单击下方"上移"或"下移"按钮调整字段在明细表中显示的先后顺序。如需将链接模型中的窗图元一并统计，则勾选下方"包含链接中的图元"复选按钮。

图 2-52　新建明细表

图 2-53　明细表属性

3）单击"确定"按钮，生成明细表如图 2-54 所示，明细表默认将所有窗图元逐一按字段中内容显示。可在"项目浏览器"中"视图"目录下查看明细表视图。

2. 编辑明细表

完成明细表初步设定后，可通过属性栏对明细表进行进一步编辑。例如，对明细表中的内容进行排序、分类汇总、添加统计项目等。

单击"属性"选项板"排序/成组"按钮，打开"明细表属性"对话框中对应的标签，如图 2-55 所示，设置"排序方式"为"类型"，选择"升序"，勾选"总计"，取消下方"逐项列举每个实例"复选按钮。

单击"格式"标签，可设置标题方向和表格中文字对齐方式，如图 2-56 所示。单击"条件格式"按钮，将窗宽度小于或等于 900mm 的类型单元格显示为其他颜色，单击"确定"按钮，生成的明细表如图 2-57 所示。明细表中将窗类型按升序进行排序并进行汇总，且将窗宽度小于或等于 900mm 的悬窗类型用其他颜色标识出来方便查看，也可用"过滤器"标签筛选符合条件的项目生成明细表。

图 2-54　窗明细表

图 2-55　"排序/成组"设置

图 2-56　"格式"设置

		<窗明细表>		
A	B	C	D	E
族	类型	宽度	高度	合计
悬窗	C0921	900	2100	36
悬窗	C0924	900	2400	6
双扇窗	C1221	1200	2100	7
双扇窗	C1224	1200	2400	5
双扇窗	C1524	1500	2400	8
双扇窗	C1821	1800	2100	24
双扇窗	C1824	1800	2400	5
双扇窗	FC乙1824	1800	2400	2
四扇连窗	FC甲2721	2700	2100	1
四扇连窗	FC甲3621	3600	2100	1
百叶窗4 - 角度	KBY4811	4800	1100	3
百叶窗4 - 角度	KBY6311	6300	1100	3
百叶窗4 - 角度	KBY8211	8200	1100	3
总计: 104				104

图 2-57　编辑后的窗明细表

通常需要统计门窗洞口面积作为工程量，可通过编辑明细表获得面积数据。打开"明细表属性"对话框"字段"标签，单击"添加计算参数"按钮（见图 2-58），弹出"计算值"对话框（见图 2-59），添加名称"洞口面积"，类型为"面积"，将公式设置为"宽度＊高度"。

图 2-58　添加计算参数

图 2-59　设置计算值

单击"确定"按钮后，"字段"标签中"明细表字段"列表框将添加"洞口面积"项目。在"格式"标签中，设置"洞口面积"的"计算总数"格式，如图 2-60 所示。

生成新的明细表如图 2-61 所示，明细表中添加了洞口面积参数，并计算出每一扇窗的面积数据和面积总计数据。

图 2-60　洞口面积格式设置

<表格>

<窗明细表>					
A	B	C	D	E	F
族	类型	宽度	高度	合计	洞口面积
悬窗	C0921	900	2100	36	68.04
悬窗	C0924	900	2400	6	12.96
双扇窗	C1221	1200	2100	7	17.64
双扇窗	C1224	1200	2400	5	14.40
双扇窗	C1524	1500	2400	8	28.80
双扇窗	C1821	1800	2100	24	90.72
双扇窗	C1824	1800	2400	5	21.60
双扇窗	FC乙1824	1800	2400	2	8.64
四扇连窗	FC甲2721	2700	2100	1	5.67
四扇连窗	FC甲3621	3600	2100	1	7.56
百叶窗4-角度	KBY4811	4800	1100	3	15.84
百叶窗4-角度	KBY6311	6300	1100	3	20.79
百叶窗4-角度	KBY8211	8200	1100	3	27.06
总计：104				104	339.72

图 2-61　添加洞口面积后的窗明细表

本章小结

本章主要介绍有关 Revit 软件的基础知识。首先介绍了软件的启动界面和用户界面组成内容；其次介绍了 Revit 软件的特有术语与文件格式，重点介绍作为项目最基本单元（即族）的三种类型，并在此基础上对 Revit 软件的设置方法和基础操作进行了详细介绍，包括视图设置、图元的修改、构件材质的编辑、参数的添加与修改以及明细表的创建。本章内容可为读者深入了解后续章节具体项目的操作实施做一个总体方法的铺垫。

习　题

1. Revit 软件系列包括哪些专业？
2. 什么是族？如何理解 Revit 族创建的三种方式？
3. Revit 软件支持的原生文件格式有哪几种？除此之外还支持哪些文件格式？
4. 在创建模型前，通常要明确哪些软件设置内容？
5. Revit 视图的比例、显示模式、显示精度等内容可通过什么方式进行设置？
6. Revit 软件中对图元进行复制、平移、镜像等操作可通过什么功能面板来实现？
7. 通过"管理"选项卡中"材质"功能设置模型材质时，需要在哪些页面进行编辑？
8. Revit 族参数分为哪两种？可通过哪些窗口查看？
9. 明细表主要有哪几种类型？

第 3 章
基于 Revit 软件的建筑装饰工程计量

3.1 概述

建筑装饰工程计量方法主要分为手工计量和计算机辅助计量两种，建筑规模的不断扩大使计算机辅助计量成为工程量计算的主要方式。但对于工程中零星少量的局部构件，手工计量仍然是不可或缺的有效手段。目前，计算机辅助计量主要采用专业计量软件进行，如常见的广联达工程量计算软件、斯维尔工程量三维计算软件等，这在很大程度上解放了庞大的工程量计算劳动力，提高了工程造价管理效率。随着 BIM 技术迅速发展，Revit 软件已成为国内具有代表性的设计软件，采用基于 Revit 软件的建筑装饰工程工程量计算方式也成为工程造价管理中不可回避的趋势，特别是对于装配式建筑工程，能体现更为明显的优势。

基于 Revit 软件的建筑装饰工程工程量计算思路是：首先应由设计方提供相应建设阶段的 Revit 模型，然后在 Revit 模型基础上直接提取符合工程量计算规范的各类构件工程量，最后汇总建筑装饰工程各分项的工程量。从 Revit 模型中提取工程量有两种方式：一种是直接利用 Revit 明细表数据；另一种是通过基于 Revit 开发的算量软件进行。由于设计方提供的模型标准的不统一会导致工程量计算结果出现不确定性，因此本章采用第二种方法，以 BIM 三维算量 for Revit 软件为例介绍建筑装饰工程工程量计算方法，并且将创建模型和工程量提取作为整体内容来阐述，减少初期设计模型与算量要求之间的不一致性，使读者全面了解和掌握 Revit 模型从创建到使用的过程。

BIM 三维算量 for Revit 软件是在 BIM 技术环境下，基于 Revit 平台开发的软件。它既有 Revit 软件的工程设计功能，又结合我国国情，将国家标准清单规范和各地定额工程量计算规则融入算量模块中，实现了在 Revit 平台上进行算量的功能。

本章以某医院门诊楼项目为例，介绍 Revit 模型从创建到算量的全过程。主要思路及过程如图 3-1 所示。

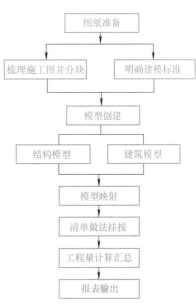

图 3-1 基于 Revit 软件的建筑工程计量流程

1）准备建筑装饰工程施工图，并对项目 CAD 图进行梳理。检查各专业图纸的完整性，并在过程中梳理出所需要的信息，如柱、梁、板等构件位置、类型、尺寸及材质信息，从而使模型命名、参数添加、创建方式等都有据可依。最后对项目 CAD 图进行字体修正和分块导出。

2）在图纸完备的情况下，依据《建筑信息模型应用统一标准》（GB/T 51212—2016）、《建筑工程设计信息模型制图标准》（JGJ/T 448—2018）以及《建筑信息模型施工应用标准》（GB/T 51235—2017）等明确模型创建的基本要求。为满足工程计量的需要，建筑结构专业模型主要注意构件建模时的命名标准的统一，机电专业注意管道敷设的顺序标高关系以及表现色彩的区分。

3）根据建模规则，用 BIM 三维算量 for Revit 软件分类分层次创建模型，并以《房屋建筑与装饰工程工程量计算规范》（GB 50854—2013）作为构件清单工程量和实物工程量计算的条件。

4）完成模型创建后，分别对每个层次创建的构件进行模型映射，使其成为符合相应规范的工程量计算对象。

5）对每类构件进行工程量清单做法进行挂接，并进行构件工程量统计计算，生成分项工程的清单工程量和实物工程量。

6）算量结果汇总及报表输出。

3.2　BIM 三维算量 for Revit 软件介绍

3.2.1　软件启动与退出

以斯维尔 BIM 软件为例，程序安装完成后，桌面会生成快捷图标，双击快捷图标，打开软件，如图 3-2 所示。

图 3-2　BIM 三维算量 for Revit 软件启动界面

首先根据实际需要，在右下角选择软件版本及该启动页等待时间，选择完毕后单击左下角"立即启动"按钮，进入软件。退出时同 Revit 程序关闭操作，单击"应用程序菜单"按钮，在弹出的菜单中选择"退出"，关闭 BIM 三维算量 for Revit 程序，或直接单击窗口右上角"退出"按钮。

3.2.2　软件界面

进入 BIM 三维算量 for Revit 软件界面，功能区在 Revit 软件基础上增加了斯维尔算量、土建建模、钢筋建模、安装建模、斯维尔审模等 5 个功能选项卡，如图 3-3 所示。

图 3-3　增加的功能选项卡

1. 斯维尔算量界面功能

"斯维尔算量"选项卡中包括工程设置、模型映射、分析汇总和核查几类功能面板，如图 3-4 所示。

"工程设置"：工程设置面板中功能包括工程设置、算量选项、链接计算、绑定链接，可完成对工程的基本概况操作。

图 3-4　"斯维尔算量"选项卡

"模型映射"：模型映射面板中功能包括模型映射、族名修改、方案管理、材质设置、系统定义、材质库，此模块功能主要为将 Revit 模型转换为可供算量的模型环境。

"分析汇总"：分析汇总面板中包含汇总计算、清空计算、参数算量、组价表、统计、查看上次结果、查看报表等计算类功能。

"核查"：核查面板中包含属性查询、族类型表、核对构件功能，可对模型构件的属性信息及单个构件的工程量进行快速查看及修改。

2. 土建建模界面功能

"土建建模"选项卡的功能主要应用于 CAD 图为基础的构件识别布置和二次构件及垫层的智能布置，如图 3-5 所示。本章建模内容主要以 Revit 手动创建为主，二次构件、垫层及装饰则使用智能布置。

图 3-5　"土建建模"选项卡

3. 钢筋建模界面功能

"钢筋建模"选项卡中包括钢筋设置、基本识别、钢筋识别、钢筋布置、钢筋核对、钢筋三维以及钢筋删除面板（见图 3-6），主要用于各类构件的钢筋布置及工程量计算功能。

"钢筋设置"：钢筋设置面板中功能包括钢筋设置、钢筋维护、钢筋标准，主要用于对工程中钢筋部分设置的基本概况进行操作。

图 3-6 "钢筋建模"选项卡

"基本识别"：基本识别面板中功能包括导入图纸、描述转换、配置转换，此模块功能主要为建钢筋模型前的基本准备的重要操作。

"钢筋识别"：钢筋识别面板中包含柱表、大样、梁筋、墙表、板筋、独基表、条基筋、筏板筋等构件钢筋识别功能，是进行各类构件钢筋工程量计算的重要步骤。

"钢筋布置"：钢筋布置面板中包含各类混凝土结构构件的钢筋布置、自动布置砌体墙拉结筋和洞口补强筋等构造钢筋以及对框架梁进行梁跨的拆分和组合功能。

"钢筋核对"：钢筋核对面板中包括核对单筋、钢筋核对功能，用于查看构件钢筋的工程量计算式。

"钢筋三维"：钢筋三维面板中包括三维显示、三维删除功能，主要对钢筋模型显示进行操作。

4. 斯维尔审模界面功能

"斯维尔审模"选项卡（见图 3-7）中的命令主要应用于审核识别出的模型完整性和正确性。

图 3-7 "斯维尔审模"选项卡

3.3 算量准备

3.3.1 项目准备

案例工程项目⊖为某小型医院门诊楼工程。单位工程包括建筑装饰工程、给排水工程、消防及电气安装工程。本章以建筑装饰工程为对象介绍 Revit 建模和算量方法。

1. 项目概况

工程名称：某地区医院项目。

建筑面积：2965.64m²。

建筑层数：地上 5 层。

⊖ 本书配套的施工图、族库、样板文件可登录 https：//pan. baidu. com/s/11tC0Oaq_5gzWQPn6fCV5cQ（提取码：2121）下载。

建筑高度：18.750m。

建筑防火分类：多层公共建筑，地上部分耐火等级为二级，设计使用年限为 50 年。

建筑结构：钢筋混凝土框架结构，结构安全等级为二级。

防水等级：屋面防水等级为二级。

场地类别：二类。抗震设防烈度为 7 度，抗震等级为二级。

本工程设计标高 ±0.000 相当于绝对标高 535.000m。

2. 图纸处理

以 CAD 图为基础的模型创建工作，需要将 CAD 图导入至 Revit 软件中作为参照，方便模型构件定位，提高模型创建效率。因此在建模之前需要将 CAD 文件进行图纸的分割导出，单独保存为一个文件，按需要分别导入 Revit 软件中，以结构图处理为例，主要步骤如下：

1）新建"某医院结构分割图纸"文件夹。

2）启动 CAD，打开项目图纸文件，如图 3-8 所示。

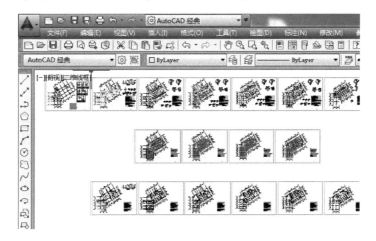

图 3-8　CAD 施工图

3）框选其中"基础平面布置图"，在命令栏直接输入写块的快捷命令"W"后按〈Enter〉键，如图 3-9 所示。

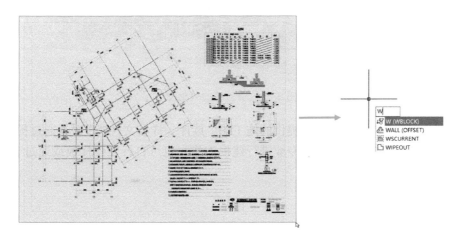

图 3-9　选择分块图纸

4）弹出"写块"对话框，选择"某医院结构分割图纸"文件夹，重命名块为"基础平面图"，单击"确定"按钮，如图 3-10 所示。

5）重复以上操作，完成所有图纸分块保存，如图 3-11 所示。

图 3-10　"写块"对话框　　　　　　　图 3-11　分块图纸文件

3. 模型创建规则及标准

为保证模型质量以及后续阶段的协同，并能根据 BIM 模型提取准确的工程量，项目开始前需要建立统一的模型创建规则及标准。本工程模型工程量统计主要依据《房屋建筑与装饰工程工程量计算规范》（GB 50854—2013）相关要求进行。图 3-12 所示为该项目模型完成后效果图。

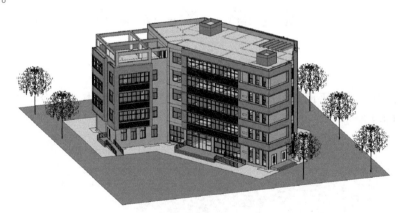

图 3-12　项目模型效果图

为方便模型创建，可使用本书提供的施工图、族库、样板文件⊖。读者通过提供的项目样板文件创建标高和轴网，用于各专业进行建模工作，也可自行创建样板或通过 Revit 软件自带的样板建模。

⊖　本书配套的施工图、族库、样板文件可登录 https：//pan. baidu. com/s/11tCOOaq_5gzWQPn6fCV5cQ（提取码：2121）下载。

3.3.2　新建项目

准备工作完毕并在熟悉图纸后，启动软件进入软件界面，按以下步骤进行新项目的创建：

1）单击"新建"，弹出"新建项目"对话框→单击"浏览"按钮，选择项目样板→选择"项目"，如图 3-13 所示。

图 3-13　新建项目窗口

2）单击"文件"→在下拉菜单中选择"保存"，弹出"另存为"对话框。

3）在如图 3-14 所示对话框中，单击"选项"按钮，弹出"文件保存选项"对话框→设置最大保存数（按个人需求设置）→修改文件名为"某医院"，依次单击"确定"和"保存"按钮完成新建文件。

图 3-14　项目文件保存

3.3.3　标高和轴网

1. 概述

标高主要用于定义楼层层高及生成相应平面视图（注意：标高不是必须作为楼层层高），轴网主要用于构件平面定位。

定位轴网编号通常采用阿拉伯数字和英文大写字母编号（I、O、Z 不得作为轴网编号）。一般情况下用阿拉伯数字从左往右顺序编号，用大写字母从下往上顺序编号。

在 Revit 中，为确保创建的轴网会出现在任一标高视图中，一般先建标高，再建轴网。标高只能在立面或剖面中进行创建，轴网在平面视图中进行创建。

2. 标高的创建

在施工图中，标高分为建筑标高和结构标高。建筑标高为建筑完成面的标高，包括了装饰层厚度，结构标高为装饰装修前的结构板面标高。标高的创建可手动绘制，也可采用识别CAD图的方式创建，遵循工程计量顺序和习惯，本节首先以创建结构标高为例介绍两种操作方法。

（1）手动创建标高　手动创建标高即通过绘制标高线的方式完成楼层的设置，主要步骤如下：

1）展开"项目浏览器"中"立面"视图类别→双击任意立面切换至立面视图，图3-15所示为南立面视图。根据本书所附的案例工程项目结构施工图，明确各楼层结构标高及层高，见表3-1。

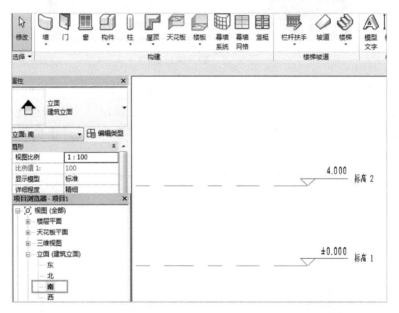

图3-15　南立面视图

表3-1　结构层楼面标高及结构层高

楼　层　号	结构标高/m	层高/m
屋面	18. 250	—
五层	14. 650	3. 600
四层	11. 050	3. 600
三层	7. 450	3. 600
二层	3. 850	3. 600
一层	− 0. 050	3. 900
基础	− 3. 500	3. 450

2）选择标高线→单击标高标头上部数字进行编辑（单位：m），完成标高高度调整。单击"标高1"文字部分，修改名称为"结构（ST）-楼层-标高"样式。已知案例工程项目首层结构标高为 − 0.050m，修改标高后，弹出"Revit"对话框，选择"是"确定，如图3-16

所示。

3）单击"ST-F1-−0.05"标高线，在"属性"选项板将标高正负零标头修改为"上标头"，如图 3-17 所示。将"标高 2"名称修改为"ST-F2-3.85"，标高数值修改为 3.850。

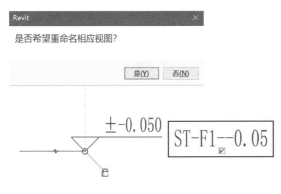

图 3-16　修改标高名称

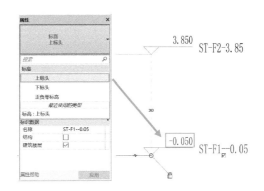

图 3-17　修改标头

4）单击"建筑"选项卡"基准"面板中"标高"按钮，移动鼠标使指针在"ST-F2-3.85"标高线上方，在临时尺寸框中输入二层层高数据 3600（见图 3-18），移动鼠标至光标位置与"ST-F2-3.85"端点对齐，按鼠标右键确认。按前述方法修改标高名称。

5）如采用复制方式创建标高，则选择"ST-F2-3.85"标高线→单击"修改"选项卡上"复制"按钮→勾选选项栏上"约束"→单击标高线上某一点→垂直向上移动指针→手动输入复制的距离（单位：mm）（见图 3-19），按〈Enter〉键完成标高复制，并修改标高名称。

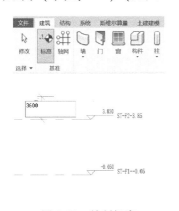

图 3-18　绘制标高

图 3-19　复制标高

6）依次完成其他楼层标高，如图 3-20 所示。

7）新建平面视图，单击"视图"选项卡→单击"创建"面板中"平面视图"按钮下拉三角形→选择"结构平面"（建筑标高选择"楼层平面"），如图 3-21 所示。在弹出的对话框中选择所有的标高并勾选下方"不复制现有视图"，单击"确定"按钮，如图 3-22 所示。完成结构平面视图创建，如图 3-23 所示。

注意：若为手动绘制标高，后期建模要使用识别功能时，需要在"斯维尔算量"选项卡上"工程设置"中设置楼层信息，如图 3-24 所示。单击对话框下方的"修改楼层信息"按钮，确定创建楼层。

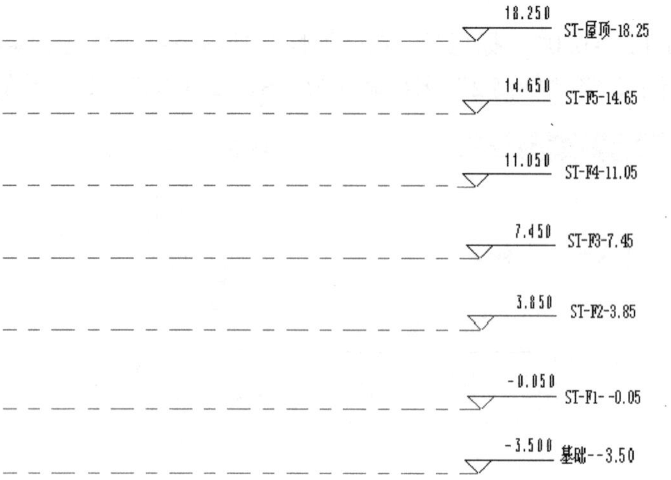

18.250
ST-屋顶-18.25
14.650
ST-F5-14.65
11.050
ST-F4-11.05
7.450
ST-F3-7.45
3.850
ST-F2-3.85
-0.050
ST-F1--0.05
-3.500
基础--3.50

图 3-20 完成标高

视图
管理
附加模块
三维算量
修改
渲染库
三维视图
剖面
平面视图
立面
楼层平面
天花板投影平面
结构平面

图 3-21 平面视图命令

新建结构平面
类型
结构平面
编辑类型
为新建的视图选择一个或多个标高 (L)。
ST-F1- -0.05
ST-F2-3.85
ST-F3-7.45
ST-F4-11.05
ST-F5-14.65
ST-屋顶-18.25
基础- -3.50
不复制现有视图 (D)
确定
取消

图 3-22 选择结构平面

项目浏览器 - 项目2
视图 (全部)
结构平面
ST-屋顶-18.25
ST-F5-14.65
ST-F4-11.05
ST-F3-7.45
ST-F2-3.85
ST-F1- -0.05
基础- -3.50
楼层平面
天花板平面
三维视图
立面 (建筑立面)

图 3-23 结构平面视图

工程设置: 楼层设置
计量模式
楼层设置
属性规则
结构说明
工程特征
14.7
14.65
11.1
11.05
7.5
7.45
3.9
3.85
-0.05
-3.5
ST-F5-1
ST-F4-1
ST-F3-7
ST-F2-3
ST-F1-
基础层
序号 楼层 层高(m) 顶标高(m) 底标高(m) 建筑面积(m²)
ST-屋顶 ST-屋顶-18. 0.05 18.3 18.25 0.00
ST-F5-1 ST-F5-14.6 3.6 18.25 14.65 0.00
ST-F4-1 ST-F4-11.0 3.6 14.65 11.05 0.00
ST-F3-7 ST-F3-7.45 3.6 11.05 7.45 0.00
ST-F2-3 ST-F2-3.85 3.6 7.45 3.85 0.00
ST-F1-- ST-F1--0.0 3.9 3.85 -0.05 0.00
基础层 基础层 3.45 -0.05 -3.5 0.00
归属楼层设置:
按所属楼层属性
隐藏未勾选楼层
修改楼层信息
获取建筑面积
构件楼层位置偏差
上一步
下一步
完成
取消

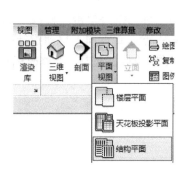

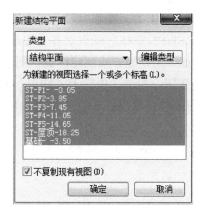

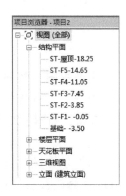

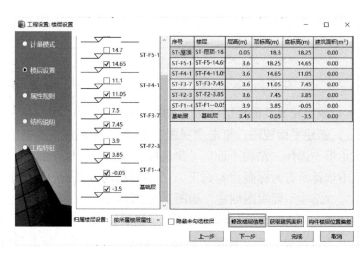

图 3-24 楼层设置 1

（2）自动识别标高　自动识别 CAD 图中楼层的标高通过 BIM 三维算量 for Revit 中"识别楼层表"功能来完成。主要步骤如下：

1）在"项目浏览器"中展开"楼层平面"→单击任意平面切换至平面视图。

2）单击"土建建模"选项卡→单击面板"导入图纸"，导入柱平面布置图，并勾选"仅当前视图"，防止图纸导入到其他楼层。

3）单击面板上"导入图纸"按钮下拉三角形→选择"识别楼层表"，如图 3-25 所示。

4）框选柱平面布置图中的结构层楼面标高（见图 3-26），弹出"识别楼层表"对话框，如图 3-27 所示。根据算量需要修改楼层表中层号（标高名称）信息。

图 3-25　识别楼层表功能

屋面层	18.250	
5	14.650	3600
4	11.050	3600
3	7.450	3600
2	3.850	3600
1	-0.050	3900
基础层	-3.500	3450
层号	标高(m)	层高(mm)

结构层楼面标高
结　构　层　高

图 3-26　CAD 图楼层表

识别楼层表

	删除	*层号	*标高	层高
	匹配行	层号	标高(m)	层高(mm)
1				
2	☐	屋面层	18.250	
3	☐	5	14.650	3600
4	☐	4	11.050	3600
5	☐	3	7.450	3600
6	☐	2	3.850	3600
7	☐	1	-0.050	3900
8	☐	基础层	-3.500	3450

☑ 删除多余结构平面　| 行列互换 | 新增行 | 删除勾选行 | 识别表格 | 创建楼层 |

图 3-27　"识别楼层表"对话框

5）核对表中数据无误后，单击"创建楼层"按钮，创建完成标高与图 3-20 相同。

3. 轴网的创建

标高创建完成，即开始轴网创建，轴网通常在平面视图中进行创建，创建时检查当前视图是否为平面视图。轴网创建方式同标高创建，分为手动绘制轴网和识别轴网两种方式。

（1）手动绘制轴网　为方便查看轴网位置，通常先导入 CAD 图，绘制时可采用画线和拾取底图中轴线的方式来完成，主要步骤如下：

1）双击"ST-F1- - 0.05"平面视图，导入基础平面布置图。

2）单击"建筑"或"结构"选项卡→单击"基准"面板中"轴网"按钮。当指针变成十字形后，根据需要选择相应创建命令，沿图纸上的轴网进行创建，完成轴网如图 3-28 所示。

3）为防止创建模型过程中轴网移动，选中所有轴网，单击"锁定"按钮，如图 3-29 所示。

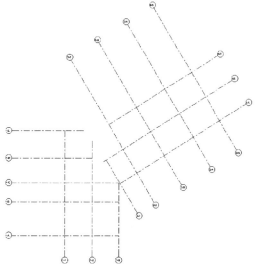

图 3-28　创建完成轴网

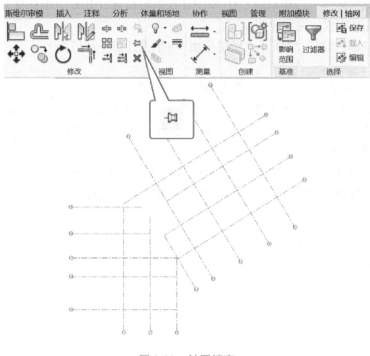

图 3-29 轴网锁定

（2）识别轴网 识别轴网之前首先导入相应楼层 CAD 图，可一次性完成轴网创建，识别步骤如下：

1）双击"项目浏览器"中"结构平面"中"ST-F1--0.05"楼层平面视图，切换至平面视图。

2）单击"土建建模"选项卡"导入图纸"功能按钮，导入基础平面布置图，并勾选"仅当前视图"，以便找到图纸，如图 3-30 所示。

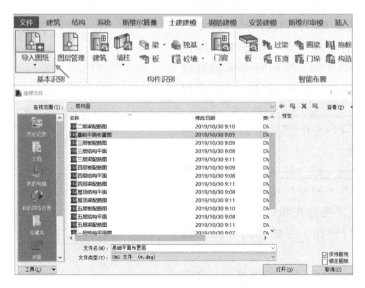

图 3-30 导入基础平面布置图

3）单击"土建建模"选项卡→单击面板"导入图纸"按钮下拉三角形→选择"识别轴网"，如图 3-31 所示。

4）在弹出的"轴网识别"对话框中，单击"提取轴线"→单击图纸上轴线图层，成功提取的轴线图层会出现在"提取轴线"功能右侧的显示区，如图 3-32 中 S-AXIS。

5）继续单击"提取轴号"→单击图纸上轴网编号图层，如图 3-33 所示。

图 3-31　识别轴网功能

图 3-32　提取轴线

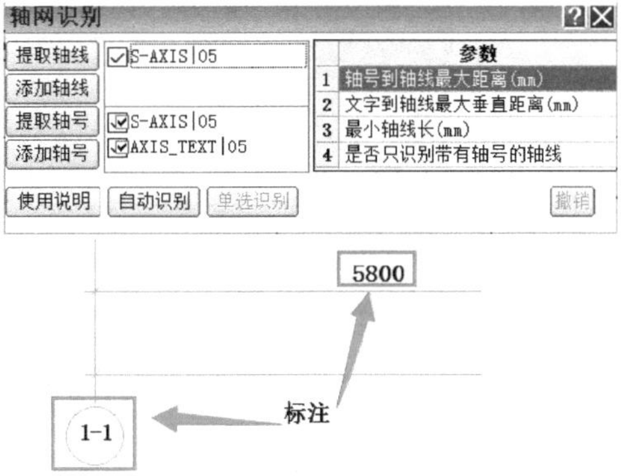

图 3-33　提取轴号

6）单击"自动识别"，完成轴网识别。

3.3.4　工程设置

在进行模型创建前，需要根据施工图信息对工程进行设置，工程设置内容包含计量模式、楼层设置、属性规则、结构说明、工程特征。主要操作步骤如下：

1）单击"斯维尔算量"选项卡→单击"工程设置"，弹出"另存为"对话框，将项目命名为"某医院"并保存，如图 3-34 所示。

图 3-34　保存文件

2）保存文件后弹出"工程设置"对话框→在"计量模式"页面中进行相应规则设置。

选择"计算依据"为"清单模式"中"实物量按清单规则计算"→根据所在地区选择土建与安装工程定额→选择当前使用的工程量计算规范→根据案例工程项目调整室外地坪距地面高度值为 450mm，如图 3-35 所示。

图 3-35　计量模式

"正负零距室外地面高"：用于计算土方工程量的开挖深度。

"超高设置"：用于设置计量规范规定的柱、板、墙标准高度。当层高超过了此处定义的标准高度时，其超出部分即超高高度，为混凝土模板及支撑的超高费计算依据。

"算量选项"：用于用户自定义一些算量设置，显示工程中计算规则，包括 7 个内容，分别为工程量输出、扣减规则、参数规则、跨层扣减规则、措施输出、规则条件取值、工程量优先顺序。

"分组编号"：用于用户自定义一些分组编号，可以标注各个分组里面的构件，如室内构件与室外构件的区分，方便工程量汇总统计时选择，如图 3-36 所示。

"计算精度"：用于设置算量的计算精度，单击"计算精度"按钮，弹出"计算精度"对话框，如图 3-37 所示，可以设置分析与统计结果的显示精度，即小数点后的保留位数。

图 3-36　分组编号设置

图 3-37　计算精度设置

3）单击"下一步"按钮进入"楼层设置"页面。软件直接读取模型中标高信息，勾选所需标高信息后，楼层信息自动生成。在"归属楼层设置"处，可以选择设置楼层标准来显示楼层。

可自行根据需要，勾选建筑或结构标高，生成相应楼层平面。此处选择建筑标高，如图 3-38 所示。

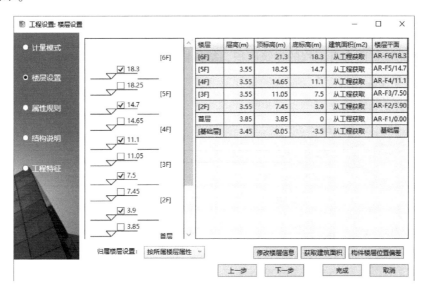

图 3-38 楼层设置 2

4）单击"下一步"按钮进入"属性规则"页面。该页面可自定义映射规则，本项目直接取默认值即可。

5）单击"下一步"按钮进入"结构说明"页面，如图 3-39 所示。该页面中根据项目信息修改"砼（混凝土）材料设置"和"砌体材料设置"，在转换、计算中应用。

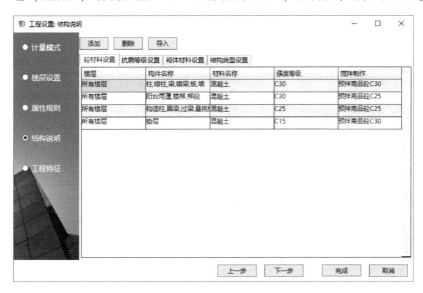

图 3-39 结构说明

根据案例工程项目，设置柱、梁、板、楼梯、梯段混凝土等级为 C30，垫层混凝土等级为 C15，构造柱、圈梁、过梁混凝土等级为 C25。设置抗震等级为二级。

设置基础层砌体墙为 MU15 页岩实心砖，M10 水泥砂浆砌筑，其余层砌体墙为 MU10 页岩多孔砖，M5 混合砂浆砌筑。

6）单击"下一步"按钮进入"工程特征"页面，填写相应的工程属性。蓝色标识属性值为必填内容，其中"地下水位深"是用于计算挖土方时的湿土体积，其他蓝色标识属性用于生成清单的项目特征，作为清单归并统计条件。

"工程概况"页面含有工程的建筑面积、结构特征、楼层数量等内容，如图 3-40 所示。

图 3-40　工程概况

"计算定义"页面定义梁的计算方式以及是否计算墙面铺挂防裂钢丝网等的设置选项，如图 3-41 所示。

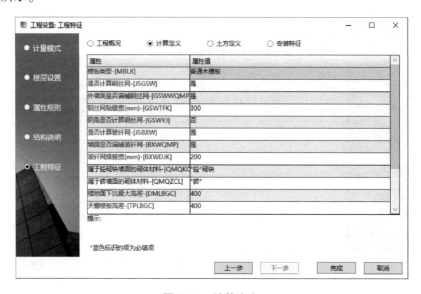

图 3-41　计算定义

"土方定义"页面定义土方类别、土方开挖的方式、运土距离等条件,如图 3-42 所示。

图 3-42 土方定义

设置完成后,单击"完成"按钮,系统将按设置规则进行项目的工程量计算。

3.3.5 模型映射和做法挂接

1. 模型映射

模型映射是将 Revit 构件转化成算量软件可识别的构件,根据名称进行材料和结构类型的匹配,当根据族名未匹配成理想效果时,执行族名修改或调整转化规则设置,提高默认匹配成功率。模型的工程量算量汇总均基于模型映射,不同的映射会导致不同的算量结果。"模型映射"窗口如图 3-43 所示。

"全部构件":指显示项目中已创建完成的所有构件。

"未映射构件":工程已经执行过模型转化命令,再次打开时,软件将自动切换至未转换构件选项卡,该选项卡下仅显示工程中新增构件与未转换构件。

图 3-43 "模型映射"窗口

"新添构件":显示工程在上次转化后,创建的新构件。

"Revit 模型":窗口中根据 Revit 的构件分类标准,把工程中的构件按族类别、族名称、族类型分类显示。

"算量模型":窗口显示根据工程量计算规范将 Revit 构件转化为算量软件可识别的构件分类。

"规则库":为构件按照名称和关键字间的对应关系进行映射的规则。具体设置参考图 3-44 所示映射规则列表。表中"构件名称"为清单规范对应名称,"模型类别"与"构件关键字"为可供转换的 Revit 模型和关键字，可根据实际项目修改、添加关键字内容。

图 3-44　映射规则

模型映射操作可在每一个构件完成后进行，也可以在所有模型创建完成后统一进行。本章按照每一个构件分别映射的方式介绍，以便更加清晰地掌握各类构件映射方式。详细映射方式见后续小节内容。

2. 做法挂接

做法挂接是根据《房屋建筑与装饰工程工程量计算规范》（GB 50854—2013），使用 BIM 三维算量 for Revit 软件将构件工程量与工程量清单或者定额相匹配，最终获得工程量清单。算量模型生成后，如果不采用做法挂接，则工程量汇总结果中只显示各类构件的实物工程量，并不能按照工程量清单编码进行分类，可利用工程量结果自行进行统计分类。图 3-45 所示为做法挂接界面，左边为构件列表区，"做法"页面中右侧为清单和定额库，选择对应构件的清单编码或定额编号。

图 3-45　做法挂接界面

做法挂接方法分为手动套做法和自动套做法两种。自动套做法是软件根据构件名称自动选用匹配的清单项目，对模型规范性要求较高。手动套做法即根据软件提供的清单库和定额库，为每一类构件选择所需要的具体清单和定额项目。本章按手动方式按每一个构件分别做法挂接的步骤进行讲解，初学者宜采用手动套做法方式练习。如果前期 Revit 模型足够完善和规范，也可以最后对所有构件统一做法挂接。

3.4　结构模型创建与算量

3.4.1　基础

根据《房屋建筑与装饰工程工程量计算规范》（GB 50854—2013），现浇混凝土基础清单类型包括带形基础、独立基础、满堂基础、桩承台基础、设备基础。案例工程项目基础形式为柱下独立基础，本节主要掌握独立基础计算规则、建模规则，学习基础的创建。

1. 现浇混凝土基础工程量计算规则

现浇混凝土基础工程量计算规则见表 3-2。软件将按此规则进行相关构件工程量计算。

表 3-2　现浇混凝土基础工程量计算规则

项 目 编 码	名　　称	计 算 单 位	计 算 规 则
010501003	独立基础	m³	按设计图示尺寸以体积计算。不扣除伸入承台基础的桩头所占体积

2. 算量模型建模规则要求

根据施工图获取基础参数信息，以基础平面图中独立基础 DJJ02 为例，基础平面图和剖面图如图 3-46 所示。

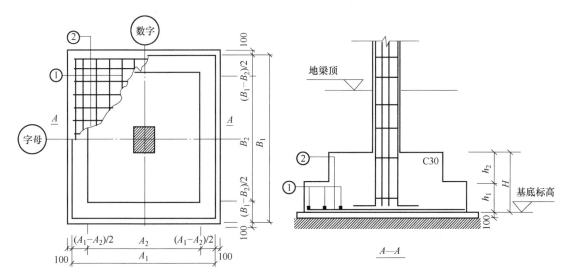

图 3-46　基础平面图和剖面图

从独基明细表获取独立基础 DJJ02 的几何参数，见表 3-3。

表 3-3 独基明细表

基础编号	基础尺寸/mm				基础厚度/mm			钢筋		基底标高/m
	A_1	B_1	A_2	B_2	H	h_1	h_2	①	②	
DJJ02	2000	2000	1300	1300	600	300	300	$\Phi 14@150$	$\Phi 14@150$	-3.500

根据表 3-3，基础命名和参数设置见表 3-4。

表 3-4 基础命名和参数设置规则

构 件 名 称	族命名规则	类 型 命 名	类 型 参 数	实 例 参 数
独立基础	独立基础	名 称-截 面 信 息（mm）： DJJ02-2000 × 2000 ×600	宽：2000mm，长：2000mm 高：600mm h_1：300mm，h_2：300mm A_2：1300mm，B_2：1300mm	构件编号：DJJ02 砼强度等级：C30 所属楼层：基础 结构材质：钢筋混凝土

对应软件中构件项目参数设置如图 3-47 所示。

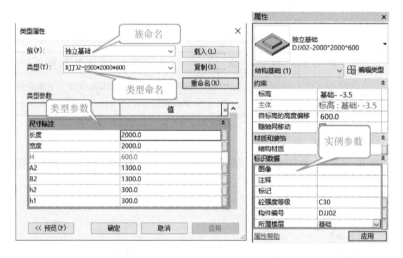

图 3-47 类型参数与实例参数

注意：实例参数的添加，详见 2.4 节 Revit 基础操作中实例参数的添加方法，此处不再赘述。

3. 基础的创建

本节基础创建主要指手动绘制基础模型，如果采用 CAD 图进行识别生成基础模型，可参考后续基础识别内容。基础绘制包括导入图纸、载入族、类型参数设置、实例参数修改、放置基础五大步骤。本节以基础平面布置图中 1-A 轴线与 1-3 轴线交点处独立基础——二阶 $-2000 \times 2000 \times 600$ DJJ02 为例进行基础的创建。

（1）导入 CAD 图 由表 3-3 可知 DJJ02 基底标高为 -3.500m，导入图纸之前确保操作界面为结构平面中"基础- -3.50"楼层平面视图。导入 CAD 施工图步骤及要求如下：

1）单击"插入"选项卡→单击"导入 CAD"按钮，导入 CAD 图"基础平面布置图"，选择导入单位为"毫米"。

2）用"修改"面板中"对齐"命令，使图纸轴网与已创建轴网对齐，并锁定图纸。

（2）载入族　软件自带基础族类型较少，可选择载入本书附带族库文件或自建族方式

来满足实际需要。载入族以后需进行复制修改为工程实际类型。载入族步骤及要求如下：

1）单击"结构"选项卡→单击"基础"面板中"独立"（独立基础）按钮。激活命令时，若项目中没有独立基础的族，则会弹出如图 3-48 所示"Revit"对话框提示是否载入族，选择"是"，在弹出的族文件夹内载入相应的族。

2）单击基础"属性"选项板中"编辑类型"，弹出"类型属性"对话框→在对话框中单击"载入"按钮，在弹出的族文件夹内选择相应的二阶独立基础族。

图 3-48　载入族提示对话框

3）在基础"类型属性"对话框中，注意不能直接在载入的基础族上修改类型参数，需先单击"复制"按钮，新建一个族类型，再根据建模规则更改类型名称为 2000 × 2000 × 600，如图 3-49 所示。

图 3-49　载入族修改名称

（3）类型参数设置　根据图 3-46 与表 3-3 调整新建基础族类型的类型参数，完成相关类型参数的设置后，单击"确定"，如图 3-50 所示。

（4）实例参数修改　根据项目概况信息，参考 2.5.4 节内容添加实例参数，包括混凝土强度等级、基础编号以及所属楼层信息，如图 3-51 所示。

图 3-50　类型参数设置　　　　　　　　　图 3-51　实例参数修改

修改"标高"和"自标高的高度偏移"。"标高"通常默认为本楼层视图的标高，当前楼层为基础- - 3.50。当使用软件自带的基础族放置时，默认为基础顶面放置标高，则需要调整属性栏中"自标高的高度偏移"为实际基顶与"标高"的差值，单位为 mm。根据基础设计标高值，调整为 600mm，如图 3-52 所示。如使用本书提供的基础族⊖，已将基础底标高设为放置楼层标高，无须调整。

图 3-52　基础标高调整

（5）放置基础　单击属性栏下方"应用"，放置 1-A 轴线与 1-3 轴线交点处的 DJJ02，按设计要求调整柱与轴线的距离尺寸，如图 3-53 所示。

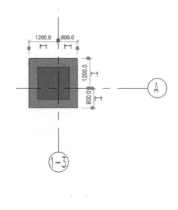

图 3-53　放置 DJJ02

⊖　本书配套的施工图、族库、样板文件可登录 https：//pan. baidu. com/s/11tC0Oaq_5gzWQPn6fCV5cQ（提取码：2121）下载。

根据图纸按照同样的方法放置剩余同类型和不同类型的基础，完成后如图 3-54 所示。放置斜向的基础时，可勾选选项栏中的"放置后旋转"，在放置基础后进行旋转，如图 3-55 所示。也可在放置时使用空格键对基础进行水平或垂直方向调整。

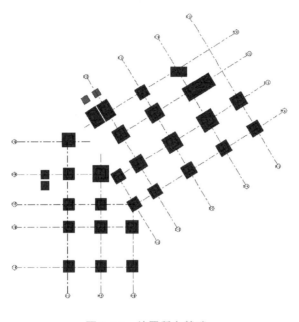

图 3-54　放置所有基础

基础创建完成后，框选所有独立基础，关闭分析模型，减少不必要的结构分析计算，如图 3-56 所示。

图 3-55　选择"放置后旋转"

图 3-56　关闭分析模型

4. 基础的识别

在算量软件中，可通过直接识别 CAD 构件基础图形的方式来创建基础模型，并进行工程量计算。识别基础主要有以下步骤：

1）切换至基础层平面视图，导入基础平面布置图。

2）单击"土建建模"选项卡，选择"独基"，弹出"独基识别"对话框，如图 3-57 所示。

3）在"独基识别"对话框中，单击"独基

图 3-57　独基识别功能选择

表"按钮→框选 CAD 图中的独基明细表→弹出"识别独基表"对话框,如图 3-58 所示。确认基础编号和尺寸以及对应的钢筋信息,在"类型"栏输入基础的具体类型,最后删除不需要的信息栏,单击"确定"按钮。

	删	*编号▼	基长▼	基长1▼	基宽▼	基宽1▼	▼	基高▼	基高1▼	▼			类型▼
1	匹配行		基础尺寸(MM)					基础降高(MM)			钢筋			
2	✓	基础编号												
3		DJC01	1200		1200			500	500		C140150	C140150		矩形
4		DJ02	2000	1300	2000	1300		600	300	300	C140150	C140150		二阶矩形
5		DJ03	2200	1400	2200	1400		600	300	300	C160150	C160150		二阶矩形
6		DJ04	2400	1500	2400	1500		600	300	300	C160150	C160150		二阶矩形
7		DJ05	2800	1700	2800	1700		700	400	300	C160100	C160100		二阶矩形
8		DJ06	3000	1800	3000	1800		700	400	300	C160100	C160100		二阶矩形
9		DJ07	2800	1600	2800	1600		600	300	300	C140100	C140100		二阶矩形
10		DJ08	2100	1500	3200	2600		600	300	300	C160150	C160150	C140150	C140150	二阶矩形
11		DJ09	2500	1700	5400	4600		600	300	300	C160150	C160150	C140150	C140150	二阶矩形
12		DJ10	1700		2800			500	500		C140150	C140150		矩形
13		DJ11	1500		1500			500	500		C140150	C140150		矩形

列转表头　设置(X)　导入xls(Y)　导出xls(R)　　选取表(T)　确定(D)　取消(Q)

图 3-58　"识别独基表"对话框

4)单击"提取边线"按钮→选择图纸中的独基边线,被提取成功的图层会被隐藏,右击确认可看到已选独基图形,如图 3-59 所示。

5)继续单击"提取标注"按钮→选择图纸中的独基编号和尺寸标注。

6)提取完成后,单击"自动识别"按钮,生成独基模型(见图 3-54),同时将基础钢筋信息也识别完成,可用于钢筋工程量计算。

注意:因本案例中的基础为二阶基础,需通过识别独基表来创建二阶基础模型。若为一阶基础,则不需识别独基表,可直接进行提取边线和提取标注操作。

5. 基础创建技巧

1)若调整高度偏移后,在平面视图中看不到基础,可调整"属性"选项板中"视图范围"。

2)对于同一高度、同一类型的基础,可通过功能区上的上下文选项卡中的"复制""阵列""镜像"等工具进行创建。

6. 基础算量

基础创建完成,经过模型映射、清单做法挂接后进行工程量计算汇总,形成工程量清单。

(1)模型映射　单击"斯维尔算量"选项卡→单击"模型映射"按钮,打开"模型映射"窗口,如图 3-60 所示。系统将 Revit 构

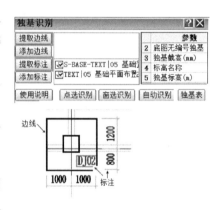

图 3-59　基础识别

图 3-60　"模型映射"窗口

件映射为独立基础算量模型，确认映射正确无遗漏，单击"确定"按钮。

（2）做法挂接　做法挂接是将构件赋予工程量清单编码，以便对构件进行符合规范的计算。做法挂接操作可分为以下几个步骤：

1）单击"斯维尔算量"选项卡中"族类型表"按钮，打开"族类型列表"窗口，如图 3-61 所示。

2）选中构件 DJJ02，单击"做法"页面标签→在页面右侧的"清单指引"快捷选择方式中双击选择清单编码为 010501003 的独立基础清单项。如果"清单指引"列项中没有对应构件清单项，可在"清单子目"选项下通过完整的清单库选择所需的清单项。

3）在页面下方进行项目特征选择。同一清单项目名称，如项目特征不同，则分别输出工程量清单。也可在该页面中直接修改项目名称，来达到分别统计工程量的目的。

图 3-61　"族类型列表"窗口

4）单击"做法"页面中"复制"按钮下拉三角形，选择"当前做法作为源"选项。在"做法复制–源"窗口中选择基础层内 DJJ02 以外的独立基础，单击"复制做法"。根据情况选择追加做法还是覆盖做法，将当前操作的构件做法复制到其他构件上。复制过程如图 3-62 所示。

注意："当前做法作为源"是将该构件的做法复制到其余构件上，"当前做法作为目标"是将其他构件上的做法复制到该构件上。此外，清单的项目特征从构件属性中提取，修改项目特征可在构件属性中修改。

（3）工程量汇总计算　工程量汇总计算分为实物量计算和清单量计算，两者的数据相同，表现形式有区别。汇总计算步骤如下：

1）单击"斯维尔算量"选项卡中"汇总计算"按钮，打开"汇总计算"对话框，勾选"实物量与做法量同时输出"，选择基础层构件中的"独立基础"，单击"确定"按钮进行汇总计算，如图 3-63 所示。

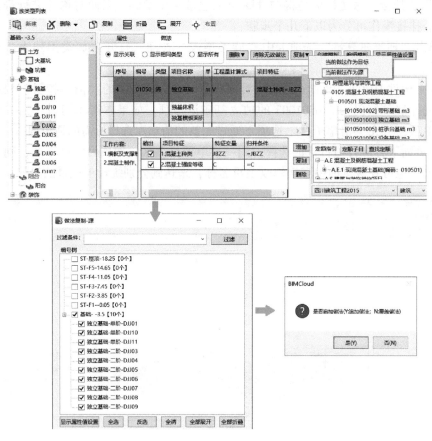

图 3-62 做法复制

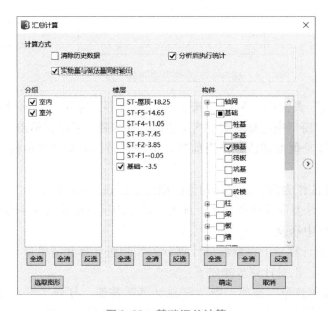

图 3-63 基础汇总计算

2）统计完成后弹出工程量统计表。统计表分为实物工程量和清单工程量以及钢筋工程量表，可分别查看统计构件的工程量，图 3-64 所示为基础实物工程量统计表，包括基础体积、基础模板面积以及基坑底面积等项目的工程量。清单工程量统计表如图 3-65 所示，可直接导出工程量清单。如构件未进行做法挂接，则可通过"实物工程量"表查看构件工程量。

注意：也可用"统计"下拉菜单中的"查看上次结果"快速查看未进行修改的工程量计算结果。同时可在下部区域中查看单个构件的工程量计算式。

图 3-64　实物工程量统计表

图 3-65　清单工程量统计表

3.4.2　基础垫层

垫层是钢筋混凝土基础与地基土的中间层，使用素混凝土，无须加钢筋。可通过绘制垫层方式创建垫层模型，也可通过 BIM 三维算量 for Revit 软件的智能布置功能快速创建垫层。

1. 基础垫层工程量计算规则

现浇混凝土基础垫层工程量计算规则见表 3-5。软件将按此规则进行相关构件工程量计算统计。

表 3-5　现浇混凝土基础垫层工程量计算规则

项 目 编 码	名　　称	计 算 单 位	计 算 规 则
010501001	垫层	m^3	按设计图示尺寸以体积计算。不扣除伸入承台基础的桩头所占体积

2. 算量模型建模规则要求

根据图纸说明，基础底均设置 100mm 厚 C15 素混凝土垫层，垫层每边宽出基础 100mm。

垫层混凝土强度等级不同，清单分别列项。因此，族名称可根据垫层混凝土强度等级、垫层厚度不同区分。

3. 基础垫层的创建

基础垫层可借用"楼板"族来创建，具体创建方法可参考 3.4.5 节结构板的创建方法。也可以采用"智能布置"的方式快速生成垫层模型，自动布置垫层的前提是必须先建好基础模型。本节介绍智能布置方法创建垫层。

1) 单击"土建建模"选项卡中"垫层"按钮，如图 3-66 所示。

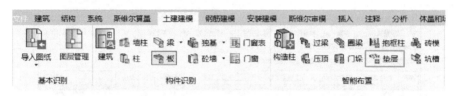

图 3-66　垫层布置选项

2) 在弹出的"垫层智能布置"对话框中，根据结构说明中垫层的信息，设置垫层布置规则，选择依附独立基础构件自动布置垫层的方式，如图 3-67 所示。当基础为筏板时，则选择依附筏板以及电梯基坑、集水坑构件自动布置垫层。

3) 单击"确定"按钮，布置生成基础垫层，如图 3-68 所示。

图 3-67　"垫层智能布置"对话框

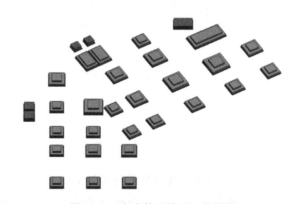

图 3-68　生成基础垫层三维视图

4. 基础垫层算量

(1) 模型映射　模型映射方法同基础，单击"斯维尔算量"选项卡→单击"模型映射"按钮，打开"模型映射"对话框。根据独立基础位置智能布置的垫层模型自动映射为垫层，映射正确，单击"确定"按钮，如图 3-69 所示。

(2) 做法挂接　清单挂接的方法同基础，打开"族类型表"窗口，选中左侧基础层中垫层构件，在定义编号框中选择"做法"页面，双击选择清单编码 010501001 垫层清单项，如图 3-70 所示。如果"清单指引"中没有对应的清单项，可在"清单子目"库中选择所需的清单项；根据需要在下方进行项目特征选择。

(3) 工程量汇总计算　打开"汇总计算"窗口，勾选"实物量与做法量同时输出"，

图 3-69　垫层模型映射

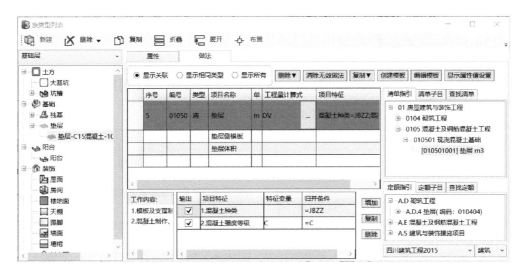

图 3-70　垫层做法挂接

选择基础层中的"垫层"构件（可根据需要选择多个构件统计），单击"确定"按钮。统计完成后弹出工程量统计表，可查看统计构件的实物工程量和清单工程量，图 3-71 所示实物工程量包括垫层体积和垫层模板面积，图 3-72 所示清单工程量包括垫层体积，可直接导出工程量清单。

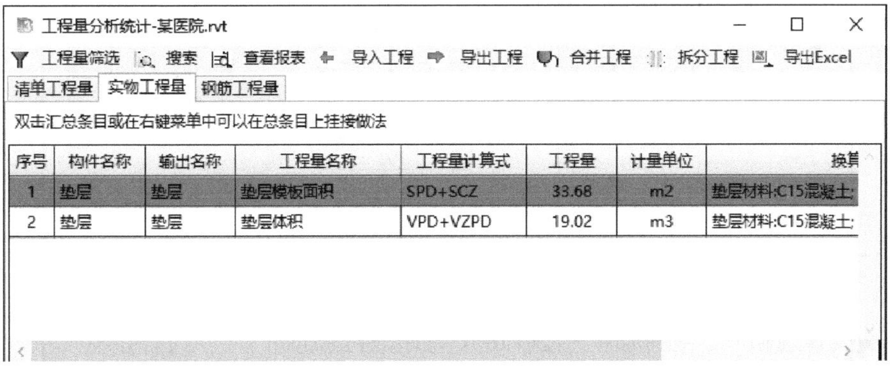

序号	构件名称	输出名称	工程量名称	工程量计算式	工程量	计量单位	换算
1	垫层	垫层	垫层模板面积	SPD+SCZ	33.68	m2	垫层材料:C15混凝土
2	垫层	垫层	垫层体积	VPD+VZPD	19.02	m3	垫层材料:C15混凝土

图 3-71　垫层实物工程量

图 3-72 垫层清单工程量

3.4.3 结构柱

根据《房屋建筑与装饰工程工程量计算规范》（GB 50854—2013），现浇混凝土柱类型包括矩形柱、构造柱、异形柱。本节主要掌握现浇混凝土柱的工程量计算规则、建模规则以及柱模型的创建和工程量统计方法。

1. 现浇混凝土柱工程量计算规则

现浇混凝土柱工程量计算规则见表 3-6。软件将按此规则进行相关构件工程量计算统计。

表 3-6 现浇混凝土柱工程量计算规则

项目编码	名称	计算单位	计算规则
010502001	矩形柱		按设计图示尺寸以体积计算。不扣除构件内钢筋，预埋件所占体积。型钢混凝土柱扣除构件内型钢所占体积。柱高：
010502002	构造柱	m^3	1. 有梁板的柱高，应自柱基上表面（或楼板上表面）至上一层楼板上表面之间的高度计算 2. 无梁板的柱高，应自柱基上表面（或楼板上表面）至柱帽下表面之间的高度计算
010502003	异形柱		3. 框架柱的柱高，应自柱基上表面至柱顶高度计算 4. 构造柱按全高计算，嵌接墙体部分（马牙槎）并入柱身体积 5. 依附柱上的牛腿和升板的柱帽并入柱身体积计算

2. 算量模型建模规则要求

结构施工图中柱大样图如图 3-73 所示。以案例工程项目柱 KZ1 为例，结构柱建模规则见表 3-7。

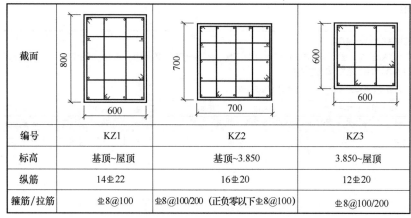

截面			
	800 × 600	700 × 700	600 × 600
编号	KZ1	KZ2	KZ3
标高	基顶~屋顶	基顶~3.850	3.850~屋顶
纵筋	14⾦22	16⾦20	12⾦20
箍筋/拉筋	⾦8@100	⾦8@100/200（正负零以下⾦8@100）	⾦8@100/200

图 3-73 柱大样图

表 3-7 柱命名和参数设置规则

构件名称	族命名规则	类型命名	类型参数	实例参数
柱	结构柱	名称-截面信息（mm）： KZ1-800×600	b：800mm h：600mm	构件编号：KZ1 砼（混凝土）强度等级：C30 抗震等级：二级

注：1. 为正确反映图纸设计意图和施工实际，结构柱顶标高绘制到板顶、梁顶；建筑柱根据施工实际需要绘制到结构梁、板底。

　　2. 柱必须分层创建。

　　3. 结构柱应创建在基础顶部，不能深入基础。

3. 结构柱的创建

本节以柱平面布置图中 1-A 轴线与 1-3 轴线交点处的矩形柱-600×600 KZ3 为例，紧接上节基础的创建，进行基础层柱的创建。柱底标高为基础顶部标高，柱顶标高为 −0.050m。

（1）导入图纸 双击"项目浏览器"中"基础-−3.50"楼层平面视图，切换至平面视图，导入"柱平面布置图"，方法同前面基础小节相关内容。也可打开基础层平面导入图纸绘制柱。导入柱平面布置图前可将之前导入过的图纸在未锁定状态下删除，或在"可见性/图形替换"中的"导入类别"页面关闭已导入图纸的显示状态。

（2）载入族 单击"结构"选项卡→单击"结构"面板中的"柱"按钮。单击"属性"选项板中"编辑类型"，弹出"类型属性"对话框→单击"载入"按钮，选择相应的柱族→在"类型属性"对话框中，单击"复制"按钮，新建一个族类型，根据建模规则更改类型名称，如图 3-74 所示。

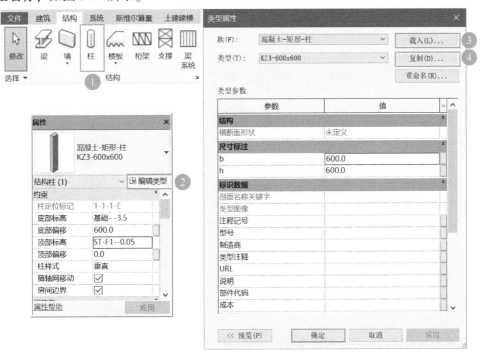

图 3-74 新建柱族类型

注意："建筑"选项卡的"构件"面板的"柱"下拉菜单中"柱：建筑"适用于装饰柱、墙垛等。"建筑"选项卡上"柱"下拉菜单中"结构柱"命令，与"结构"选项卡的"结构"面板的"柱"按钮功能和用法相同。

（3）类型参数设置 根据柱大样图调整如图 3-75 所示新建柱族类型属性参数，如"结构材质"为"钢筋混凝土"，并修改柱截面尺寸。

（4）实例参数修改 如图 3-76 所示，在选项栏中"深度"下拉菜单中选择"高度"，在右侧选择 ST-F1--0.05 标高。根据表 3-7 和施工图中柱相关信息，参考 2.5.4 节内容添加相应实例参数后，在"属性"选项板中填写对应柱构件的实例参数值，如图 3-77 所示。

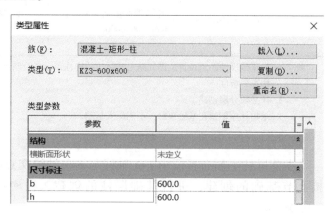

图 3-75 柱类型参数设置

图 3-76 定义柱高度

（5）放置柱 单击"应用"，放置 1-A 轴线与 1-3 轴线交点处矩形柱-600×600 KZ3，调整临时尺寸数据，使柱偏移放置，如图 3-78 所示。

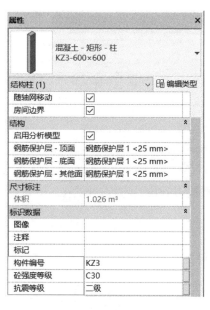

图 3-77 实例参数设置

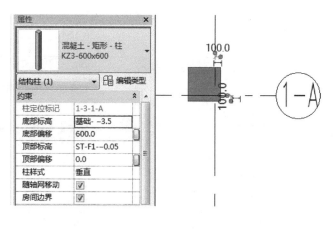

图 3-78 放置柱

根据图纸按照同样的方法对剩余各种类型的柱放置，完成后的三维视图如图 3-79 所示。框选所有柱，关闭分析模型。

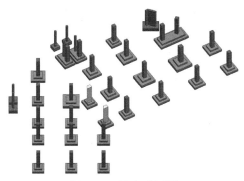

图 3-79　柱完成视图

4. 结构柱的识别

直接识别 CAD 图中柱构件图形的方式来创建柱模型，主要有以下步骤：

1）在首层结构平面导入柱平面布置图，并勾选"仅当前视图"，以便找到图纸。

2）单击"土建模型"选项卡，选择"柱"功能选项，如图 3-80 所示。

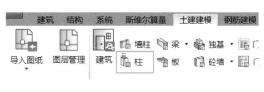

图 3-80　"柱"功能选项

3）在弹出的"柱和暗柱识别"对话框中，单击"提取边线"按钮，选择已导入的 CAD 图中柱边线，边线图层随即隐藏，右键确认可显示已提取的柱边线图层。

4）继续单击"提取标注"按钮，在图纸上选择柱编号和尺寸标注，如图 3-81 所示。

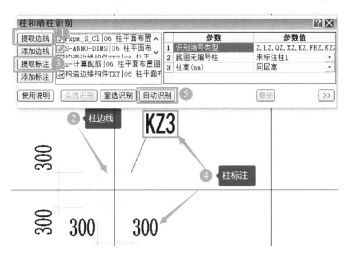

图 3-81　柱识别过程

5）柱实体的识别有点选识别、窗选（框选）识别和自动识别三种方式，当没有特殊情况需要处理时，则单击"自动识别"按钮生成柱模型。

5. 柱创建技巧

（1）柱的"深度"与"高度"设置区别　选项栏中"深度"命令，默认视图标高为柱顶部标高；"高度"命令，默认视图标高为柱底部标高，可在"未连接"下拉菜单中调整视图标高，如图 3-82 所示。

（2）柱的附着放置方法　在放置柱后，也可通过附着命令将柱放置在基础上，主要步骤如下：

1）选中柱，单击"修改｜结构柱"选项卡→单击"修改柱"面板中的"附着顶部/底部"按钮。

2）选项栏中选择"底"。

3）单击选择基础，完成柱附着。

若需要还原，则再次选中柱，单击"分离顶部/底部"按钮，主要过程如图3-83所示。

（3）柱放置方向调整　放置柱时，可同放置基础的方法一样通过空格键对柱进行调整。

（4）同类型柱的创建　对于同一深度同一类型的柱，可通过功能区上的上下文选项卡中的"复制""阵列""镜像"等工具进行创建。

（5）异形柱创建　当柱类型较多，如案例中KZ4、KZ5、KZ6等，未找到相关族时，需通过新建公制结构柱族的方式，自行建族并载入。

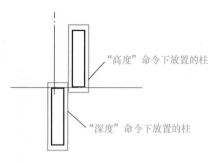

图 3-82　"深度"与"高度"设置区别

6. 结构柱算量

同前述基础与垫层算量操作方法相同，结构柱算量过程也依次经过模型映射、做法挂接和工程量计算汇总。计算结果中柱实物工程量汇总表如图3-84所示，包括混凝土柱体积和柱模板面积工程量。柱清单工程量汇总表如图3-85所示，可直接导出工程量清单。

图 3-83　柱的附着放置方法

序号	构件名称	输出名称	工程量名称	工程量计算式	工程量	计量单位	换算
1	柱	柱	柱模板面积	SC+SCZ	205.95	m2	
2	柱	柱	柱体积	VM+VZ	33.03	m3	砼强度等级:C30;模板

图 3-84　柱实物工程量汇总表

项目编码	项目名称(含特征描述)	工程数量	单位	分组编号
01050200100	矩形柱 1.混凝土种类:'预拌商品砼C30'; 2.混凝土强度等级:'C30'	27.36	m3	室内
01050200300	异形柱 1.柱形状:'圆形'; 2.混凝土种类:'预拌商品砼C30'; 3.混凝土强度等级:'C30'	1.26	m3	室内
01050200300	异形柱 1.柱形状:'带角度L形'; 2.混凝土种类:'预拌商品砼C30'; 3.混凝土强度等级:'C30'	1.73	m3	室内
01050200300	异形柱 1.柱形状:'直角梯形'; 2.混凝土种类:'预拌商品砼C30'; 3.混凝土强度等级:'C30'	2.68	m3	室内

图 3-85　柱清单工程量汇总表

3.4.4　结构梁

根据《房屋建筑与装饰工程工程量计算规范》（GB 50854—2013），现浇混凝土梁类型包括基础梁、矩形梁、异形梁、圈梁、过梁和拱形梁。本节主要掌握现浇混凝土梁的工程量计算规则、建模规则以及结构梁模型的创建和工程量统计方法。

1. 现浇混凝土梁工程量计算规则

现浇混凝土梁工程量计算规则见表 3-8。软件将按此规则进行相关构件工程量统计。

表 3-8　现浇混凝土梁工程量计算规则

项目编码	名称	计算单位	计算规则
010503001	基础梁	m³	按设计图示尺寸以体积计算。伸入墙内的梁头、梁垫并入梁体积内梁长： 1. 梁与柱连接时，梁长算至柱侧面 2. 主梁与次梁连接时，次梁长算至主梁侧面
010503002	矩形梁		

2. 算量模型建模规则要求

根据案例工程项目结构施工图中框架梁表示方法如图 3-86 所示，结构框架梁建模规则见表 3-9。

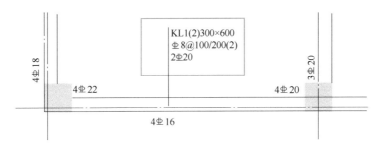

KL1(2)300×600
Φ8@100/200(2)
2Φ20

4Φ18

3Φ20

4Φ22　　　　4Φ20

4Φ16

图 3-86　一层框架梁 KL1 配筋图

表 3-9　结构梁命名和参数设置规则

构件名称	族命名规则	类型命名	类型参数	实例参数
梁	结构梁	名称-截面信息（mm）： KL1-300×600	b：300mm h：600mm	砼（混凝土）强度等级：C30 构件编号：KL1（2） 抗震等级：二级

注：正确反映图纸设计意图和施工实际，梁图元绘制应正确和柱等支座交接，否则容易出现悬挑等不符合设计意图的情况。

3. 结构梁的创建

本节以基础平面布置图中 1-A 轴线与 1-2、1-3 轴线交点处的基础拉梁为例，按规则命名为"DL1-250×500"，紧接上节柱的创建，完成基础拉梁的创建。基础拉梁顶标高为基础顶部标高。

（1）导入图纸　双击"项目浏览器"中"基础--3.50"楼层平面视图，切换至平面视图。导入 CAD 基础平面布置图，并勾选"仅当前视图"。

（2）载入族 单击"结构"选项卡→单击"结构"面板中"梁"按钮，如图3-87所示。单击"属性"选项板中"编辑类型"，载入基础梁族，复制新建一个族类型，根据建模规则修改类型名称。

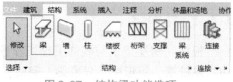

图3-87 结构梁功能选项

（3）类型参数设置 调整新建梁族类型的类型参数，如梁截面尺寸，如图3-88所示。完成相关类型参数的设置后，单击"确定"按钮。

（4）实例参数修改

1）根据表3-9和施工图内容添加砼强度等级、构件编号、抗震等级等实例参数。

2）选择Z轴对正方式为顶，梁顶默认标高为 – 3.500m，需在"Z轴偏移值"文本框输入"600"，与基础顶平齐如图3-89所示。

图3-88 梁类型参数设置

图3-89 梁实例参数设置

（5）放置梁 单击"应用"，在平面视图中通过单击起点和终点创建梁，如图3-90所示。根据图纸按照同样的方法完成基础拉梁的放置，注意梁的标高，完成后如图3-91所示。通过过滤器框选所有梁，关闭分析模型。

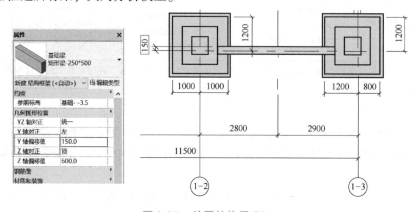

图3-90 放置结构梁 DL1

图 3-91　结构拉梁创建完成三维视图

4. 结构梁的识别

梁体自动识别操作与柱构件操作类似，以一层框架梁为例，具体操作如下：

1）在 ST-F1- -0.05 层平面视图中导入一层梁配筋图，并勾选"仅当前视图"。

2）单击"土建模型"选项卡上"梁"下拉菜单如图 3-92 所示。

3）在弹出的"梁识别"对话框中，单击"提取边线"按钮，选择已导入的 CAD 图中梁边线，边线图层随即隐藏。

4）继续单击"提取标注"按钮，在图纸上选择梁编号，如图 3-93 所示。

图 3-92　"梁"下拉菜单

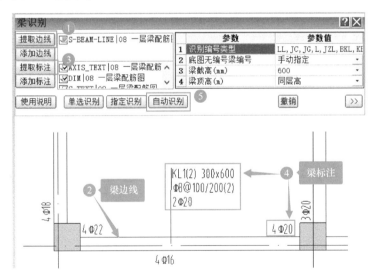

图 3-93　识别梁过程

5）单击"自动识别"按钮，生成梁模型。

5. 梁创建技巧

（1）"三维捕捉"与"链"的使用　如图 3-94 所示，勾选选项栏中"三维捕捉"后，可在三维视图模式下，准确地选择任何结构图元的端点，而不受构件所在楼层平面影响。例如，柱顶标高不同时，屋面斜梁可捕捉柱顶进行绘制，而减少在平面视图中输入梁端点偏移的操作。

勾选"链"后，可以实现上一根梁的端点作为下一根梁的起点不间断地连续绘制，按

〈Esc〉键完成链式放置梁。

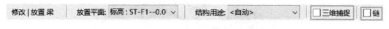

图 3-94　三维捕捉与链

（2）不同梁跨截面差异处理　当相同编号的结构梁在不同跨段截面尺寸发生变化时，应在相应位置修改其族类型，以满足设计要求。

6. 结构梁算量

（1）模型映射　模型映射方法同前述构件，系统将基础拉梁 DL1 映射为"地下普通梁"（见图 3-95），单击"确定"按钮退出。

（2）做法挂接　打开"族类型列表"窗口后，基础拉梁默认在基础层的条基子目下，将 DL1 梁挂接 010503001 基础梁清单项目，如图 3-96 所示。

图 3-95　基础拉梁映射

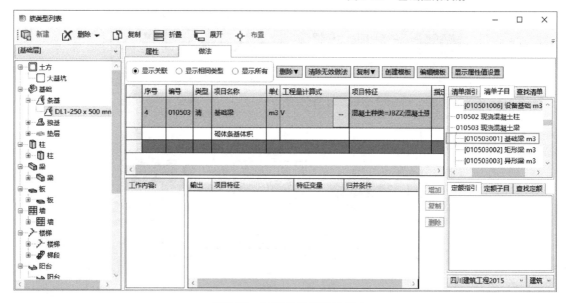

图 3-96　基础拉梁做法挂接

按相同方式完成基础层梁和一层柱及梁的创建，如图 3-97 所示。为更好地区分构件，可通过修改材质颜色的方式体现不同构件（具体操作详见 2.5.3）。

注意：一层有梁板的梁在映射时，映射默认为框架梁，清单做法应挂接有梁板项目。系统计算模板工程量时，会默认把有梁板板边梁按有梁板的方式计算。

对不同楼层的构件进行做法挂接可通过"族类型列表"窗口左上角楼层选择处进行楼层切换，如图 3-98 所示。

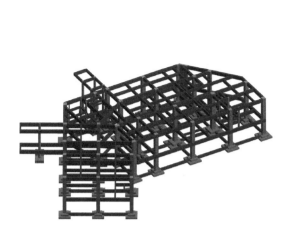

图 3-97　柱、梁三维视图显示

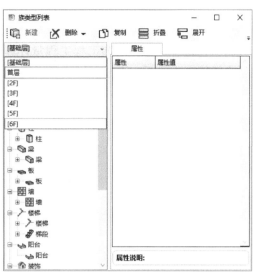

图 3-98　楼层切换

（3）工程量汇总计算　工程量汇总计算操作方法同前述构件。统计构件的实物工程量表如图 3-99 所示，包括梁体积、梁模板面积以及单梁抹灰面积等工程量。矩形梁及有梁板清单工程量表如图 3-100 所示，按实际工程量汇总需要分为矩形梁和有梁板两种类型，可直接导出工程量清单。

工程量分析统计-某医院.rvt

工程量筛选　搜索　查看报表　导入工程　导出工程　合并工程　拆分工程　导出Excel

清单工程量　实物工程量　钢筋工程量

双击汇总条目或在右键菜单中可以在总条目上挂接做法

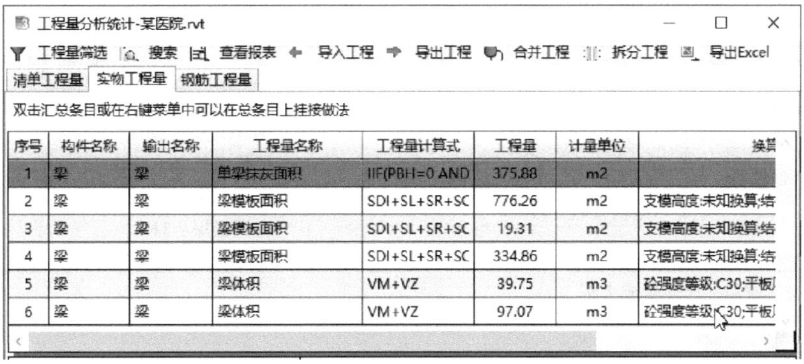

序号	构件名称	输出名称	工程量名称	工程量计算式	工程量	计量单位	换算
1	梁	梁	单梁抹灰面积	IIF(PBH=0 AND	375.88	m2	
2	梁	梁	梁模板面积	SDI+SL+SR+SC	776.26	m2	支模高度:未知换算;结
3	梁	梁	梁模板面积	SDI+SL+SR+SC	19.31	m2	支模高度:未知换算;结
4	梁	梁	梁模板面积	SDI+SL+SR+SC	334.86	m2	支模高度:未知换算;结
5	梁	梁	梁体积	VM+VZ	39.75	m3	砼强度等级:C30;平板
6	梁	梁	梁体积	VM+VZ	97.07	m3	砼强度等级:C30;平板

图 3-99　梁实物工程量表

工程量分析统计-某医院.rvt

工程量筛选　搜索　查看报表　导入工程　导出工程　合并工程　拆分工程　导出Excel

清单工程量　实物工程量　钢筋工程量

显示方式
◉ 工程量清单　○ 清单定额　○ 定额子目汇总　○ 措施定额汇总

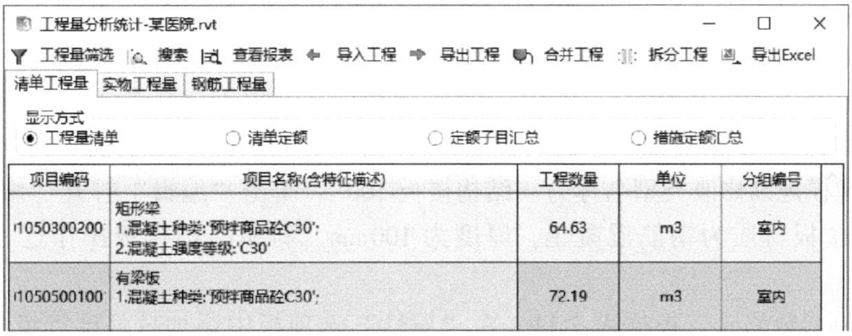

项目编码	项目名称(含特征描述)	工程数量	单位	分组编号
1050300200	矩形梁 1.混凝土种类:'预拌商品砼C30'; 2.混凝土强度等级:'C30'	64.63	m3	室内
1050500100	有梁板 1.混凝土种类:'预拌商品砼C30';	72.19	m3	室内

图 3-100　矩形梁及有梁板清单工程量表

3.4.5 结构板和屋顶

根据《房屋建筑与装饰工程工程量计算规范》（GB 50854—2013），现浇混凝土板类型包括有梁板、无梁板、平板、拱板、栏板、薄壳板、挑檐板、空心板、悬挑板、其他板。本节主要掌握现浇板工程量计算规则、建模规则以及结构板模型的创建。

1. 现浇混凝土板工程量计算规则

现浇混凝土板工程量计算规则见表 3-10。软件将按此规则进行相关构件工程量计算统计。

表 3-10　现浇混凝土板工程量计算规则

项目编码	名　称	计算单位	计算规则
010505001	有梁板	m^3	按设计图示尺寸以体积计算，不扣除单个面积≤0.3m^2 的柱、垛以及孔洞所占体积 有梁板（包括主、次梁与板）按梁、板体积之和计算
010505008	雨篷、悬挑板、阳台板		按设计图示尺寸以墙外部分体积计算。包括伸出墙外的牛腿和雨篷反挑檐的体积

2. 算量模型建模规则要求

根据案例工程项目结构施工图中结构平面图，以 100mm 厚结构楼板为例，建模规则见表 3-11。

表 3-11　结构板命名和参数设置规则

构件名称	族命名规则	类型命名	类型参数	实例参数
板	结构板	名　称-厚度（mm）：结构楼板-100	厚度：100mm	构件编号：LB-1 砼强度等级：C30 抗震等级：二级 所属楼层：1F

注：创建模型应避免一次性生成大板。

3. 结构板的创建

以案例工程项目二层结构楼板为例，紧接上节梁的创建，楼板的创建。板顶标高为楼层平面视图标高，结构板位于 ST-F2-3.85 标高以下。

（1）导入图纸　切换至"ST-F2-3.85"楼层平面视图，导入 CAD 图"二层结构平面布置图"。

（2）新建族类型以及类型参数设置　单击"结构"选项卡→单击"楼板"下拉菜单中的"楼板：结构"。单击属性栏"编辑类型"，弹出"类型属性"对话框→复制新建一个族类型→根据建模规则修改类型名称为"结构楼板-100"。单击"编辑"打开"编辑部件"对话框→设置楼板材质为钢筋混凝土，厚度为 100mm。新建结构楼板操作过程如图 3-101 所示。

（3）实例参数修改　根据表 3-11，在"属性"选项板中添加砼强度等级、构件编号、抗震等级、所属楼层等实例参数，如图 3-102 所示。在属性栏中，通过"标高"和"自标高的高度偏移"定位结构楼板的实际标高,二层结构板面标高与二层结构平面标高一致。

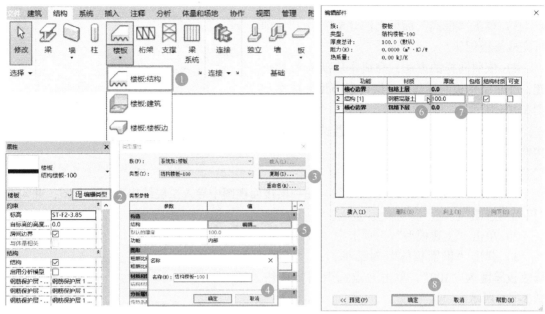

图 3-101　新建结构楼板操作过程

(4)创建楼板

1)在"修改 | 创建楼层边界"选项卡"绘制"面板的"边界线"中,选择合适的工具进行板轮廓线的创建。可直接使用各类线型进行绘制,也可拾取 CAD 图中板边线快速生成轮廓。

2)根据图纸内容创建首尾闭合且不相交的楼板轮廓。相同类型和相同标高的板,可创建在同一楼板命令下。图 3-103 所示为通过拾取线的方式绘制出多块楼板图形。

图 3-102　楼板实例参数修改

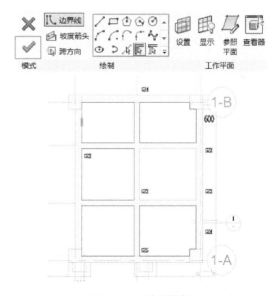

图 3-103　绘制楼板

注意：楼板的轮廓线必须形成一个或多个闭合的环。

3）单击"模式"面板上的"√"按钮，即可完成楼板创建。

4）依照同样的方法，完成本层所有板的创建，注意结构板的标高。二层楼板模型完成图如图 3-104 所示。

5）框选所有构件，通过过滤器选择所有板构件，关闭分析模型。

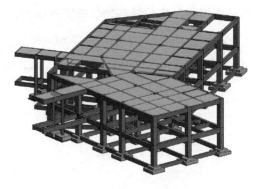

图 3-104　二层楼板模型完成图

4. 结构板的识别

1）切换到 ST-F2-3.85 平面视图，在一层楼面视图中导入二层结构平面布置图，并勾选"仅当前视图"。

2）单击"土建模型"选项卡中"板"按钮，如图 3-105 所示。

3）弹出"识别板体"对话框，在"板厚"栏修改板厚度为"100"，单击"点选识别"按钮，如图 3-106 所示。

4）在 CAD 图中逐一单击以梁为边界的封闭区域，即板的范围，完成二层楼板模型，如图 3-107 所示。

图 3-105　识别板功能选项

图 3-106　修改板厚

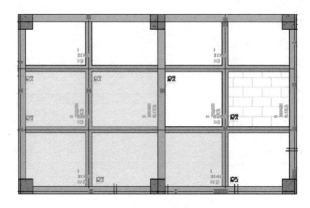

图 3-107　点选识别板

5. 楼板创建技巧

1）用"修改"中的"对齐""修剪"等命令，使红色的草图线形成一个闭合的环。

2）在已创建的 Revit 模型中，楼板边线可调整至柱和梁的边线范围内，不应伸入柱体或梁体内，以满足施工精细化需要。但对模型映射后的工程量计算准确性不产生影响。

3）建筑楼板创建方法与结构楼板相同，区别在于结构楼板可布置钢筋，两者可在属性栏中进行属性转换，勾选"结构"表示选中的楼板为结构板，反之为建筑楼板，如图 3-108 所示。楼地面的装饰一般使用建筑楼板来绘制。

6. 结构板的算量

（1）模型映射　结构板如果为有梁板，则需在模型转换框中修改板映射类别为有梁板。

（2）做法挂接　做法挂接时选择对应的有梁板清单项。根据前几节的创建方法，完善主体结构部分（见图 3-109），并完成楼层间做法的复制。

图 3-108　楼板属性转换

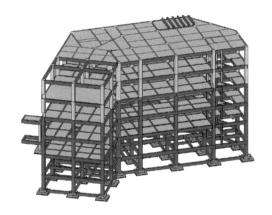

图 3-109　柱、梁、板完成模型

（3）工程量汇总计算　计算各楼层有梁板和矩形梁的工程量，操作方法同前述构件。统计完成后构件的实物工程量表如图 3-110 所示，梁和板的统计分开计算并汇总，同时统计梁、板的模板、梁侧面抹灰等工程量。清单工程量按挂接的有梁板清单工程量列表如图 3-111 所示，可直接导出工程量清单。

序号	构件名称	输出名称	工程量名称	工程量计算式	工程量	计量单位	换算表达式
1	梁	梁	单梁抹灰面积	IIF(PBH=0 AND BQ	471.39	m2	
2	梁	梁	梁模板面积	SDI+SL+SR+SQ+SZ	1782.04	m2	支模高度:未知换算;结构类型:框架梁;平面形
3	梁	梁	梁模板面积	SDI+SL+SR+SQ+SZ	73.78	m2	支模高度:未知换算;结构类型:楼梯梁;平面形
4	梁	梁	梁模板面积	SDI+SL+SR+SQ+SZ	1021.6	m2	支模高度:未知换算;结构类型:普通梁;平面形
5	梁	梁	梁模板面积	SDI+SL+SR+SQ+SZ	339.21	m2	支模高度:未知换算;结构类型:屋面框架梁;平
6	梁	梁	梁体积	VM+VZ	61.6	m3	砼强度等级:C30;平板厚:<=0m;
7	梁	梁	梁体积	VM+VZ	347.3	m3	砼强度等级:C30;平板厚:>0m;
8	板	板	板楼板面积	SD+SC+SDZ+SCZ	2067.65	m2	支模高度:未知换算;结构类型:有梁板;搅拌制
9	板	板	板体积	VM+VZ	218.02	m3	砼强度等级:C30;模板类型:普通木模板;结

图 3-110　统计完成后构件的实物工程量

图3-111　有梁板清单工程量

7. 坡屋顶的创建

屋顶从外形上主要分为平屋顶、坡屋顶和其他屋顶（如曲面屋顶）。Revit 中平屋顶创建方法同前述楼板，结构坡屋顶和建筑坡屋面（如瓦屋面）创建的方法相同。屋面按创建方法分为迹线屋顶、拉伸屋顶和面屋顶三种方式。

（1）迹线屋顶　迹线屋顶即通过建筑屋顶的迹线轮廓创建坡屋顶的方式，主要步骤如下：

1）单击"建筑"选项卡→单击"屋顶"下拉菜单中"迹线屋顶"（见图 3-112），进入创建模式。

2）单击"属性"选项板中"编辑类型"→复制新建屋顶名称→完成类型属性的设置，屋顶类型参数设置方法同板→单击"确定"按钮。

3）在"属性"选项板对屋顶的"底部标高""自标高的底部偏移"等实例参数进行设置。

4）选择"绘制"面板中合适的线型或采用拾取线的方式绘制屋顶迹线，并勾选选项栏中"定义坡度"。屋顶创建或拾取线必须是闭合的环，图 3-113 所示为矩形屋顶迹线草图。

图3-112　选择"迹线屋顶"

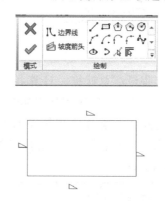

图3-113　矩形屋顶迹线草图

5）如需修改某一边的坡度时，选择创建好的草图线，在"属性"选项板中"尺寸标注"下"坡度"对应框中输入修改后的数值，也可在绘图区域中单击草图线后在对应坡度数值处修改，如图 3-114 所示。

6）如屋顶某边没有坡度，选中相应屋迹线，在选项栏或"属性"选项

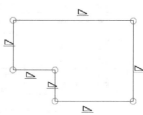

图3-114　修改坡度

板中取消勾选"定义屋顶坡度",如图 3-115 所示。

7) 单击"模式"面板上"√"按钮完成编辑模式,完成坡屋面三维视图如图 3-116 所示。

图 3-115　取消三边坡度

(2) 拉伸屋顶　拉伸屋顶通常在立面视图中绘制,因此系统会提示选择某一立面视图作为工作面进行下一步操作。拉伸屋顶主要操作步骤如下:

1) 单击"建筑"选项卡→单击"构件"面板"屋顶"下拉菜单中"拉伸屋顶"。

2) 在弹出的"工作平面"对话框中指定一个新的工作平面,单击"确定"按钮,确定创建的工作平面。如图 3-117 所示,选择北立面为工作面。

图 3-116　坡屋面三维视图

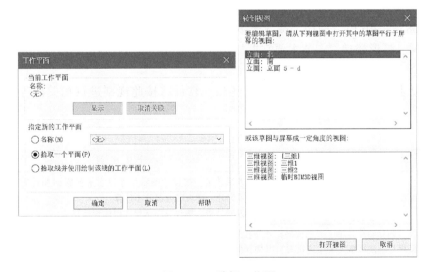

图 3-117　选择工作面

3) 设置屋顶的创建标高和偏移值,即确定屋顶的底部高度位置,屋顶底部标高为 18.30m,没有偏移,如图 3-118 所示。

4) 单击"确定"按钮,绘制北立面视图可见的屋面轮廓→单击"模式"面板上"√"按钮完成编辑模式,完成的拉伸屋顶三维视图如图 3-119 所示。

图 3-118　屋顶参照标高设置

图 3-119　屋顶三维视图

8. 坡屋顶创建技巧

1）若要对完成的拉伸屋顶进行修改，可以单击需要进行更改的屋顶，再单击"修改/屋顶"功能选项卡下的"编辑轮廓"，进入到创建模式调整屋顶轮廓。

2）可在一条边界上进行局部放坡，且坡度箭头尾部必须位于屋顶边界上，同段边界线不能同时进行"定义坡度"和创建"坡度箭头"，如图 3-120 所示。

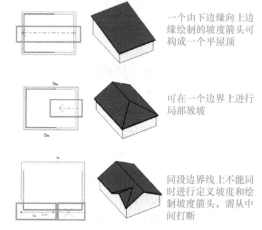

一个由下边缘向上边缘绘制的坡度箭头可构成一个平屋顶

可在一个边界上进行局部放坡

同段边界线上不能同时进行定义坡度和绘制坡度箭头，需从中间打断

图 3-120　局部放坡

3.4.6　楼梯

根据《房屋建筑与装饰工程工程量计算规范》（GB 50854—2013），现浇混凝土楼梯类型包括直形楼梯、弧形楼梯。本节主要掌握楼梯计算规则、建模规则，学习楼梯的创建。

1. 现浇混凝土楼梯工程量计算规则

现浇混凝土楼梯工程量计算规则见表 3-12。软件将按此规则进行相关构件工程量计算统计。

表 3-12　现浇混凝土楼梯工程量计算规则

项 目 编 码	名　　称	计 算 单 位	计 算 规 则
010506001	直形楼梯	1. m²	1. 以平方米计量，按设计图示尺寸以水平投影面积计算。不扣除宽 ≤ 500mm 的楼梯井，伸入墙内部分不计算
		2. m³	2. 以立方米计量，按设计图示尺寸以体积计算

注：整体楼梯（包括直形楼梯、弧形楼梯）水平投影面积包括休息平台、平台梁、斜梁和楼梯的连接梁。
当整体楼梯与现浇楼板无梯梁连接时，以楼梯的最后一个踏步边缘加 300mm 为界。

2. 算量模型建模规则要求

案例工程 1#楼梯大样图如图 3-121 所示。根据建模规则，楼梯按梯梁、梯段分开绘制，梯梁用梁构件定义，楼层平台用楼板定义单独绘制。梯段部分按楼梯命名规则为"现浇楼梯-楼梯编号"。

3. 楼梯的创建

Revit 软件中将楼梯分为现场浇筑楼梯、组合楼梯、预浇筑楼梯等。本次项目中以"现

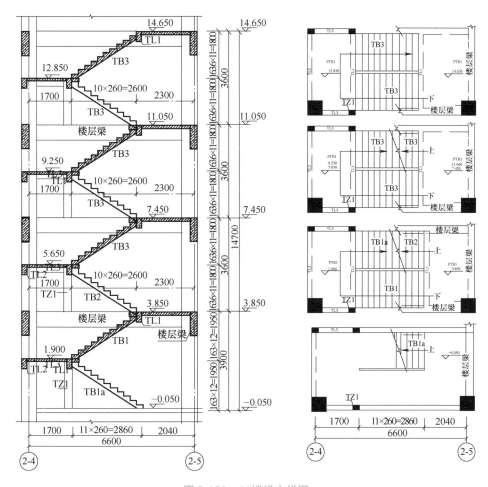

图 3-121　1#楼梯大样图

场浇筑楼梯"下的"整体浇筑楼梯"功能选项为例介绍主要操作方法。以现浇楼梯 1#AT1 为例，在一层标高平面中导入 1#楼梯大样图，紧接上节板的创建，完成楼梯的创建。

（1）楼梯梁、平台板创建　根据 1#楼梯大样图，依照创建梁、板的方法完成梯梁和梯台板的创建，如图 3-122 所示。楼梯休息平台板命名为"楼梯平台板 – 厚度"，梯梁命名为"梯梁 + 编号 – 截面尺寸"。

（2）新建族类型　楼梯模型在"建筑"选项卡中创建，主要步骤为：单击"楼梯坡道"面板中"楼梯"按钮→单击"属性"选项板中"编辑类型"→选择"系统族：现场浇注楼梯"→单击"复制"按钮新建一个族类型，根据建模规则将类型名称改为现浇楼梯-1#AT1，如图 3-123 所示。

（3）类型参数设置　在首层新建楼梯族类型后，需要进一步对该楼层中不同梯段进行属性设置。主要步骤为：单击"梯段类型"后扩展菜单按钮，弹出"类型属性"对话框→单击"复制"按钮，新建一个

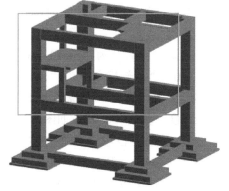

图 3-122　楼梯梁和平台板创建

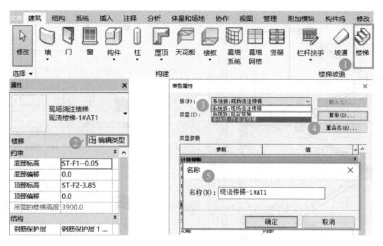

图 3-123 新建现浇楼梯

族类型，名称改为"100mm 深度"→更改"下侧表面"为"平滑式""结构深度"为"100.0""整体式材质"为"钢筋混凝土"。如图 3-124 所示。

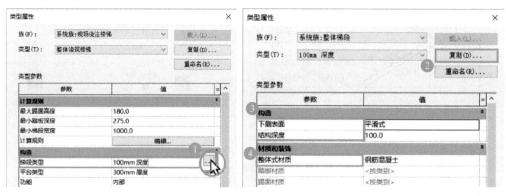

图 3-124 新建梯段类型

（4）实例参数设置

1）根据施工图，首层楼梯第一跑梯段为 TB1a，第二跑梯段为 TB1，可分为 2 个楼梯进行创建。楼梯平台板可单独用楼板功能创建。

2）在"属性"选项板中，调整第一跑梯段 TB1a"底部标高"为"ST-F1--0.05""底部偏移"为"0.0""顶部标高"为"ST-F1--0.05""顶部偏移"为"1950.0""所需踢面数"为"12""实际踏板深度"为"260.0"，如图 3-125 所示。

3）在选项栏中，选择"定位线"为"梯段：中心"，调整"偏移"为"0.0"，根据施工图信息设置"实际梯段宽度"为"1500.0"，取消勾选"自动平台"，如图 3-126 所示。

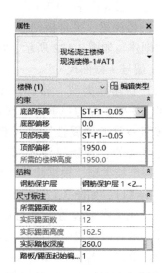

图 3-125　TB1a 实例参数设置

图 3-126　TB1a 梯段定位

（5）创建楼梯

1）单击"应用"→在"修改 | 创建楼梯"选项卡的"构件"面板的"梯段"中，选择合适的工具→根据施工图中楼梯段位置创建梯段 TB1a 轮廓→单击"修改 | 创建楼梯"选项卡的"工具"面板的"栏杆扶手"按钮→设置栏杆扶手的类型和放置位置→单击"确定"按钮→单击"√"按钮，完成楼梯创建，如图 3-127 所示。

图 3-127　绘制梯段 TB1a

2）结合建筑施工图判断，删除楼梯外侧栏杆。按相同方法创建梯段 TB1a，完成后的一层楼梯三维视图如图 3-128 所示。

3）继续创建其余标高楼层的楼梯，如各楼层楼梯完全相同，则通过复制方式完成创建。图 3-129 所示为楼梯三维视图。

图 3-128　一层楼梯三维视图

图 3-129　楼梯三维视图

4. 楼梯的算量

（1）模型映射　根据表3-12清单计算规则，修改平台板、梯梁映射类别为楼梯，修改梯柱映射类别为框架柱。梯段构件必须映射为梯段（缺少梯段将不会进行楼梯体积计算）。

（2）做法挂接　将模型中梯梁、平台板和梯段均挂接清单010506001直形楼梯清单项，如图3-130所示。

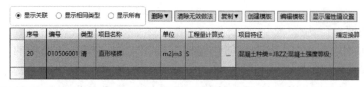

图 3-130　楼梯做法挂接

若楼梯清单工程量采用体积计算，在"做法"页面修改计算单位为 m³，修改"工程量计算式"为体积计算，如图3-131所示。如果清单工程量采用水平投影面积，则选择 m² 作为计算单位，同时修改"工程量计算式"为水平投影面积。

注意：梯柱在套取清单时，套用矩形柱清单，不纳入楼梯体积计算。

（3）工程量汇总计算　楼梯计算汇总方法同前述构件，实物工程量表如图3-132所示，包括楼梯体积、楼梯水平面积、楼梯间踢脚线长等工程量，可按实际需要提取相应数据。清单工程量表如图3-133所示，可直接导出工程量清单。

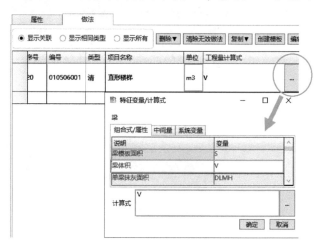

图 3-131　"做法"页面设置

图 3-132　楼梯实物工程量表

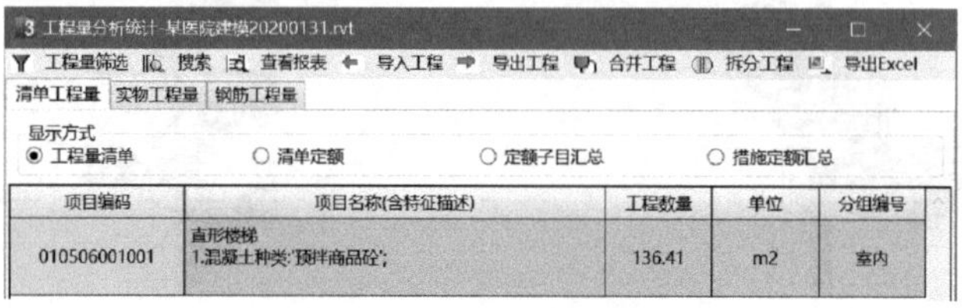

图 3-133　楼梯清单工程量表

5. 楼梯创建技巧

1）创建楼梯时，选项栏中默认状态下勾选"自动平台"，当创建两个梯段时会自动生成两梯段间的平台，若不需要自动创建平台去掉勾选即可。为方便计量计价，楼梯按照设计梯梁、梯板分开创建。

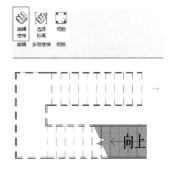

2）楼梯创建完成后若需修改楼梯，可选择所创建楼梯，在功能区中出现"修改/楼梯"面板，单击"编辑楼梯"按钮对楼梯梯段、平台等进行再次编辑，如图 3-134 所示。

3）若创建完成后楼梯方向与实际需要方向相反，则在"修改/创建楼梯"选项卡下，单击"工具"面板中"翻转"按钮，使楼梯翻转，如图 3-135 所示。

图 3-134　编辑楼梯

图 3-135　楼梯方向调整

4）编辑楼梯时，选择梯段后在"属性"选项板中可通过"以踢面开始""以踢面结束"对楼梯进行调整，如图 3-136 所示。

"以踢面开始"：默认勾选状态，即在每个梯段开始处添加一个踢面。如果取消勾选此选项，可删除起始踢板，并将相邻踏步放置到底部高程处，这样会改变每个梯段中的踢面数量，需要手动添加踢面以保持原来的高度。

"以踢面结束"：默认选择在每个梯段结束处添加一个踢面。如果取消勾选此选项，将删除末端踢面，也会改变每个梯段中的踢面数量。需要手动添加或删除踢面以保持原来的高度。

图 3-136　梯段属性修改

3.5　建筑模型创建与算量

3.5.1　墙

Revit 软件中将墙体分为结构墙和建筑墙两大类，材质上主要区分为混凝土墙与砌体墙，两者模型创建方法相同，但应分别按所属专业进行创建。本节主要以建筑墙体中砖砌体墙为例介绍墙核心层的绘制及工程量计算，墙面抹灰及其他装饰面层的布置详见 3.5.4 节装饰布置与算量。

1. 砖砌体墙工程量计算规则

砖砌体墙工程量清单主要分为实心砖墙、多孔砖墙、空心砖墙、空斗墙、空花墙以及填充墙等项目。以砖墙为主要代表的工程量计算规则见表3-13。软件将按此规则进行相关构件工程量计算统计。

表 3-13　以砖墙为主要代表的工程量计算规则

项目编码	名　　称	计算单位	计算规则
010401003	实心砖墙		
010401004	多孔砖墙	m³	按设计图示尺寸以体积计算。具体规则详见《房屋建筑与装饰工程工程量计算规范》（GB 50854—2013）
010401005	空心砖墙		

2. 算量模型建模规则要求

根据案例工程项目施工图说明，工程中地面以下砌体墙采用200mm厚MU15页岩实心砖，M10水泥砂浆砌筑。地面以上非承重外墙主要采用200mm厚MU10页岩多孔砖，M5混合砂浆砌筑。以地面以上200mm厚多孔砖墙为例，建模规则见表3-14。

表 3-14　砌筑墙命名和参数设置规则

构件名称	族命名规则	类型命名	类型参数	实例参数
砌筑墙	系统族：基本墙	构件类型名称-材质-墙厚（mm）： 外墙-MU10 页岩多孔砖-200	厚度：200mm	构件编号：WQ1 注释：外墙 所属楼层：1F

3. 墙体的创建与算量

本节以案例工程项目中一层值班室为例，紧接上节楼梯的创建，完成该区域墙的创建。主要步骤如下：

（1）导入建筑一层平面图　在一层楼面视图中导入建筑施工图"一层平面图"，方法同前述内容。

（2）新建族类型以及类型参数设置

1）单击"建筑"选项卡→单击"构建"面板"墙"下拉菜单中"墙：建筑"→单击"属性"选项板中"编辑类型"→复制新建一个族类型，根据建模规则修改类型名称，操作过程如图3-137所示。

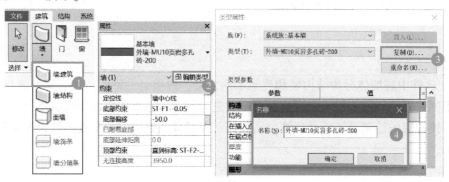

图 3-137　新建砖墙族类型

2）单击"编辑"，设置墙体的材质为页岩多孔砖、修改"厚度"为"200.0"，如图 3-138 所示。

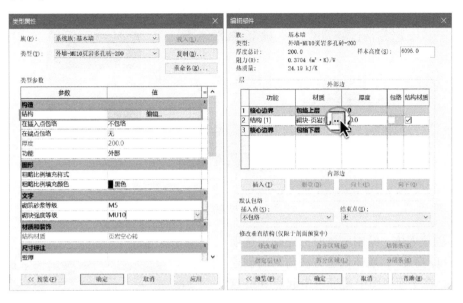

图 3-138　砖墙类型属性设置

3）添加砌筑砂浆等级和砌块强度等级类型参数，并填写相应数值，单击"确定"按钮退出。

（3）实例参数设置　在"属性"选项板中，调整"约束"，将墙的顶部创建到梁底部或板底部。已知相应位置梁高为 600mm，墙顶部约束设置为二层楼面标高 ST-F2-3.85，顶部偏移为 –600mm，如图 3-139 所示。墙底部约束如果默认为该楼层平面标高偏移 – 50mm，应调整为 0。

"属性"选项板中"定位线"指在水平视图中，指定使用墙的哪一个垂直平面相对于所绘制的路径或在绘图区域中指定的路径来定位墙。定位线分为墙中心线（默认）、核心层中心线、面层面外部、面层面内部、核心面外部、核心面内部几种情况，如图 3-140 所示。当创建墙体包括砌体本身和装饰面层时，墙身截面各种定位情况如图 3-141 所示。

图 3-139　调整墙体约束值

图 3-140　墙体定位线选项

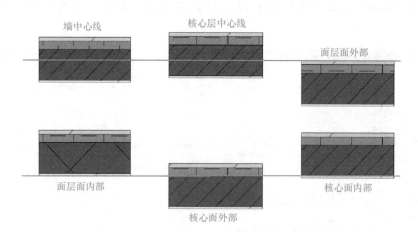

图 3-141　墙体定位平面

（4）创建墙体　绘制墙体时，先确定选项栏中"深度/高度"，墙体创建方法与梁的创建方法类似，在平面视图中通过单击起点和终点创建。图 3-142 所示为创建完成一层墙体的三维视图。

（5）完善模型　依次创建完成一层楼的不同类型墙体。由于该案例工程项目每层的墙体

图 3-142　一层墙体三维视图

变动不大，可通过楼层间构件复制的方法，将一层墙复制到其余层，并根据建筑图修正其余层的墙体。具体步骤为：选中一层所有构件→单击"选择"面板"过滤器"→勾选出砌体墙→复制到剪切板→与选定标高对齐，将一层的墙体复制到选定的其他楼层标高位置，如图 3-143 所示。完成后的墙体三维视图如图 3-144。

图 3-143　墙体楼层复制

图 3-144　完成后的墙体三维视图

（6）墙体工程量汇总计算　墙体模型映射时，确认墙体构件模型不分型号和材质均映射为砌体墙。对构件列表汇总砌体墙挂接 010401004 多孔砖墙清单项。工程量计算汇总后，砌体墙实物工程量表如图 3-145 所示。砌体墙清单工程量表如图 3-146 所示。

图 3-145　砌体墙实物工程量表

图 3-146　砌体墙清单工程量表

4. 墙体创建技巧

1）创建墙体的时候，可通过使用空格键更改内外侧方向。也可在创建完成后，单击图 3-147 所示墙体一侧的双向箭头进行更改。

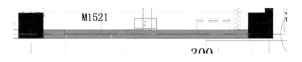

图 3-147　墙体内外方向更改

2）可使用编辑轮廓的方式，在墙体上开洞。具体步骤为：选中需要添加洞口的墙体→单击"修改 | 墙"选项卡的"编辑轮廓"按钮→按照项目要求的尺寸和位置编辑洞口形状→单击"√"按钮完成墙体轮廓的编辑，如图 3-148 所示。注意墙体上所有的轮廓必须是首尾闭合的封闭形状，并且只适用于直形墙。

3）创建好墙体之后，可通过将其顶部或底部附着到同一个垂直平面中的其他图元，可以替换其初始墙顶定位标高和墙底定位标高。通过将墙体附着到其他图元，可以避免在设计修改时必须手动编辑墙体的轮廓。图 3-149 所示为墙体附着屋顶前后的示意图。

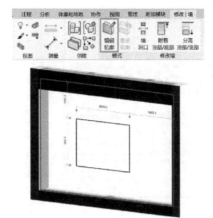

图 3-148　墙体上开洞　　　　　　　　　图 3-149　墙体附着屋顶前后的示意图

以墙体与坡屋顶为例，墙体与坡屋顶连接具体操作步骤如图 3-150 所示：选中所有墙体，单击"修改 | 墙"选项卡→单击"附着顶部/底部"按钮→选项栏中选择附着墙"顶部"→单击选择屋顶，完成墙体附着。若需要还原，则再次选中墙体，单击"分离顶部/底部"按钮。

图 3-150　墙体与坡屋顶连接

3.5.2　门窗

1. 门窗工程量计算规则

门窗按材质主要分为木质门窗和金属门窗两大类，根据《房屋建筑与装饰工程工程量计算规范》（GB 50854—2013），主要门窗工程量计算规则见表 3-15。软件将按此规则进行相关构件工程量计算统计。

表 3-15　门窗工程量计算规则

项 目 编 码	名　　称	计 算 单 位	计 算 规 则
010801001	木质门	1. 樘 2. m²	1. 以樘计量，按设计图示数量计算 2. 以平方米计量，按设计图示洞口尺寸以面积计算
010802001	金属（塑钢）门		
010806001	木质窗		
010807001	金属（塑钢、断桥）窗		

2. 算量模型建模规则要求

案例工程门窗规格详见建筑施工图中门窗表⊖。根据门窗表和和门窗大样图，结合建模

⊖　本书配套的施工图、族库、样板文件可登录 https：//pan. baidu. com/s/11tC0Oaq_5gzWQPn6fCV5cQ（提取码：2121）下载。

规则进行门窗的创建。门窗命名规则为常见的施工图中门窗的编号，如 M1021、C1515。

3. 门窗的创建与算量

门、窗族是基于墙体的常规构件，必须放置在墙体上。由于 Revit 系统样板中，预设的门窗类型有限，我们需要根据项目情况，载入或创建对应门、窗族。本节以 M1521、C1224 为例，介绍门窗的创建。

（1）载入族　单击"建筑"选项卡→单击"门/窗"按钮→单击"属性"选项板中"编辑类型"→载入相应的门族→复制新建一个族类型→根据建模规则修改类型名称。

（2）类型参数设置　根据门窗信息，调整新建门/窗族宽度、高度、厚度、材质等类型参数，并填写类型标记为门窗编号，如图 3-151 所示。

注意：类型参数中，粗略高度、粗略宽度与相应的高度、宽度两种参数是一致的，修改其中一个即可。

图 3-151　门窗类型参数设置

（3）实例参数设置　在"属性"选项板中，填写门"标高"为"AR-正负零"，"底高度"为"0.0"，在"标识数据"栏添加并填写"构件编号"为"M1521"，"所属楼层"为"1F"，如图 3-152 所示；设置约束条件窗"标高"为"AR-正负零"，"底高度"为"900.0"，添加并填写"构件编号"为"C1224"，"所属楼层"为"1F"，如图 3-153 所示。完成相关类型参数的设置后，单击"应用"。

图 3-152　门实例参数设置

图 3-153　窗实例参数设置

（4）放置门/窗　单击"在放置时进行标记"（见图 3-154），在墙体上放置门窗。选中已放置的门窗时会出现双向箭头标示（见图 3-155），单击箭头可以改变门的开启方向。左右方向的箭头表示门内外开启方向，上下方向箭头则表示门左右开启方向。

图 3-154　放置标记

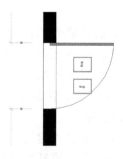

图 3-155　放置门

（5）门窗工程量汇总计算　门窗模型映射完成后将不同类型门窗分别挂接不同清单项目，计算汇总。清单挂接和工程量计算汇总方法同前述内容。

4. 门窗创建技巧

1）同类型的门可通过"复制"和"镜像"命令，将门窗和门标记、窗标记一起放置。

2）在墙体上放置门窗后再布置墙面装饰时，装饰面会将门窗遮盖，可单击"修改"选项卡上"几何图形"面板中的"连接"下拉三角形→单击"连接几何图形" 连接命令，依次单击两面墙（墙体和墙面装饰层），使两面墙连接，则门窗放置时会同时剪切两面墙体而显示出来，如图 3-156 所示。

3）放置门窗后，若平面视图中没有显示门窗图元，则可通过调整视图范围来使其显示。

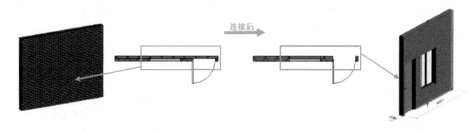

图 3-156　墙体连接

3.5.3　楼地面和屋面

1. 楼地面工程量计算规则

楼地面装饰层按部位主要分为楼地面、踢脚面、楼梯面、台阶面以及其他零星装饰面等。楼地面按做法和材质主要分为整体面层及找平层、块料面层、橡胶面层和其他材料面层。楼地面面层工程量计算均按设计图示尺寸以面积计算。

屋面主要指屋面防水以及找平层、保温层。清单工程量均按设计图示尺寸以面积计算。屋面结构部分参见 3.4.5 节结构板和屋顶的内容。

楼地面和屋面做法详见案例工程项目建筑施工图工程做法表。

2. 算量模型建模规则要求

以案例工程中值班室地砖地面为例，做法见表 3-16。地面命名规则为"地面材料-厚度"。

表 3-16 地面装修做法表

类别	名 称	做 法
地面	地砖地面	1. 10mm 厚地砖面层，1∶1 水泥浆擦缝 2. 20mm 厚 1∶2 干硬性水泥砂浆结合层，上撒布 2mm 厚干水泥洒清水适量 3. 20mm 厚 1∶3 水泥砂浆找平层 4. 水泥浆水灰比 0.4~0.5 结合层一道 5. 100mm 厚 C20 混凝土垫层 6. 素土夯实

3. 楼地面创建与算量

楼地面的创建方式同结构楼板，两者在 Revit 软件中的不同之处在于构件属性。本节以一层值班室的楼地面为例，完成首层楼地面的创建。

（1）新建族类型 单击"建筑"选项卡→单击"构建"面板中"楼板"下拉菜单中的"楼板：建筑"。单击"属性"选项板中"编辑类型"→复制新建一个族类型，根据建模规则修改类型名称→根据表 3-16 楼地面做法信息设置材质，如图 3-157 所示。

（2）创建楼板 在"修改 | 创建楼层边界"选项卡的创建面板的"边界线"中，选择合适的工具进行轮廓线的编辑。单击"√"按钮可完成楼地面创建，如图 3-158 所示。

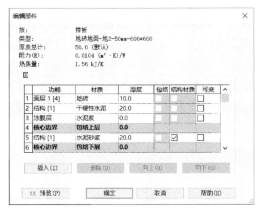

图 3-157 楼面编辑

图 3-158 楼地面三维视图

（3）楼地面工程量汇总计算 由于楼地面按楼板模型方法创建，因此需要将已创建楼板模型映射为楼地面，如图 3-159 所示。挂接相应的楼面做法时，由于同一位置楼面有多层

图 3-159 楼面映射

做法内容，工程量数据相同，可同时列出多项工程量清单。如图 3-160 所示，楼面工程量同时挂接砂浆找平清单和楼面面砖清单。

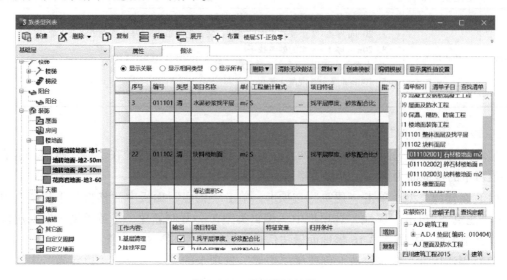

图 3-160　楼面做法挂接

地砖地面的垫层可单独使用楼板来绘制，映射为楼地面垫层并挂接混凝土垫层的清单，也可在挂接做法时同时挂接，垫层体积在"工程量计算式"一栏按楼面面积乘以垫层厚度输入即可。

楼地面实物工程量表如图 3-161 所示。楼地面清单工程量表如图 3-162 所示。由于楼地面工程量根据所创建的模型计算，水泥砂浆地面与地砖地面采用了同一个计算结果，如需分开计量，则可分别创建地面砂浆和面砖模型。

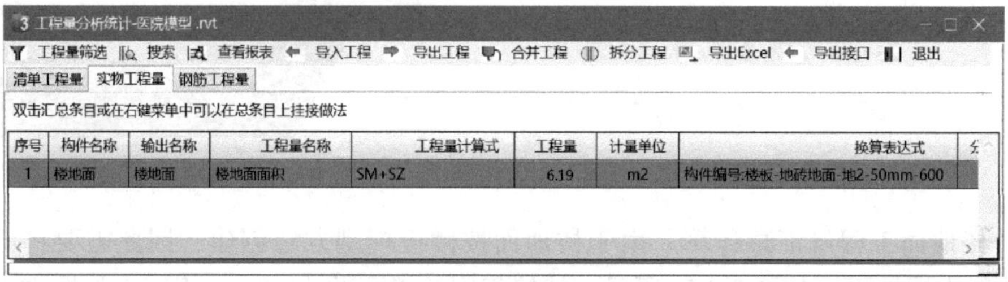

图 3-161　楼地面实物工程量表

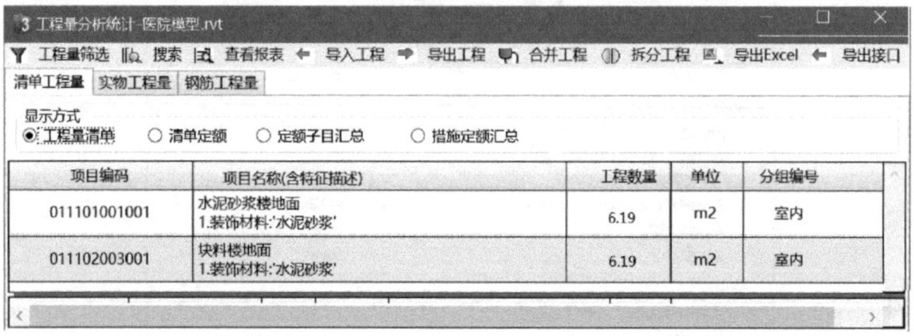

图 3-162　楼地面清单工程量表

4. 屋面智能布置

屋面装饰及防水层、保温层等做法的布置与楼地面相同，相应工程量既可通过创建实体模型的方式来计算，也可通过软件智能布置屋面进行计算。本节以案例工程项目中非上人屋面为例介绍采用智能布置方法进行屋面布置和算量步骤。

1）单击"土建建模"选项卡下"装饰布置"下拉菜单中的"屋面布置"命令，如图 3-163 所示。

2）打开"屋面布置"窗口，新建族类型"非上人屋面"，根据施工图中屋面信息设置屋面防水层、找平层以及保温层的材质及厚度，如图 3-164 所示。

图 3-163　智能布置屋面选项　　　　　图 3-164　屋面类型属性设置

3）在"做法"页面中挂接做法。分别按工程做法表中的每一层内容挂接清单项，如图 3-165 所示。挂接清单时注意在"工程量计算式"一栏中选择软件中对应的计算参数，如

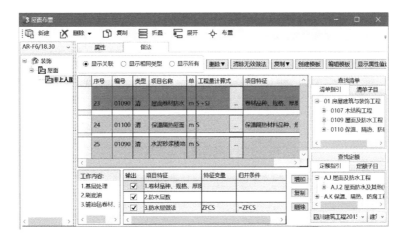

图 3-165　屋面做法挂接

屋面卷材防水面积为屋面水平投影面积加上卷材泛水面积，则工程量计算式中将参数设为屋面面积变量 S + 卷边面积变量 SJ。如保温隔热屋面清单工程量为按图示面积计算，当需要体积工程量时，可单击右侧“更多”按钮选择体积变量 V，以体积作为工程量。在该窗口中，清单项目名称可按实际内容进行修改。

4）单击“布置”，参照楼板的绘制方式，绘制闭合屋面线，完成绘制后，按〈Esc〉键结束。完成绘制后，视图中不显示屋面构件实体，显示屋面标记和闭合屋面线即为绘制完成，如图 3-166 所示。

5）工程量计算汇总，方法同前述内容。屋面实物工程量包括屋面面积和卷边面积，如图 3-167 所示。屋面清单工程量表如图 3-168 所示，屋面卷材防水面积按屋面水平投影面积加上 300mm 高卷边面积。

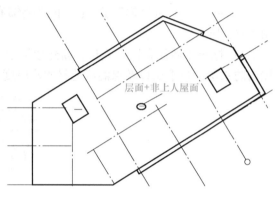

图 3-166　完成后的屋面线

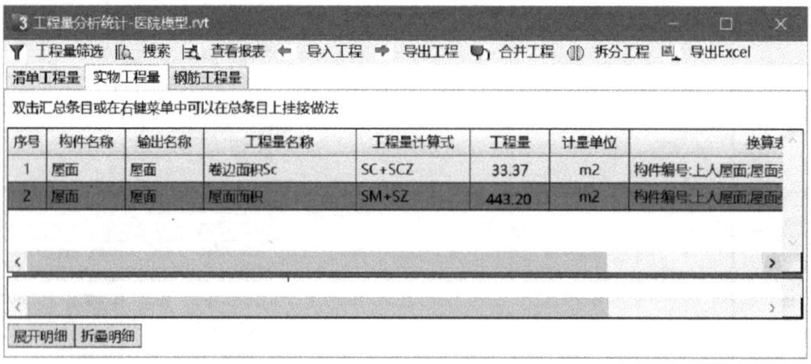

序号	构件名称	输出名称	工程量名称	工程量计算式	工程量	计量单位	换算表
1	屋面	屋面	卷边面积Sc	SC+SCZ	33.37	m2	构件编号:上人屋面;屋面
2	屋面	屋面	屋面面积	SM+SZ	443.20	m2	构件编号:上人屋面;屋面

图 3-167　屋面实物工程量表

项目编码	项目名称(含特征描述)	工程数量	单位	分组编号
011101001001	水泥砂浆楼地面	443.20	m2	室内
010902001001	屋面卷材防水	476.57	m2	室内
011001001001	保温隔热屋面	443.20	m2	室内

构件名称	构件编号	楼层	工程量	所属文档	构件Id	计算表达式
楼层:AR-F6/18.30（1 个）			443.20			

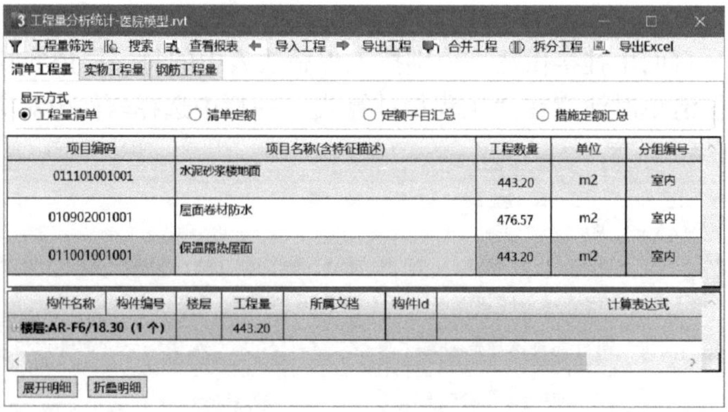

图 3-168　屋面清单工程量表

3.5.4　装饰布置与算量

1. 装饰工程主要工程量计算规则

装饰工程的内容主要包括楼地面、内外墙柱面、隔断幕墙、天棚（即顶棚，为了与规范保持一致仍用天棚）以及其他装饰等。根据工程量计算规范，主要装饰工程计算规则如下：

1）墙面抹灰工程量按设计图示尺寸以面积计算，墙面块料面层工程量按镶贴表面积计算，幕墙、隔断工程量按图示框外围尺寸以面积计算。

2）天棚抹灰、吊顶工程量按设计图示尺寸以水平投影面积计算。

3）楼地面抹灰、块料及其他面层按设计图示尺寸以面积计算。踢脚线工程量可按延长米或按图示尺寸长度乘以高度以面积计算。

详细的装饰工程量计算及扣减规则参考《房屋建筑与装饰工程工程量计算规范》（GB 50854—2013），楼地面装饰模型创建和工程量计算方法见 3.5.3 节内容，墙面装饰模型可参考 3.5.1 节墙体模型创建及工程算量方法完成。

2. 算量模型建模规则要求

装饰墙面、楼地面等建模完整的情况下，清单工程量可由模型映射完成后提取。墙面、踢脚装饰层创建方法同墙体，族名称需要根据不同材质、不同位置进行区分。天棚吊顶的造型和材质不同时，由于清单工程量计算规则的差异，在族名称中需要区分；叠级吊顶中竖向吊顶与平面吊顶也需在族名称上进行区分。

由于室内装饰做法较复杂，在装饰层模型创建不完备的情况下，可通过房间内快速布置地面、墙面、天棚装饰面的方法来完成工程量的统计。本节以一层值班室为例，从房间内布置装饰做法的角度来完成模型创建和工程量计算。根据案例工程项目施工图中工程做法表查询相关部位的装饰信息，表 3-17 为值班室房间装饰做法表。族类型名称为各类做法的房间名称。

表 3-17　值班室房间装饰做法表

序　号	名　　称	做　　法	备　　注
1	地砖楼面	1. 10mm 厚地砖面层，1∶1 水泥砂浆擦缝 2. 20mm 厚 1∶2 干硬性水泥砂浆找平层 3. 20mm 厚 1∶3 水泥砂浆找平层 4. 水泥浆结合层一道 5. 混凝土楼板	地砖尺寸 600mm×600mm
2	乳胶漆墙面	6. 刷乳胶漆 7. 满刮腻子一道磨平 8. 5mm 厚 1∶2.5 水泥砂浆 9. 7mm 厚 1∶3 水泥砂浆垫层 10. 7mm 厚 1∶3 水泥砂浆打底扫毛 11. 墙体	
3	硅钙板吊顶	12. 钢筋混凝土内预留 $\phi6.5$mm 吊环，$\phi6.5$mm 钢筋吊杆中距为 900～1200mm 13. 不上人承重主龙骨［50×15×1.2，中距＜1200mm 14. 次龙骨［50×19×0.5，中距为 900mm 15. 横撑龙骨［50×19×0.5，中距为 1200mm 16. 15mm 厚硅钙板 600mm×600mm	

3. 房间内装饰布置与算量

（1）定义房间　打开一层平面视图，单击"建筑"选项卡下"房间"按钮→选择要定义的房间位置→放置房间标记→修改"房间"名称为"值班室"，如图 3-169 所示。

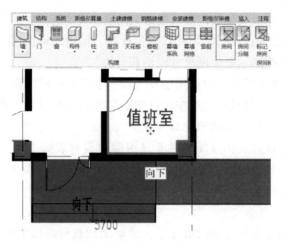

图 3-169　定义房间

（2）定义装饰做法

1）单击"土建建模"选项卡"装饰布置"下拉菜单中"房间定义"，如图 3-170 所示。

2）在弹出的"房间定义"窗口中选择楼层"AR-正负零"→右侧"构件定义"列表中新建楼地面、天棚、踢脚、墙面装饰项目→在"属性列表"中按照表 3-17 内容分别对楼地面、天棚、踢脚和墙面做法进行填写，图 3-171 所示为乳胶漆墙面装饰做法定义界面。

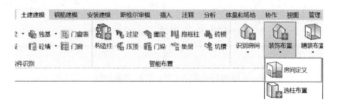

图 3-170　房间定义选项

图 3-171　房间装饰做法定义

3）单击"构件定义"列表中"值班室"房间，在"属性列表"中选择已定义好的墙面、地面和天棚的装饰做法。

（3）布置房间装饰　单击"土建建模"选项卡中"房间精装"下拉菜单中"房间精装"，弹出"房间精装布置"窗口（见图 3-172），选择"AR-正负零"楼层，勾选"房间编号"中的值班室，单击"布置"按钮，单击值班室房间范围完成房间的装饰。房间装饰三维视图如图 3-173 所示。

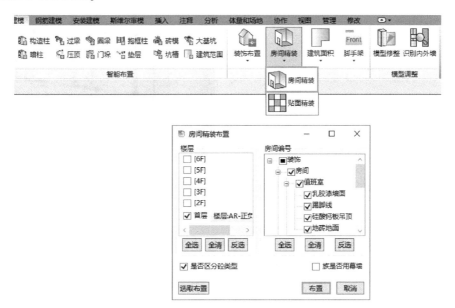

图 3-172　房间装饰选择

（4）房间装饰工程量汇总计算　依次确定装饰做法的映射对象，打开"族类型列表"窗口，根据工程做法表，分别挂接楼地面、天棚、踢脚、墙面清单。工程量汇总计算方法同前述内容。

4. 外墙装饰的布置与算量

相比于内墙装饰的复杂性，外墙装饰可直接采用 Revit 模型布置的方式。本节以一层值班室外墙为例，进行外墙装饰的创建。

（1）墙面参数设置

1）使用"建筑：墙"新建墙面，命名为"外墙砖保温墙面-浅灰色-41"（厚度 41mm），在"类型属性"对话框中对墙面结构进行编辑。根据外墙做法表填写每一层装饰做法及厚度，如图 3-174 所示。

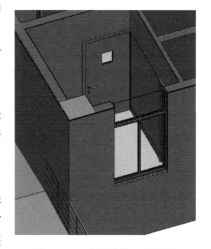

图 3-173　房间装饰三维视图

2）在"属性"选项板中，修改"定位线"为"面层面：内部"，调整墙面高度，底部约束为室外地坪，即 AR-正负零，偏移 −450mm，顶部约束为 AR-2F-3.9。

（2）外墙墙面绘制　沿原墙体核心层布置外墙面，布置方法同墙体创建方法。连接墙面和墙体（详见门窗创建方法），使门窗洞口剪切墙面，外墙面布置完成，如图 3-175 所示。

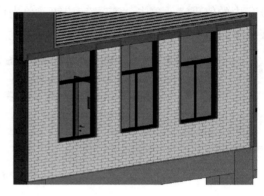

图 3-174　墙面结构编辑　　　　　　　　　　图 3-175　外墙面装饰布置

（3）外墙面窗边构造层　外墙面窗边构造相对较复杂，没有现成的族可用，可采用"内建模型"方式进行创建。

1）打开一层平面视图，单击"建筑"选项卡下"构件"下拉菜单的"内建模型"，如图 3-176 所示。在"族类别和族参数"窗口中选择"墙"族类型，命名为"窗边保温层"。

2）进入绘制界面，单击"创建"选项卡下"形状"面板的"放样"，单击"工作平面"面板的"设置"按钮，在弹出对话框中单击"拾取一个平面"，选择外墙面外部作为工作平面，如图 3-177 所示。

图 3-176　内建模型选项

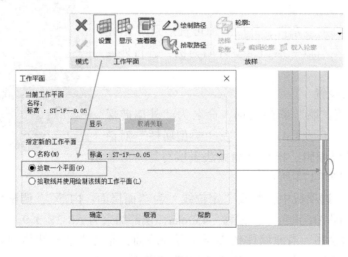

图 3-177　设置工作平面

3）在弹出窗口中选择东立面，沿窗边绘制如图 3-178 所示的路径。

4）单击"√"按钮完成路径。单击"编辑轮廓"按钮，选择转到南立面，绘制25.0mm 厚的轮廓，如图 3-179 所示。

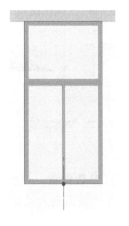

图 3-178　绘制路径

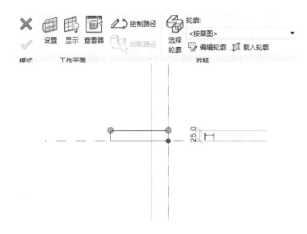

图 3-179　编辑轮廓

5）单击"√"按钮完成外墙面窗边布置，如图 3-180所示。

（4）外墙装饰汇总计算　将窗边构造和外墙面映射为墙面，挂接清单包括墙面保温层和找平层，工程量计算汇总同前述方法。

3.5.5　坡道

1. 现浇混凝土坡道工程量计算规则

现浇混凝土坡道工程量计算规则见表 3-18。

图 3-180　外墙面窗边构造

表 3-18　现浇混凝土坡道工程量计算规则

项 目 编 码	名称	计 算 单 位	计 算 规 则
010507001	坡道	m^2	按设计图示尺寸以水平投影面积计算。不扣除单个 $\leq 0.3 m^2$ 的孔洞所占面积

2. 算量模型建模规则要求

案例工程项目中坡道分别为 1-A轴线与 2-A 轴线外墙门口处，根据施工图所示坡度均为 1：12，宽度分别为 1450mm 和 2400mm，坡道大样图如图 3-181 所示。设定 1-A 轴线坡道为PD1，坡道命名规则为"坡道-编号"。

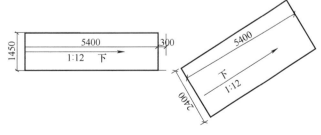

图 3-181　坡道大样图

3. 坡道的创建与算量

本节以一层平面建筑施工图中 1-A 轴线处坡道为例，进行坡道的创建。由于坡道清单工程量以面积计算，因此创建坡道可按实体绘制，模型映射为坡道，工程量自动按水平投影面积计算。

（1）参数设置　在一层楼面视图中，单击"建筑"选项卡→单击"楼梯坡道"面板中的"坡道"按钮→复制新建族类型，根据建模规则将类型名称改为"坡道-PD1"，将 100mm 厚混凝土垫层作为坡道设置。调整新建族类型的类型参数"造型"为实体、"结构材质"为混凝土。

注意：设置坡道的造型为"实体"或"结构板"，如图 3-182 所示。造型为结构板时使用厚度和起点、终点标高来设置坡度。造型选择为实体，会根据底部到顶部标高来定义坡度，如该案例中根据施工图设置类型参数"坡道最大坡度（1/x）"为 12。

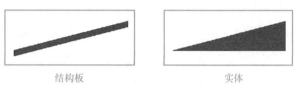

结构板　　　　　　　实体

图 3-182　坡道造型

通过对坡道"最大斜坡长度"和"坡道最大坡度（1/x）"参数设置，可控制坡道的水平投影长度、坡道高度和坡度。例如：某坡道坡度为 25%，则"坡道最大坡度（1/x）"设置为：1/25% = 4。若所需坡道高度为 150mm，则设置坡道长度为 150mm/25% = 600mm；1/x = 1/（150/600） = 4，如图 3-183 和图 3-184 所示。

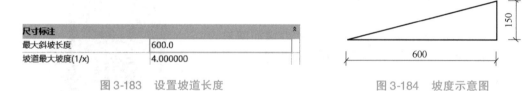

尺寸标注	
最大斜坡长度	600.0
坡道最大坡度(1/x)	4.000000

图 3-183　设置坡道长度

图 3-184　坡度示意图

根据图 3-181 调整新建族类型的实例参数。在"属性"选项板中，调整坡道底部标高为室外地坪，即按一层建筑楼面标高 AR-正负零，底部偏移 – 450.0mm，顶部标高按一层楼面标高 AR-正负零，宽度为 1450.0mm，如图 3-185 所示。

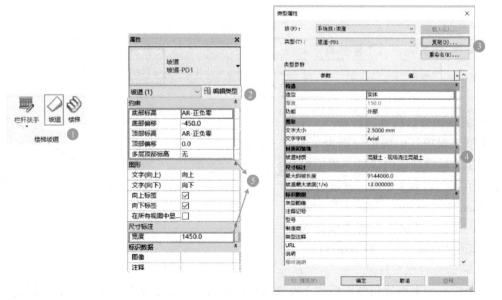

图 3-185　坡道属性设置

（2）创建坡道　参数设置完成，单击"属性"选项板下方"应用"→在"修改 | 创建坡道草图"选项卡的"绘制"面板的"梯段"中，选择合适的工具→根据图纸位置创建坡道轮廓→通过"对齐""移动"命令调整草图位置→单击"栏杆扶手"按钮→设置栏杆扶手的类型为无，单击"确定"按钮→单击"√"按钮完成坡道创建，如图 3-186 所示。

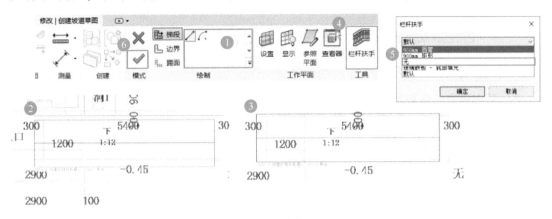

图 3-186　坡道绘制

（3）工程量汇总计算　确定构件映射为坡道，如图 3-187 所示。做法挂接 010507001 坡道清单项。汇总计算工程量。

图 3-187　坡道映射

4. 坡道创建技巧

1）坡道创建完成后若需修改坡道，可选择所创建坡道，在功能区中出现"修改/坡道"，单击"编辑草图"按钮，用创建工具对坡道边界再次进行编辑，如图 3-188 所示。

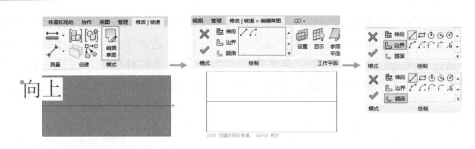

图 3-188　创建坡道

2）若创建完成后坡道方向与实际需要方向相反，则选中坡道，在坡道终点位置会出现"翻转箭头"标识，单击箭头标识将坡道进行翻转，如图 3-189 所示。翻转功能只能在平面视图中完成。

图 3-189　调整坡道方向

3）坡道的创建可以采用建筑楼板功能来实现，方法同前述楼地面的画法。注意在实际参数设置时起点及终点的标高要准确。对楼板的坡度设置，可选中楼板图元，单击"修改/楼板"选项卡中的"修改子图元"，依次对图元各角点的标高进行修改形成坡度。

3.5.6　栏杆扶手

1. 栏杆扶手工程量计算规则

栏杆扶手工程量通常作为整体项目进行计算。以金属扶手和硬木扶手栏杆为例，主要栏杆扶手工程量计算规则见表 3-19。

表 3-19　栏杆扶手工程量计算规则

项目编码	名　称	计算单位	计　算　规　则
011503001	金属扶手、栏杆、栏板	m	按设计图示以扶手中心线长度（包括弯头长度）计算
011503002	硬木扶手、栏杆、栏板	m	

2. 栏杆扶手算量模型建模规则要求

根据案例工程项目，坡道扶手和楼梯栏杆可分别在西南 11J412 和国标 12J926 查询得知。命名规则为"使用位置-高度"，如"楼梯栏杆-900"或"坡道栏杆-900"。

3. 栏杆扶手的创建与算量

为方便单独统计栏杆扶手工程量，上节坡道创建时，取消了同时自动生成栏杆的方式。本节以坡道栏杆扶手为例，单独进行创建，经查询已知栏杆扶手为不锈钢材质。

在一层楼面视图中，单击"建筑"选项卡→单击"栏杆扶手"下拉菜单中的"绘制路径"，进入栏杆扶手创建界面，如图 3-190 所示。

图 3-190　栏杆扶手功能选项

（1）类型参数设置　在"属性"选项板中，单击"编辑类型"，复制新建一个栏杆族类型，命名为"坡道栏杆-900"。本例创建使用普通金属栏杆，如图 3-191 所示。

Revit 中栏杆扶手为一个系统族，一般由栏杆、扶栏组成。其中扶栏又分为"顶部扶栏"和"扶栏"。栏杆又分为"常规栏杆""起点支柱""转角支柱""终点支柱"。创建时，第一段与第二段相交处的栏杆可看作转角支柱栏杆，如图 3-192 所示。可根据该示意图理解相关参数并进行设置。

图 3-191　栏杆类型参数设置

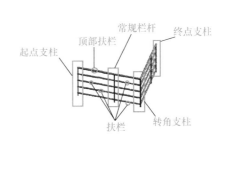

图 3-192　扶栏结构示意图

1）编辑"扶栏结构"参数，按施工图所选图集样式设置扶栏的每一层栏杆高度、偏移值、材质和轮廓（形状）。编辑时可单击对话框下方"预览"，打开模型预览窗口使修改更直观，如图 3-193 所示。其中，"高度"为扶栏距底高度，"偏移"为相对栏杆扶手路径垂直方向上偏移。

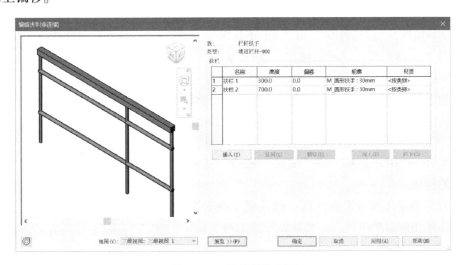

图 3-193　栏杆结构设置

2）编辑"栏杆位置"参数，对扶栏的主样式、支柱和栏杆样式进行设置。

在"主样式"表格中通过"复制"进行中部栏杆添加，可对中部栏杆的栏杆族类型、栏杆顶部和底部偏移、相对前一栏杆的距离以及起点、转角、终点支柱栏杆族类型、栏杆顶部和底部偏移等进行定义，如图 3-194 所示。如为楼梯栏杆，根据实际做法选择楼梯上每个踏板都使用栏杆。

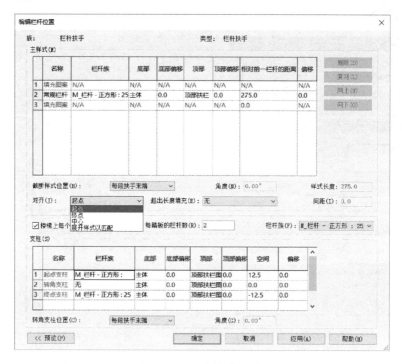

图 3-194　编辑栏杆位置

3）编辑"顶部扶栏"，即扶手的选用，调整扶手的高度以及材质。本案例扶手仍然为不锈钢。

（2）实例参数设置　在"属性"选项板中，调整底部位置至室外地坪，"底部标高"为"AR-正负零"，"底部偏移"为"–450.0"，"所属楼层"为"室外"，如图 3-195 所示。

（3）创建栏杆扶手　完成参数设置后，选择"修改/创建栏杆扶手路径"选项卡"工具"面板的"拾取新主体"功能，将水平走向的栏杆扶手放置到坡道，如图 3-196 所示。使用"复制"或"镜像"命令，完成另一边栏杆的创建。

（4）栏杆扶手工程量汇总计算　确认模型映射为栏杆扶手，挂接相应清单项目，汇总计算完成工程量统计。

4. 栏杆扶手创建技巧

1）使用"建筑"选项卡的"栏杆扶手"下拉菜单

图 3-195　栏杆扶手实例参数修改

的"放置在楼梯/坡道上"命令，可将栏杆扶手直接放置在主体边界位置。

2）通过单击已经创建好的栏杆扶手侧的"翻转扶手方向"箭头，可修改栏杆放置在踏板或梯边梁上的扶手位置，如图 3-197 所示。

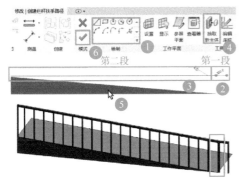

图 3-196　放置栏杆

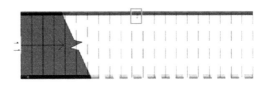

图 3-197　调整扶手位置

3.6　二次构件布置与算量

二次构件是指建筑工程中，在主体结构完成之后，装饰工程进行之前施工的部分非承重砌体或混凝土小型构件，如构造柱、圈梁、过梁、止水反梁、女儿墙、压顶、门边小柱等构件。本节以案例工程中构造柱、过梁、圈梁、压顶等主要构件为例介绍工程量统计方法。

3.6.1　构造柱

1. 构造柱工程量计算规则

根据《房屋建筑与装饰工程工程量计算规范》（GB 50854—2013），混凝土构造柱工程量与普通矩形柱计算方法相同，均按设计图示尺寸以体积计算，但构造柱嵌入墙体部分（马牙槎）应并入柱身体积计算。

2. 构造柱模型建模规则要求

构造柱创建方法同结构柱，命名规则为"构造柱编号-截面尺寸"，如 GZ1-300mm × 200mm。根据案例工程项目施工图结构设计总说明，构造柱按表 3-20 原则设置。

表 3-20　构造柱设置原则

内　隔　墙	外　　墙	屋面女儿墙
1. 墙间距大于 3m 内隔墙转角处 2. 相邻横墙或框架柱的间距 >5m 时，墙段内增设构造柱，间距≤3.0m 3. 宽度≥2.1m 门窗洞的洞口两侧；紧邻的双门洞两侧及弹簧门洞口两侧 4. 一字形隔墙端头应设置构造柱或边框	1. 内外墙交接处，外墙转角处 2. 相邻横墙或框架柱的间距 >4m 时，墙段内增设构造柱，间距≤2.5m 3. 带形窗窗下墙，间距≤2.0m；窗洞≥2.4m 的窗下墙中部，间距≤2.0m 4. 外墙上所有带混凝土雨篷的门洞两侧均应设置通高构造柱	构造柱间距应≤2.0m

3. 构造柱的布置与算量

Revit 软件中构造柱创建时可利用"基于墙的公制常规模型"新建构造柱族，构造柱形状相对较复杂，模型创建较烦琐。当施工图中有构造柱设置具体位置和详细大样图时，可采用识别方法布置构造柱。当没有构造柱设置具体位置时，可参考构造图集，使用智能布置方式快速布置构造柱，以满足工程量计算目的。

（1）构造柱识别　构造柱识别方法同前述3.4.3节中结构柱操作方法，识别完成的构造柱为施工图中矩形形状。确认模型映射为构造柱后，汇总计算工程量时将自动计算马牙槎的混凝土工程量。如需进一步精细化模型，可分别将每一类构造柱族类型替换为具有马牙槎的构造柱（已建好的各种类型构造柱族），将 GZ2 的族类型换为一字型构造柱，族类型名称为 GZ2-200 × 200mm，如图 3-198 所示。

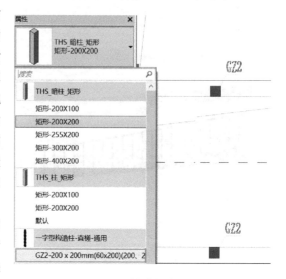

图 3-198　构造柱类型替换

构造柱识别完成后可单击"修改/结构柱"选项卡上"选择框"按钮，隔离查看 GZ2 三维视图，如图 3-199 所示。确认模型映射为构造柱后汇总计算工程量。

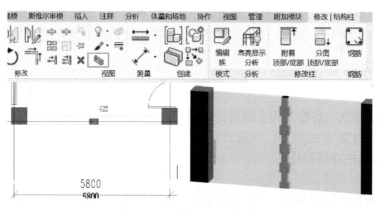

图 3-199　构造柱三维视图

（2）构造柱智能布置　单击"土建建模"选项卡→单击"智能布置"面板中的"构造柱"按钮，如图 3-200 所示。

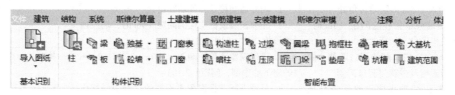

图 3-200　构造柱选项

如图 3-201 所示，在弹出的"构造柱智能布置"对话框中，根据结构说明中构造柱布置原则，设置构造柱布置规则。

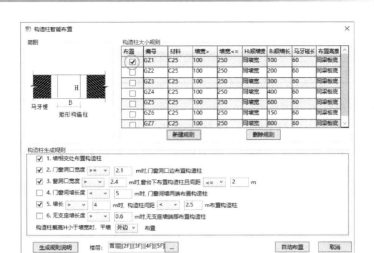

图 3-201　构造柱布置规则

　　在对话框中通过"新建规则"新建不同类型构造柱编号，如 GZ1、GZ2 等，设置对应的规则和参数，勾选各楼层需要自动布置的构造柱类型。根据设计说明，勾选不同类型构造柱的生成规则。

　　完成设置后，单击"自动布置"按钮，模型按布置规则自动生成构造柱。通过"斯维尔"选项板中"核对构件"功能，检查构造柱的实际形状、混凝土及模板工程量计算过程，如图 3-202 所示。

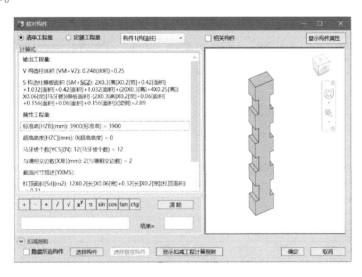

图 3-202　核对构造柱

3.6.2　过梁

1. 过梁工程量计算规则

　　门窗洞口混凝土过梁工程量与普通梁计算方法相同，均按设计图示尺寸以体积计算。现浇混凝土过梁工程量计算规则见表 3-21。

表 3-21　现浇混凝土过梁工程量计算规则

项目编码	名称	计算单位	计算规则
010503005	过梁	m³	按设计图示尺寸以体积计算。伸入墙内的梁头、梁垫并入梁体积内

2. 过梁模型建模规则要求

混凝土过梁创建方法同结构柱，命名规则为"过梁编号-截面尺寸"，如 GL1-200 × 100mm，表示过梁 GL1 截面宽 200mm，高 100mm。根据案例工程项目结构设计总说明，该工程中门窗洞口过梁设置原则见表 3-22。

表 3-22　洞口过梁表

洞口净宽 L_0/mm	梁高 /mm	200mm 厚实心砖、多孔砖			100mm 厚实心砖、多孔砖			120mm 厚实心砖、多孔砖		
		钢筋①	钢筋②	钢筋③	钢筋①	钢筋②	钢筋③	钢筋①	钢筋②	钢筋③
$L_0 \leqslant 800$	100									
$800 < L_0 \leqslant 1800$	200	2C10[①]	2C8	A6@200	2C10	2C8	A6@200[②]	2C10	2C8	A6@200
$1800 < L_0 \leqslant 2400$	200	2C10	2C10	A6@200	2C10	2C8	A6@200	2C10	2C10	A6@200
$2400 < L_0 \leqslant 3000$	300	2C12	2C10	A6@200	2C10	2C10	A6@200	2C10	2C10	A6@200
$3000 < L_0 \leqslant 4000$	300	2C14	2C10	A6@200	2C10	2C10	A6@200	2C10	2C10	A6@200

注：1. 钢筋①和钢筋②中 C 代表钢筋符号⊈。
　　2. 钢筋③中 A 代表钢筋符号Ⴔ。

3. 过梁的布置与算量

单击"土建建模"选项卡→单击"智能布置"面板中的"过梁"按钮，如图 3-203 所示。

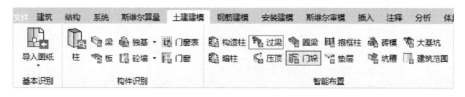

图 3-203　过梁功能选项

弹出"过梁智能布置"对话框如图 3-204 所示，根据结构说明中提取的信息，设置过梁

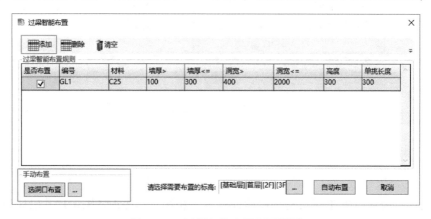

图 3-204　过梁智能布置规则设置

布置规则。完成设置后，单击"手动布置"或"自动布置"按钮，门窗洞口处自动生成过梁。参照结构梁的处理方法，对过梁进行钢筋布置、模型映射以及做法挂接。

3.6.3　圈梁

1. 圈梁工程量计算规则

现浇混凝土圈梁工程量计算规则见表 3-23。

表 3-23　现浇混凝土圈梁工程量计算规则

项目编码	名称	计算单位	计算规则
010503004	圈梁	m³	按设计图示尺寸以体积计算。伸入墙内的梁头、梁垫并入梁体积内

2. 圈梁模型建模规则要求

根据结构设计总说明，砌体电梯井道在导轨支架安装处设置混凝土圈梁，主筋 4 Φ 14，箍筋 ϕ 6@ 200，截面尺寸为墙厚×高 300mm，圈梁模型名称命名为"圈梁编号-截面尺寸"。创建方法同结构梁，模型映射为圈梁进行工程量计算。本节采用智能布置构件的方式创建圈梁模型并统计工程量。

3. 圈梁的布置与算量

1）单击"土建建模"选项卡"圈梁"功能选项，弹出"圈梁智能布置"对话框，如图 3-205 所示。

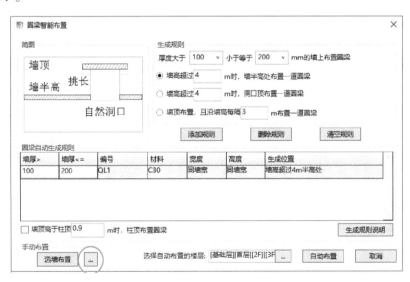

图 3-205　圈梁智能布置设置规则

2）根据结构说明中圈梁信息，无法设置规则自动生成圈梁，单击手动布置中"选墙布置"右侧"更多"按钮，弹出"圈梁大小规则设置"对话框，设置规则，单击"确定"按钮，如图 3-206 所示。

3）单击"选墙布置"，选择电梯井周围墙体，单击"完成"按钮生成圈梁，如图 3-207 所示。

4）确定圈梁模型映射正确，汇总计算工程量。

图 3-206　圈梁手动设置

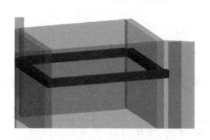

图 3-207　圈梁模型

3.6.4　压顶

1. 压顶工程量计算规则

混凝土其他构件中，压顶工程量计算规则见表 3-24，计量为米或立方米，通常为后期计价方便，采用体积计量。

表 3-24　现浇混凝土压顶工程量计算规则

项目编码	名称	计算单位	计算规则
010507005	压顶	1. m 2. m³	1. 以米计量，按设计图示的中心线延长米计算 2. 以立方米计量，按设计图示尺寸以体积计算

2. 压顶建模规则要求

以案例工程项目六层屋面女儿墙压顶为例，女儿墙压顶做法根据设计所选图集如图 3-208 所示。压顶截面宽 260mm，截面高分别为 60mm 和 50mm。Revit 中女儿墙压顶可采用墙饰条创建，也可以采用内建模型来创建。本节采用内建模型方式来创建压顶，族命名为"压顶"。

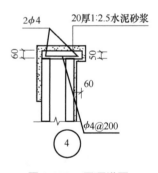

图 3-208　压顶详图

3. 压顶的创建

1）打开屋面层平面视图，单击"建筑"选项卡下"内建模型"，如图 3-209 所示。

2）选择族类别为"常规模型"，命名为"压顶"，如图 3-210 所示。

图 3-209　内建模型功能

图 3-210　新建常规模型

3）进入绘制界面，单击"创建"选项卡下"放样"功能选项，如图 3-211 所示。

4）沿墙体外侧绘制放样路径，并将轮廓平面拖至如图 3-212 所示位置。

5）单击"编辑轮廓"，将视图转至东立面，绘制截面为截宽 260mm，截高 60mm，截高 50mm 的梯形压顶轮廓，如图 3-213 所示。

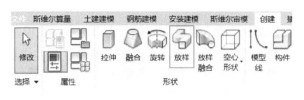

图 3-211　选择放样功能

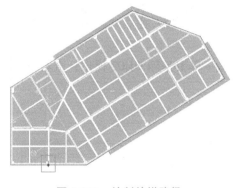

图 3-212　绘制放样路径

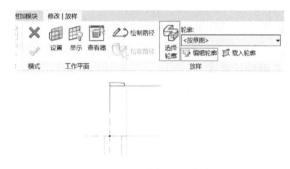

图 3-213　编辑压顶轮廓

6）绘制完成后单击"√"按钮完成压顶模型的创建。

7）将模型映射为压顶，挂接压顶清单做法，汇总计算工程量。

3.7　钢筋模型创建与算量

3.7.1　钢筋算量原理

钢筋模型创建与算量是在钢筋混凝土结构构件创建完成的基础上，采用手动布置或软件识别的方式生成钢筋模型，并通过对构件几何信息以及相关属性进行分析，结合钢筋工程量计算规范、标准最终实现钢筋工程量自动计算。由于工程中需要布置钢筋的构件多、钢筋模型量庞大，采用识别布置可以有效地提高效率。当出现部分构件未成功识别时，需用更准确的手动布置进行创建。构件钢筋布置与算量流程如图 3-214 所示。

当 CAD 施工图中有钢筋表时，可通过识别构件钢筋表方法，结合构件原位钢筋信息进行钢筋识别。构件钢筋布置完成后，使用"三维显示"命令显示钢筋三维，检查钢筋布置范围。本节以案例工程项目为例，介绍识别和手动布置方式对构件进行钢筋布置。

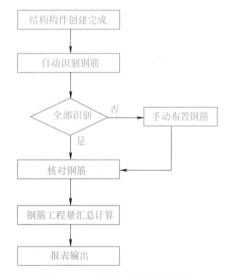

图 3-214　钢筋布置与算量流程

3.7.2 基础钢筋

基础钢筋包括独立基础、条形基础、筏板基础、桩基础以及地下室坑基等钢筋类型。本案例工程为独立柱基，根据基础平面布置图，主要基础类型为单柱基础和双柱基础。以基础 DJJ02 为例，钢筋的布置主要有以下几个步骤：

1) 单击【钢筋建模】选项卡下"钢筋布置"按钮→单击基础 DJJ02 模型，弹出"编号配筋"对话框。

2) 单击"属性"选项板中"简图钢筋"，根据提供的基础配筋大样图，选择符合 DJJ02 的二阶独立基础样式，如图 3-215 所示。按图示依次输入独立基础钢筋信息，确定后退出。基础钢筋三维视图如图 3-216 所示。

3) 单击"钢筋核对"面板下"核对单筋"命令→单击基础 DJJ02 模型，查看基础钢筋工程量计算式。

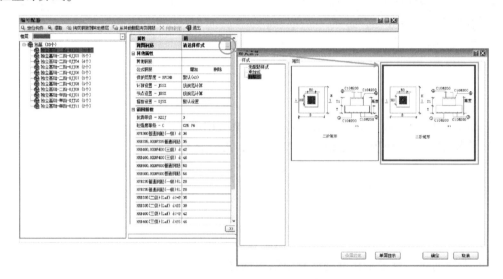

图 3-215　选择独立基础样式

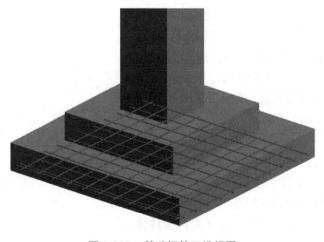

图 3-216　基础钢筋三维视图

3.7.3　柱筋

1. 柱筋识别

钢筋识别是基于工程 CAD 图中已设计完成的钢筋信息，因此原 CAD 图中钢筋信息的完备性将对钢筋工程量计算产生较大影响。此外，钢筋布置前应首先确定工程设置中钢筋计算选用的规范及标准的正确性，所选依据会影响钢筋锚固、搭接等计算结果。

识别构件钢筋前，需先确认构件编号是否准确。如果结构构件采用手动建模或者是其他的软件翻模创建而成，则可通过软件审模功能检查编号信息是否齐全或自动补充编号，如图 3-217 所示"属性"选项板中的框架柱 KZ3 编号。本节在前述柱构件已经创建或识别基础上进行钢筋配置，主要步骤如下：

1）单击"钢筋建模"选项卡→单击"柱表"下拉菜单中的"柱大样"，弹出"柱筋大样识别"对话框→依次按识别框中提示提取柱截面、钢筋图层、标注图层，如图 3-218 所示。

2）单击"确定"按钮完成钢筋识别，"属性"选项板自动添加柱筋信息，如图 3-219 所示。

图 3-217　柱编号添加

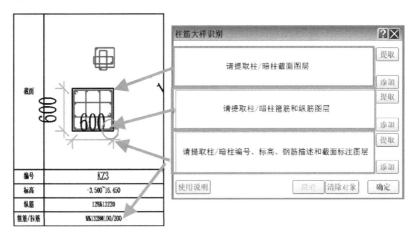

图 3-218　识别柱大样

3）单击"钢筋建模"选项卡中"核对单筋"命令→单击柱 KZ3，弹出"核对单筋"对话框，该窗口中列出 KZ3 所有主筋和箍筋的信息以及长度计算式，如图 3-220 所示。检查钢筋工程量计算式是否符合计算规范，如果计算式有误，则在工程设置中查看并修改相应计算规则。

4）单击"钢筋三维"面板下"三维显示"命令→单击柱 KZ3，查看钢筋三维模型，如图 3-221 所示。注意构件必须在完成"核对单筋"后，才可查看钢筋三维视图。

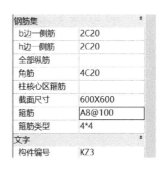

图 3-219　钢筋信息

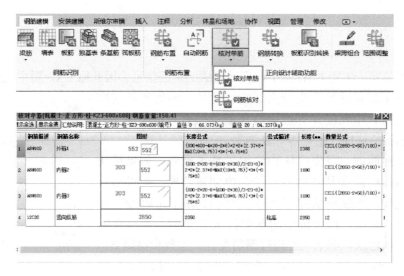

图 3-220　核对钢筋计算式

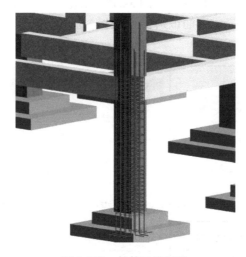

图 3-221　柱筋三维视图

2. 柱筋手动布置

1）单击"钢筋建模"选项卡"钢筋布置"命令→单击柱 KZ3，如图 3-222 所示。

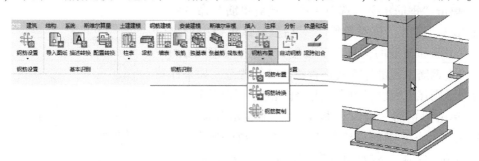

图 3-222　钢筋布置功能选项

2）在弹出的"编号配筋"窗口中，直接在"属性"页面填写柱截面主筋和箍筋信息，或采用已有图集参数法配筋，如图 3-223 所示。

当柱截面钢筋较复杂时，可选择窗口左上方"柱筋平法"功能，在如图 3-224 所示的"柱筋布置"对话框中根据施工图柱表设置钢筋信息，截面主筋和箍筋类型采用右侧工具栏中的命令进行手动布置，布置顺序为先主筋后箍筋。

图 3-223　柱编号配筋窗口

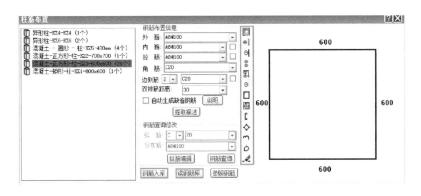

图 3-224　柱筋布置

通过柱筋平法方式设置钢筋时，箍筋类型也可通过"柱筋布置"对话框中"读钢筋库"功能快速布置，在提供的"选择钢筋大样图"对话框中选择符合 KZ3 设计要求的矩形柱截面箍筋图，如图 3-225 所示。

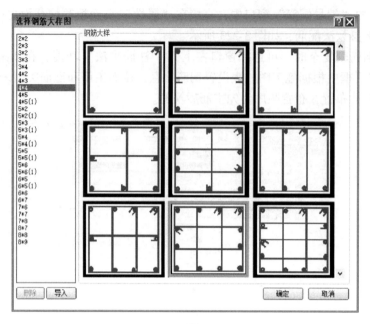

图 3-225　柱截面配筋大样选项

3）完成钢筋设置后，"属性"页面中生成钢筋信息，并显示柱截面钢筋大样图，如图 3-226 所示。构造柱的钢筋布置同结构柱钢筋布置方法。钢筋核对同前述内容。

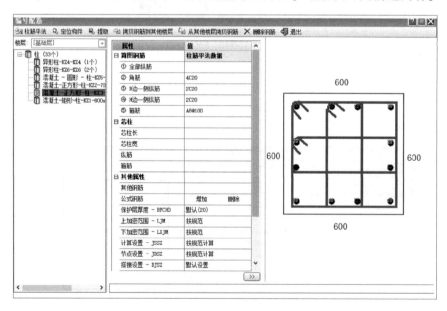

图 3-226　钢筋设置完成

3.7.4　梁筋

1. 梁钢筋识别

在梁钢筋识别前须确认梁结构构件已经创建或识别完成。梁钢筋识别过程须进行钢筋原

CAD 图中钢筋信息描述转换，将原图钢筋符号转换为软件能识别的符号。以案例工程一层框架梁 KL1（2）为例，梁钢筋识别主要步骤如下：

1）单击"钢筋建模"选项卡→单击"梁筋"按钮→弹出钢筋描述转换框，提示转换梁钢筋标注，如图 3-227 所示。软件自动将强度等级为 HPB300 钢筋符号转化为符号 A，HRB335 钢筋符号转化为 B，HRB400 钢筋符号转化为 C，HRB500 钢筋符号转化为 D，冷轧钢筋符号转化为 R。

2）单击"提取"按钮，提取 CAD 施工图中结构梁钢筋的集中标注图层。

3）单击"选梁识别"，选择 KL1（2）模型，识别梁钢筋信息，生成梁筋布置表格，如图 3-228 所示。单击窗口中"布置钢筋"，将钢筋信息布置在结构梁模型中，如图 3-229 所示。

4）单击"钢筋核对"面板下"核对单筋"命令→单击梁 KL1（2），检查该梁中的钢筋工程量计算式。

图 3-227　梁筋标注转换

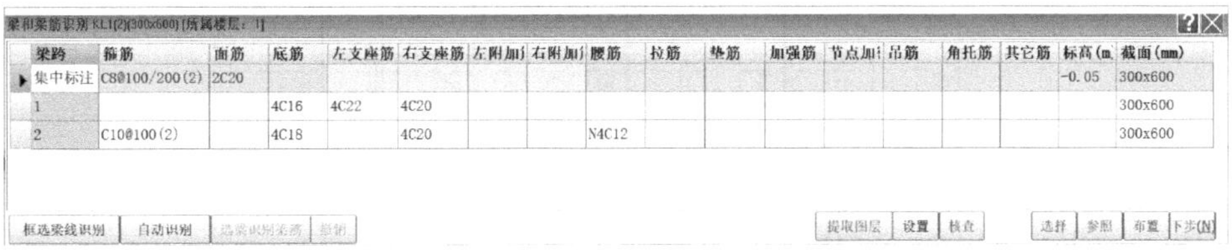

图 3-228　梁钢筋识别

图 3-229　梁钢筋三维视图

2. 梁筋手动布置

当 CAD 施工图个别梁构件信息描述不完善时，可采用手动布置的方式。手动布置梁钢筋的主要步骤如下：

1）单击"钢筋建模"选项卡下"钢筋布置"按钮→单击梁 KL1（2），弹出"梁筋布置"对话框。

2）根据钢筋集中标注和原位标注信息，在列表中填写钢筋信息，如图 3-230 所示。钢筋信息设置完成后单击"布置"按钮，完成 KL1（2）的钢筋布置。

3）单击"钢筋核对"面板下"核对单筋"命令→单击梁 KL1（2），弹出"核对单筋"对话框，检查钢筋信息。过梁、圈梁的钢筋布置方法同结构梁钢筋布置。

梁跨	箍筋	面筋	底筋	左支座筋	右支座筋	腰筋	拉筋	垫筋	加强	节点加	吊筋	角托筋	其它筋	标高 (m	截面(mm)
梁中标注	C8@100/200(2)	2C20												-0.05	300x600
1			4C16	4C22	4C20										300x600
2	C10@100(2)		4C18		4C20	N4C12									300x600

图 3-230　梁筋手动布置

3.7.5 板筋

在现浇混凝土板钢筋布置前须先确认结构梁和板构件已经创建完成。以案例工程项目二层楼面板 1-A 轴线到 1-B 轴线间板为例，如图 3-231 所示。根据案例工程项目施工图说明，现浇板钢筋为 HRB400E（C），未画出的板底钢筋为 C8@200 双向布置，部分未标注板面负筋为 C8@200。由于该现浇板配筋图中只标注了负筋的布置位置，板底部钢筋未标注，因此可采用手动方式布置板底钢筋，采用识别方式布置板负筋，并按先底筋后负筋的顺序进行钢筋布置。

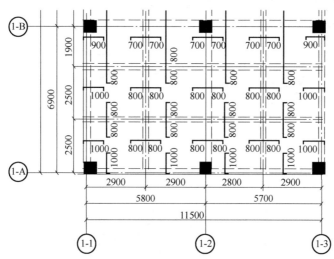

图 3-231　板配筋图

1. 板底筋布置

1）单击"钢筋建模"选项卡下"钢筋布置"按钮→选择板构件，弹出"布置板筋"对话框（见图 3-232），分别列出了现浇板的各种类型钢筋选项以及布置方式。

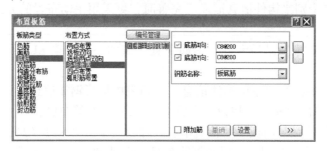

图 3-232　板筋信息设置

选择板筋类型为底筋，根据案例工程项目施工图说明填写各方向底筋信息，三级钢筋按符号"C"输入。当某一型号底筋只在一块板中布置时，单击需要布置钢筋的板；当同一型号钢筋连续布置几块板时，选择"多板布置"方式。本例中选择多板布置方式。

2）选择所要布置板筋的多块板。注意选择的板必须在同一标高，有降板处理的区域需分别布置。

3）在所选板范围内确定钢筋线的起点和终点，软件按设置的钢筋信息自动布置钢筋，如图 3-233 所示。

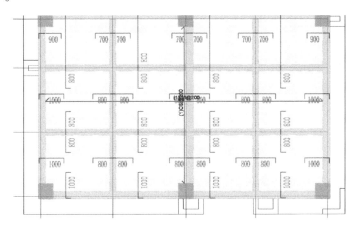

图 3-233　板底钢筋布置

2. 板负筋识别

1）单击"钢筋建模"选项卡"钢筋识别"面板中"板筋"按钮，如图 3-234 所示。

图 3-234　板筋识别功能

2）在如图 3-235 所示的"板筋识别"对话框中单击"提取"按钮，提取 CAD 图中板负筋线图层。单击"编号管理"按钮，完成板负筋信息的设置并保存参数修改，如图 3-236 所示。

图 3-235　提取板筋图层

图 3-236　板筋编号管理

3）在"选线识别/框选识别/自动识别"三种方式中，选择一种识别板负筋。板负筋的分布筋根据"钢筋建模"选项卡上"钢筋设置"功能，选择"自动布置构造分布筋"来完成自动布置，如图 3-237 所示。

图 3-237　构造分布筋自动布置

4）核对钢筋信息，检查所选板钢筋工程量计算式。通过查看"钢筋三维"，显示板筋三维视图，如图 3-238 所示。

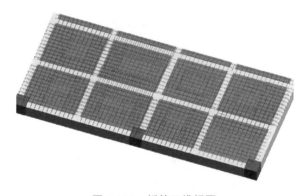

图 3-238　板筋三维视图

3.8　土方工程算量

3.8.1　坑槽土方智能布置

该项目基础由柱下独立基础和基础梁构成，为方便挂接做法可分为基坑布置和沟槽布置两部分。具体步骤如下：

1）首先进行基坑的布置，单击"土建建模"选项卡→单击"智能布置"面板中的"坑槽"按钮，弹出"坑槽智能布置"对话框，选择"独立基础"，坑槽属性可从工程设置中获取，也可自行设置，如图 3-239 所示。

2）单击"确定"按钮，在独立基础四周布置土方，如图 3-240 所示。

图 3-239　"坑槽智能布置" 对话框

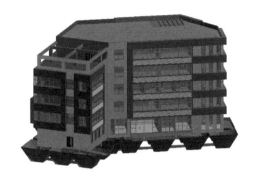

图 3-240　基坑布置完成

3）将布置完成的基坑映射为坑槽（见图 3-241），并进行做法挂接，按照同样的步骤完成沟槽的布置，汇总计算土方工程量。

图 3-241　基坑映射

3.8.2　大开挖土方智能布置

该项目基础由柱下独立基础和基础梁构成，也可以采用大开挖的方式进行布置。具体步骤如下：

1）单击 "土建建模" 选项卡→单击 "智能布置" 面板中的 "大基坑" 按钮。

2）打开 "族类型列表" 窗口，设置大基坑开挖参数，如图 3-242 所示。

3）挂接挖土方清单做法。

4）单击 "布置"，沿基础边界连续绘制闭合的大开挖范围，如图 3-243 所示。

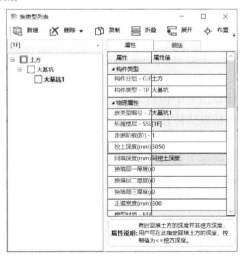

图 3-242　大基坑属性设置

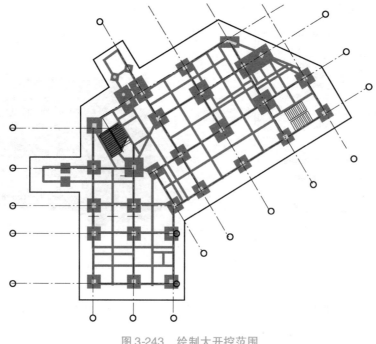

图 3-243　绘制大开挖范围

　　5）布置完成后，按〈Esc〉键结束。大基坑默认从室外地坪开挖，需自行设置挖土深度。

3.9　工程量统计

　　工程量汇总计算及统计，在前述每类构件模型创建和算量内容中均已介绍。实际工程中，可在所有构件都创建完成后，统一进行模型映射和工程量汇总计算。工程模型创建完成后统计进行模型映射时，如有提示少量构件没有完成映射，则需手动调整映射结果。

3.9.1　工程量汇总计算

　　工程量计算结果分为实物工程量和清单工程量。实物工程量是在依据工程设置时选择的工程量计算规范，计算出与创建构件相关的所有项目工程量。例如，混凝土构件实物工程量计算结果中包括混凝土体积，同时也包括该构件的模板工程量；砌体墙实物工程量计算结果包括砌体体积，还包括与砌体墙相关的钢丝网工程量等。清单工程量统计的前提是每一个构件都经过清单做法的挂接。因此，不是所有实物工程量都会出现在清单工程量结果中。为了尽可能不漏掉工程量项目，在构件挂接做法时，可参考软件中所提供的实物工程量数据和部分基础数据。例如，楼面面层工程量汇总计算后，挂接面层工程量清单，可同时挂接楼地面找平层工程量清单，还可以根据垫层厚度与面层面积数据挂接垫层工程量清单等。

　　所有构件创建完成，可通过功能面板上的"工程量汇总计算"，在图 3-244 中选择需要计算的楼层或构件，确定后系统进入计算程序，并显示进度（见图 3-245）。工程量汇总计算完成后，可查看整个工程的实物工程量和清单工程量，可在窗口下方查看选中构件的具体位置和详细工程量计算式。当再次打开工程查看工程量时，不需进行汇总计算，直接单击面板上"统计"功能，查看前一次汇总的计算结果。如有新增构件或修改内容，则需重新汇总计算。

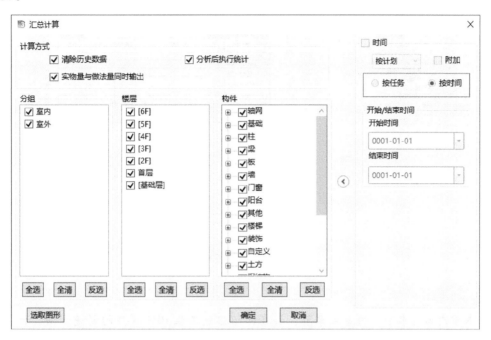

图 3-244　"汇总计算"对话框

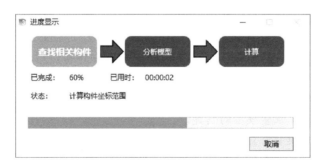

图 3-245　计算进度显示

3.9.2　查看报表与报表导出

工程量统计结果以报表形式输出并打印。通过功能面板上"查看报表"功能，在图 3-246 所示"报表打印"窗口选择所需报表。报表输出结果主要分为汇总表和明细表两大类，可按实物工程量表和清单工程量表分别输出。若构件做法挂接同时也挂接了定额，则在报表中可输出定额汇总表。需要注意的是，钢筋工程量的汇总表和明细表独立列出，分开统计。报表也可另存为 Excel 格式到指定目录。

为了进一步计价的需要，可将软件中的工程量清单文件导出到计价软件中，进行工程单价及总造价的计算。导出及计价方法详见第 7 章内容。

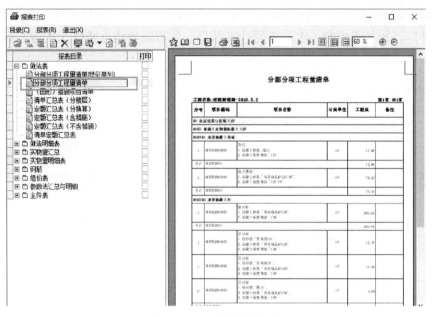

图 3-246　工程量报表打印

本章小结

　　本章内容为本书中的重点章节，旨在介绍建筑工程 BIM 模型的创建方法、计算模型中各构件的工程量的方法，以及生成工程量清单的详细过程。首先介绍了模型创建之前的准备工作，包括对施工图的熟悉、图纸的分块保存、对规范及图集的了解，这些工作是顺利进行下一步创建模型的前提条件。然后，从工程计量的角度，将模型创建分为结构模型、建筑模型、二次构件、钢筋、土方等几部分。结构模型主要以现浇基础、柱、梁、板、楼梯等作为代表构件，建筑模型主要以砌体墙、门窗、楼地面以及装饰面，分别介绍了每一类模型的基础绘制和识别方法。二次构件的设置由于有构造图集参考，采用自动布置的方式以适应快速算量的需求。最后以柱、梁、板钢筋为主介绍钢筋的布置方法以及土方工程量模型的创建。

　　本章强调在创建模型前首先熟悉构件的工程量计算规则和模型创建规则，以避免模型创建的盲目性和对工程量的计算结果缺乏主观判断。每一类构件模型形成同时将工程量进行计算分析，可使读者对项目工程量形成过程有更清晰的了解。

习　　题

1. 简述基于 Revit 模型的工程量计算流程。
2. 模型创建前需对施工图进行如何处理？
3. 标高和轴网的创建分别有哪些方法？
4. 根据施工图完成结构模型的创建，并统计相应构件的工程量。
5. 根据施工图，在结构模型基础上完成建筑模型的创建，并统计相应构件工程量。
6. 在已完成的结构模型基础上，完成各类构件钢筋模型创建并统计工程量。
7. 在已完成的模型基础上，挂接工程量清单做法，并导出工程量报表。

第4章
基于 Revit 软件的安装工程计量

4.1 概述

Revit 软件中集成了建筑、结构、机电（MEP）专业的设计工具，其中机电面向设备及管道系统，主要包括暖通、电气和给排水专业。本章以第 3 章为基础，将案例工程项目的安装工程划分为给排水、电气两个专业工程，依据《建设工程工程量清单计价规范》（GB 50500—2013）和《通用安装工程工程量计算规范》（GB 50856—2013）等规范，基于 Revit 软件的三维算量，介绍手动布置及自动识别构件两种方法创建各专业模型，并对已完成 Revit 模型提取工程量的操作流程。

建模准备：

1）下载案例工程项目施工图，其中包含给排水和电气施工图⊖。

2）浏览图纸，了解项目基本情况。

3）下载相关族库⊜。

4.2 给排水专业模型创建与计量

案例工程项目给排水专业工程包括给水、冷凝水、污水、废水、雨水、消火栓管道等系统，本节在 Revit 中将模型分为管道、管道附件、卫浴装置和给排水设备四类构件，分别介绍模型创建方法。图 4-1 所示为案例工程项目给排水专业工程完成模型图。

4.2.1 工程量计算规则

给排水工程量计算内容包括给水管道、管道附件、卫生器具以及给排水设备等项目。由于模型创建的方法类似，本节将消火栓管道与给排水管道系统合并介绍。

1. 给排水管道

案例工程项目室内给水支管采用聚丙烯给水塑料管（PP-R），给水干管、立管采用双面

⊖、⊜　本书配套施工图、族库、样板文件可登录 https://pan. baidu. com/s/11tCOOaq_5gzWQPn6fCV5cQ（提取码：2121）下载。

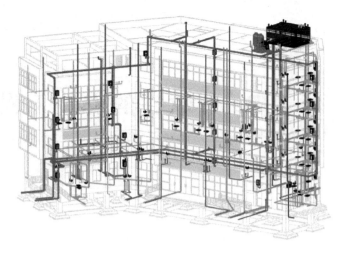

图 4-1　给排水系统模型

衬塑（PSP）钢塑复合压力管。排水管道采用 PVC-U 硬聚氯乙烯排水塑料管，承插粘接。普通雨水管采用 PVC-U 塑料管，承插粘接。给排水管道工程量计算规则见表 4-1。软件将按此规则进行相关构件工程量计算。

表 4-1　给排水管道工程量计算规则

项目编码	名　称	计量单位	工程量计算规则
031001006	塑料管	m	按设计图示管道中心线以长度计算
031001007	复合管		

管道工程量计算不扣除阀门、管件（包括减压器、疏水器、水表、伸缩器等组成安装）及附属构筑物所占长度；方形补偿器以其所占长度列入管道安装工程量。

2. 管道附件

管道附件包括各类阀门、水表、法兰等内容。根据案例工程项目设计说明，所有管道上设置的阀门和附件，其选用材质及公称压力等级均应与相应的管道相适应匹配，生活给水管上采用的阀门，DN≤50mm 者采用铜质截止阀，DN＞50mm 者采用铜质闸阀，公称压力为 1.60MPa。消防管道系统阀门材质采用球墨铸铁型或铸钢型。主要管道附件工程量计算规则见表 4-2。

表 4-2　主要管道附件工程量计算规则

项目编码	名　称	计量单位	工程量计算规则
031003001	螺纹阀门	个	按设计图示数量计算
031003002	螺纹法兰阀门		
031003013	水表	组（个）	

3. 卫生器具

案例工程项目所选用卫生器具均采用陶瓷制品，坐便器采用节水型涡旋式低水箱，值班室蹲便器采用低位水箱蹲便器，采用感应式冲洗阀。洗脸盆和小便器均采用感应式冲洗阀。卫生器具工程量计算规则见表 4-3。

表 4-3　卫生器具工程量计算规则

项目编码	名　　称	计 量 单 位	工程量计算规则
031004003	洗脸盆	组	按设计图示数量计算
031004006	大便器		
031004007	小便器		
031004014	给排水附（配）件		

4. 水灭火系统

案例工程项目采用消火栓灭火系统，室内 ±0.000 以上的架空消火栓给水管采用内外壁热浸镀锌钢管，其中 DN50 的给水管采用螺纹连接，DN > 50mm 的给水管采用沟槽连接件连接或法兰连接。埋地管道采用无缝钢管，沟槽连接件连接。消火栓管道及设备工程量计算规则见表 4-4。

表 4-4　消火栓管道及设备工程量计算规则

项目编码	名　　称	计 量 单 位	工程量计算规则
030901002	消火栓钢管	m	按设计图示管道中心线以长度计算
030901010	室内消火栓	套	按设计图示数量计算

注：室内消火栓包括消火栓箱、消火栓、水枪、水龙头、水龙带接扣、自救卷盘、挂架、消防按钮；落地消火栓箱包括箱内手提灭火器。

5. 给水设备

案例工程项目给水设备包括稳压给水设备和屋顶水箱，工程量计算规则见表 4-5。

表 4-5　给排水设备工程量计算规则

项目编码	名　　称	计 量 单 位	工程量计算规则
031006002	稳压给水设备	套	按设计图示数量计算
031006015	水箱	台	

4.2.2　新建工程

1. 新建给排水工程项目

启动 BIM 三维算量 forRevit 软件程序，进入 Revit 界面，单击"文件"打开应用程序菜单新建项目，在弹出的对话框中单击"浏览"按钮选择"Plumbing-DefaultCHSCHS. rte"即机电样板，单击"确定"按钮，进入绘图操作界面，如图 4-2 所示。

图 4-2　选择机电样板

2. 标高和轴网

为使机电模型与建筑结构模型的项目基点统一，并拥有同一套轴网，机电模型可与建筑结构模型共用一套标高轴网。可以在建筑结构模型标高轴网建立完成后，将该模型链接至机电模型中，通过将链接模型中标高轴网复制，完成标高轴网绘制，以此确保项目基点一致。

（1）链接建筑结构模型　选择功能区"插入-链接 revit"，在弹出的"导入/链接 RVT"对话框浏览选择某医院建筑结构模型，在"定位"栏中选择"自动 – 原点到原点"，单击

"打开"按钮，如图4-3所示。

图4-3　链接建筑结构模型

（2）创建标高　链接建筑结构模型后，选择任一立面视图，将样板中原有标高删除。单击"协作"选项卡上"坐标"面板的"复制/监视"功能选项，选择下拉菜单中的"选择链接"，如图4-4所示。

选中绘图区域链接的建筑结构模型，进入复制监视界面。在"工具"面板中单击"复制"按钮，勾选上"多个"，从右至左框选链接模型的标高线进行复制，单击"完成"即可生成标高。轴网的复制则是进入到平面视图，操作方法与复制标高相同。标高复制顺序如图4-5所示。

图4-4　"复制/监视"功能选项

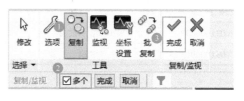

图4-5　标高复制顺序

（3）创建轴网　在"项目浏览器"中双击"1F"进入1F平面视图，单击"建筑"选项卡下"基准"面板中的"轴网"工具，选择"拾取线"命令，拾取链接模型中轴网，修改轴网名称，完成轴网创建后锁定轴网，如图4-6所示。也可采用与标高复制同样的方法快速生成与链接模型完全相同的轴网。

轴网绘制完成后，选择功能区"插入-管理链接"，在弹出的对话框中选中链接文件"某医院建筑结构模型"，单击"删除"按钮，如图4-7所示，在弹出的删除链接的提示对话框中单击"确定"按钮，删除Revit链接模型。

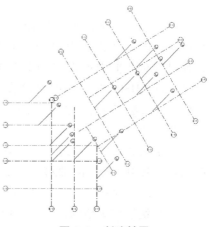

图4-6　创建轴网

图 4-7　删除链接模型

（4）保存文件　单击应用程序下拉按钮，选择"保存"，弹出"另存为"对话框，将名称改为"某医院给排水模型.rvt"，单击"保存"。

3. 工程设置

本章的工程设置同第 2 章，可以修改"工程特征"界面的"安装特征"对安装特征进行设置，这里采用系统默认值。

4.2.3　管道绘制

1. 管道建模规则

管道包括给水、排水和消防管道，以给水管道为例，管道建模规则见表 4-6。对于系统中需要添加管道实例参数，操作方法可参考第 3 章相应内容。

表 4-6　管道建模规则

构 件 类 型	命 名 规 则	命 名 样 例	实 例 参 数
管道	构件类型名称-材质	PSP 钢塑复合压力管	1. 尺寸 2. 系统类型

2. 新建管道系统和添加系统材质

（1）新建管道系统　根据系统图可知在本案例中，生活给水部分设置给水系统、热水系统，在生活排水部分设置冷凝水系统、污水系统、废水系统、雨水系统，消防部分设置消火栓系统。明确所需新建哪些管道系统后，可通过复制软件自带的管道系统中与所需管道系统类似的系统进行管道系统创建。

打开"某医院给排水模型.rvt"，在"项目浏览器"中，打开"族"下拉列表，展开"管道系统"下拉列表，右击"循环回水"，复制该系统并重命名为"生活给水"，如图 4-8 所示。

新建的管道系统会延续先前的系统分类，双击新建的"生活给水"，在弹出的"类型属性"对话框中可以看见系统分类默认为"循环回水"，如图 4-9 所示。

图 4-8　新建管道系统

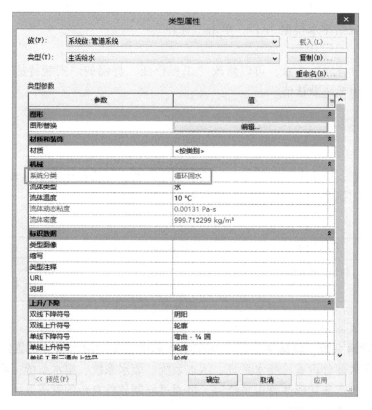

图 4-9　生活给水系统类型属性

依次新建其他管道系统时，应选择功能类似的系统进行复制。热水系统用"循环供水"复制并重命名，废水系统和污水系统用"卫生设备"复制并重命名，冷凝水系统、雨水系统用"其他"复制并重命名。

（2）添加系统材质　给排水专业包含多个系统，需要为不同的系统添加材质并修改材质颜色用以区分系统。以案例工程项目给排水管道系统为例，可按以下步骤对其进行材质添加：

1）双击"项目浏览器"中"给水系统"，在如图 4-9 所示的"类型属性"对话框中单击"图形"选项下"图形替换"的"编辑"。在弹出的"线图形"对话框中将"填充图案"设为"实线"，将"颜色"设为"绿色"，RGB 值分别设置为"0、255、0"，如图 4-10 所示。注意此处修改的是给水系统构件的轮廓线颜色。

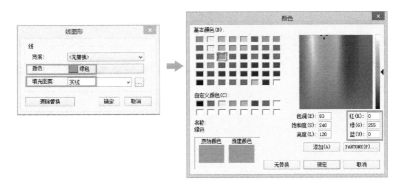

图 4-10　设置颜色

2）在"类型属性"对话框编辑系统的材质，单击"材质与装饰"选项…后进入"材质浏览器"对话框，如图 4-11 所示。打开"材质浏览器"对话框左下角 "创建并复制材质"下拉列表，选择"新建材质"，右击新建的材质并重命名为"给水系统"。

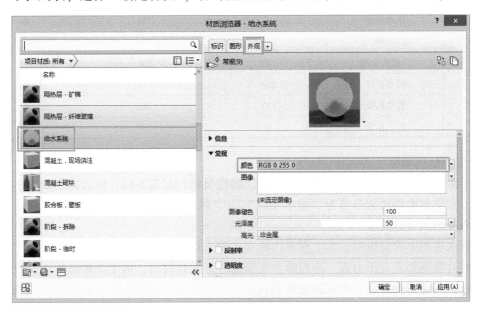

图 4-11　设置外观

3）选择"外观"面板，将"常规"特性下的颜色设为绿色，即红（R）、绿（G）、蓝（B）值分别为 0、255、0。在"图形"面板下勾选"使用渲染外观"，如图 4-12 所示。单击两次"确定"按钮。

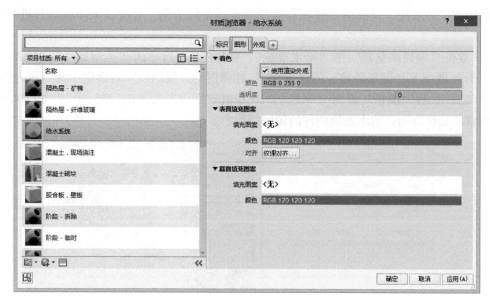

图 4-12　设置图形

用同样的方式为冷凝水系统、污水系统、废水系统、雨水系统和消火栓系统添加材质并修改材质颜色，各系统颜色值可按表 4-7 的数值进行设置。

表 4-7　各系统颜色值

类　　型	系 统 名 称	红（R）	绿（G）	蓝（B）
给排水	给水系统	0	255	0
	消火栓系统	255	0	0
	冷凝水系统	102	204	255
	污水系统	204	153	0
	废水系统	153	102	0
	雨水系统	0	108	0

3. 新建管道类型

由于给排水专业各个系统的用途、功能、特性及结构材质不同，所以需要新建不同的管道类型。本案例中给水部分分为"给水系统"和"热水系统"，因此需要分别新建给水管和热水管两种给水管道类型。

根据水施图中管材说明，本工程室内给水支管采用聚丙烯给水塑料管，给水干管、立管采用双面衬塑钢塑复合压力管。冷热给水支管需分开设置材质，由于在系统默认管段中没有这些材质，因此需要按以下步骤新建管道材质：

1）单击"系统"选项卡下"管道"按钮，如图 4-13 所示。

2）在"属性"选项板中单击"编辑类型"，在弹出的"类型属性"对话框中，单击"复制"按钮，根据管道的命名规则，将新的管道类型命名为"PSP 钢塑复合压力管"，单击"确定"按钮退出，如图 4-14 所示。

3）在新建的"PSP 钢塑复合压力管""类型属性"对话框中，单击"布管系统配置"

图 4-13 "管道"按钮

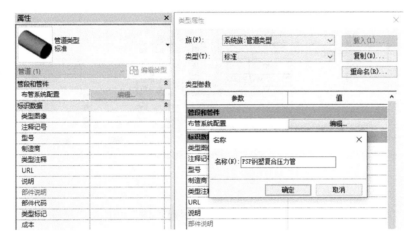

图 4-14 新建管道

选项的"编辑",弹出"布管系统配置"对话框,在"布管系统配置"对话框中单击"管段和尺寸",如图 4-15 所示。

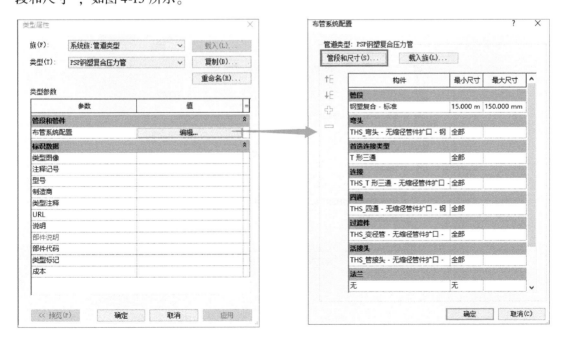

图 4-15 布管系统配置

4）在弹出图 4-16 所示的"机械设置"对话框中，选择"管段"下拉列表中"钢塑复合-CECS 125"。在"尺寸目录"表中如果没有该管材对应的尺寸数据，可新建尺寸，尺寸的"公称""ID""OD"可查规范获得。

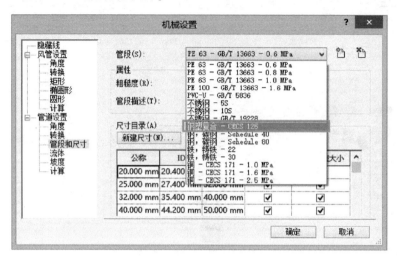

图 4-16 "机械设置"对话框

5）单击"机械设置"对话框的右上角 📄 "新建管段"，进入"新建管段"对话框，如图 4-17 所示。在"新建管段"对话框中，有 3 种新建方式，包括：①自定义材质，规格/类型和尺寸目录都使用软件默认；②自定义管道规格/类型的名称，材质和尺寸目录都使用软件默认；③自定义材质和管道规格/类型的名称，尺寸目录都使用软件默认。

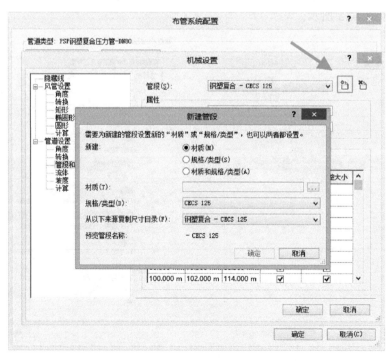

图 4-17 "新建管段"对话框

6）本案例中选择"规格/类型"的新建方式，在"规格/类型"选项输入"标准"，单击"确定"确定，如图 4-18 所示。

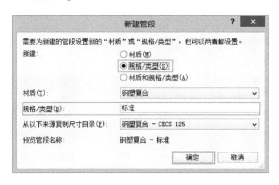

图 4-18　新建规格/类型

7）单击两次"确定"按钮返回到"布管系统配置"对话框中进行管件的设置。根据施工图说明，PSP 钢塑复合压力管管径不大于 50mm，采用卡压连接；PSP 钢塑复合压力管管径大于 50mm，采用无缩径管件扩口连接。单击"载入族"命令按钮，在弹出的"载入族"对话框中选择本书配套的族库文件夹，选择"管件"文件夹里所有名称带"无缩径管件扩口-钢塑复合管"及"卡压-钢塑复合管"的族，单击"打开"按钮，如图 4-19 所示。

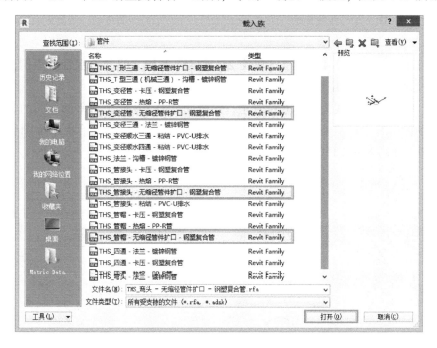

图 4-19　选择管件族

8）回到"布管系统配置"对话框中，将管件替换为刚新建的管段，如图 4-20 所示设置管件，单击两次"确定"按钮，完成管道类型的设置。

其他类型的管道设置同上述管道类型设置类似，按施工说明的要求以及管道命名规则正确设置，不再赘述，部分管道类型如图 4-21 所示。

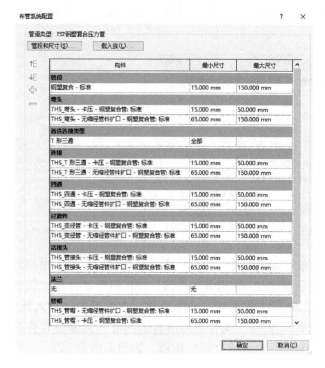

图 4-20　管件替换

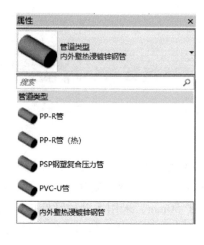

图 4-21　部分管道类型

4. 创建管道

以案例工程项目一层 2-4 轴至 2-5 轴交 2-A 轴至 2-B 轴之间的给水管道为例，管道创建包括横管、立管和三通、四通等内容。

标识为 "--J--" 的管线为给水系统管道，绘制起点为一层给排水平面详图的 2-4 轴至 2-5 轴交 2-A 轴标出的 "接室外给水管网" 处，如图 4-22 所示。查看给水系统图可知入户管管径为 DN80，标高为 -1.150m，即管道的偏移量为 -1150mm，如图 4-23 所示。

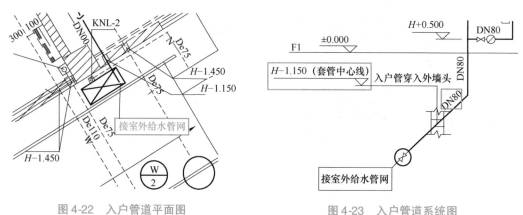

图 4-22　入户管道平面图　　　　　　　　　　图 4-23　入户管道系统图

（1）导入 CAD 施工图　展开 "项目浏览器" 的 "楼层平面"，双击 "1F" 进入 1F 平面视图。选择功能区的 "插入-链接 CAD"，在弹出的对话框中选择 "一层给排水" CAD 图，并修改导入设置，如图 4-24 所示。选中导入的图纸，单击图标 解锁图纸，用对齐（AL）

命令，以轴网为基准把导入的图纸轴网与项目中的轴网对齐，对齐后选中图纸进行锁定。

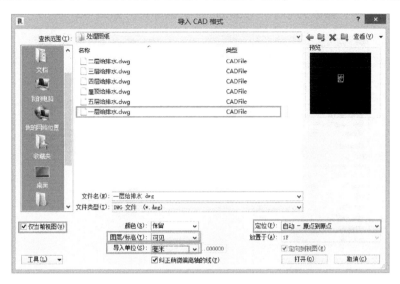

图 4-24　导入一层给排水平面图

（2）管道属性设置　在"系统"选项卡下的"卫浴和管道"面板中单击"管道"按钮。在"属性"选项板内选择"PSP 钢塑复合压力管"管道类型，将"属性"选项板中的"系统类型"修改为"给水系统"。设置绘制参数，直径为 80.0mm，偏移量为 –1150.0mm，如图 4-25 所示。修改偏移量的数据后，按下键盘的〈Enter〉键完成设置，避免移动指针导致偏移量改变。设置完成之后在绘图区域布置水管。

（3）绘制管道

1）根据 CAD 底图给水管的走向，单击绘制横管，完成一段管道的绘制后，弹出图 4-26 所示的提示，由于"1F"视图平面默认的视图范围为"1F"标高以上的图元可见，而给水管进户管道的标高为"1F"标高向下偏移 1150mm，因此需要修改视图范围。

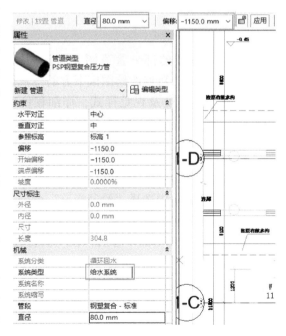

图 4-25　管道属性设置

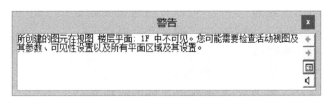

图 4-26　图形显示警告窗口

2）按两次〈Esc〉键取消管道命令，单击"属性"选项板中"视图范围"的"编辑"，修改底部和标高偏移，修改为小于 −1150mm 的数据即可，如图 4-27 所示。

图 4-27　修改视图范围

3）绘制完成的部分管道图元默认为线条。为方便绘制管道，可修改绘图区下方的"视图控制栏"的详细程度及视觉样式，详细程度改为"精细"，视觉样式改为"着色"，如图 4-28 所示。

图 4-28　修改视觉样式

4）根据给水系统图可知，从标高 − 1.150m 至标高 0.500m 的立管以及直径为 DN80。选中刚绘制好的横管，在端口点右击，在菜单中选择"绘制管道"命令（见图 4-29），此时系统默认延续使用原管道类型，紧接着刚才绘制的管道末端绘制，绘制到 JL-1 的中心后，在"放置管道"的选项栏里修改"偏移"为"500mm"，向前绘制，系统将自动生成立管，按两次〈Esc〉键退出管道命令。

5）根据给水系统图，JL-1 从 F1 往上 0.5m 至 F2 往上 0.5m 的管道直径为 DN65。切换到三维视图绘制 JL-1，单击选择自动生成的弯头，可以看到在弯头另外两个方向会出现两个" + "，单击图中所示位置的" + "，可以看到弯头变成了三通，如图 4-30 所示。同样，单击选中三通，会出现" − "，单击" − "，三通可以变为弯头。

6）选中生成的三通，右击三通上侧的端口点，在菜单中选择"绘制管道"命令，修改管道类型为"PSP 钢塑复合管"，直径为"65.0mm"，偏移量为"4400.0mm"，双击"应

图 4-29　"绘制管道"命令

用"，生成立管，如图 4-31 所示。

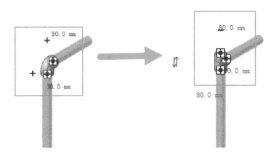

图 4-30　管件转换

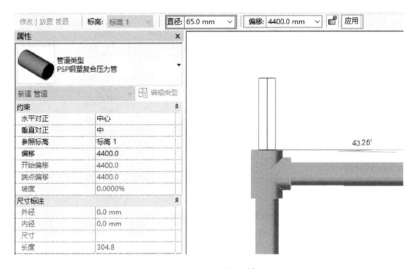

图 4-31　绘制立管

依次按此方法绘制排水管道和消火栓管道，完成的管道三维模型视图如图 4-32 所示。

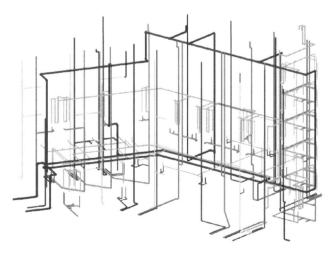

图 4-32　完成的管道三维模型视图

5. 模型映射

管道工程计算汇总前，应首先将模型映射为工程量计算能识别的类型，具体步骤如下：

1）选择"斯维尔算量"下的"模型映射"，弹出"模型映射"窗口，检查左侧 Revit 模型是否与右侧算量模型正确映射，如图 4-33 所示。

2）以"管件"为例，选中"THS_T 形三通-卡压-钢塑复合管"的"标准"一栏，单击 ... 可以自定义类型，弹出"类别设置"对话框，如图 4-34 所示。在"类别设置"对话框中"专业分类"选择"水"，"转换类别"选择"管道三通"，"子类别"默认只有"管道三通"，单击"确定"按钮。依次将后续所有管件的映射算量模型设置正确。

图 4-33 "模型映射"窗口

图 4-34 "类别设置"对话框

6. 做法挂接

根据《通用安装工程工程量计算规范》（GB 50856—2013）为给水、排水管道挂接做法，需区分材质和管径，PP-R 管、PVC-U 管、PVC-U 专用塑料雨水管套项目编码为 031001006 的塑料管，PSP 钢塑复合压力管套项目编码为 031001007 的复合管；消防管道套项目编码为 030901002 的消火栓钢管。依次将各类管道挂接相应的工程量清单编码。

选择"斯维尔算量"下的"族类型表"，弹出"族类型列表"窗口，默认楼层为"基础层"，展开"管道"，选中"PSP 钢塑复合压力管"，选择窗口上方的"做法"，在右侧的"清单指引"下依次展开"给排水、采暖、燃气工程——给排水、采暖、燃气管道"，双击"复合管"（见图 4-35），将项目名称修改为"PSP 钢塑复合压力管-DN80"。将做法复制到其他楼层，关闭窗口。

7. 绘制管道的技巧

（1）自动生成管件 当不便于使用前述的方式生成管道三通时，可以采用让系统自动生成三通或四通的方法。先绘制一段横管，再单击绘制与之相交的另外一段竖管的起始点，当横管高亮显示时单击绘制竖管的终点，系统将自动生成三通，当竖管超过横管时，系统会自动生成四通，如图 4-36 所示。

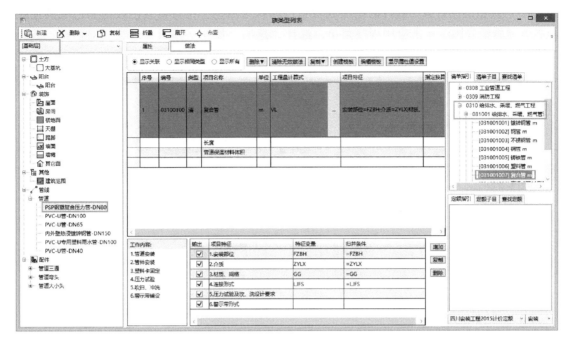

图 4-35　管道做法挂接

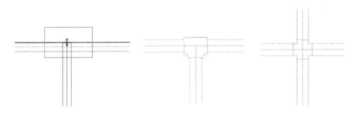

图 4-36　自动生成管件

（2）调整管件　在绘制管道的过程中可能会遇到管道过短或者生成三通、四通空间不足，导致无法生成管件，以 1-2 轴与 1-3 轴交 1-A 轴与 1-B 轴的左边卫生间靠右边墙冷水管为例，在这个位置的管道过短无法生成弯头，可以将过短的管道适当画长，生成弯头后选中弯头，按键盘上的向左或向右键可调整管道长度，当弹出如图 4-37 所示的对话框，停止调整，选择对话框的"取消"按钮。

图 4-37　调整管件

（3）调整绘图背景　软件的绘图区背景色默认为白色，可将背景色改为黑色或其他颜色，方便看清底图。单击应用程序菜单，选择"选项"按钮，弹出"选项"对话框，选择"图形"，修改背景颜色，如图 4-38 所示。

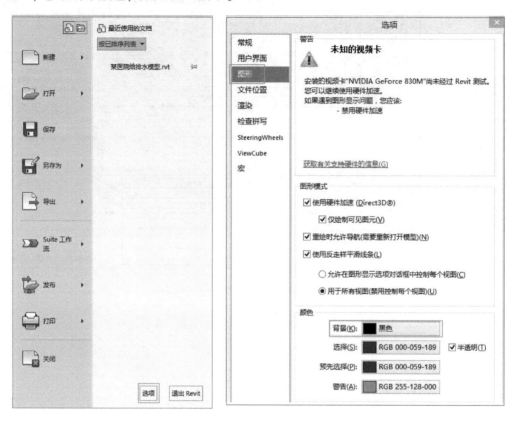

图 4-38　修改绘图背景

4.2.4　管道识别

以一层给排水平面图 1-2 轴到 1-3 轴交 1-A 轴到 1-B 轴的 WD-1 管道为例，根据一层给排水支管轴测图可知 WD-1 出户管的标高为 – 1.45m，管径 De110（DN100）。

1. 导入图纸

选择"安装建模"下的"导入图纸"，导入"一层给排水"施工图。将图纸与轴网对齐，选中图纸，锁定图纸。

2. 管道识别

1）选择"安装建模"下的"管道"按钮，弹出"重复类型"对话框（见图 4-39），单击"确定"按钮，再次弹出"重复类型"对话框，单击"确定"按钮。

2）在图 4-40 所示"连管设置"对话框中，采用系统默认值，单击"确定"按钮。

3）弹出"识别管道"对话框，单击"提取"按钮，在绘图区选择 CAD 底图的管线。提取管线完成后，CAD 底图中被提取的管线将被隐藏，对话框中的"管道图层"下显示"PIPE-污水"。将"材质"改为"PVC-U 排水管"，"公称直径"改为"100"，"安装高度"

改为"-1450","安装标高"自动换算为"-1.45",如图 4-41 所示。

图 4-39　"重复类型"对话框

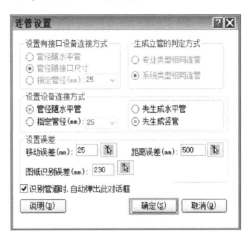

图 4-40　"连管设置"对话框

图 4-41　管道识别设置

4）框选刚提取的底图,自动识别管道。关闭"识别管道"对话框,修改详细程度改为"精细",可看见识别完成的管道中部分管件未生成,如图 4-42 所示。

5）调整有问题的管道,使之连接生成管件。基于 PVC-U 排水管-DN100 创建 PVC-U 排水管-DN50,将 DN100 的管道类型修改为 PVC-U 排水管-DN50,修改完成的模型如图 4-43 所示。

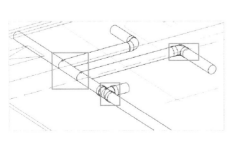

图 4-42　识别管道

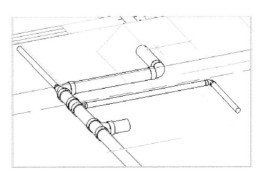

图 4-43　调整管道

4.2.5 卫浴装置绘制

1. 卫浴装置建模规则

卫浴装置包括各类便器、洗脸盆、洗手盆、地漏等卫生洁具。卫浴模型创建规则见表4-8。对于系统中没有的类型参数和实例参数，添加方法可参考第3章相应内容。

表4-8 卫浴装置建模规则

构 件 类 型	命 名 规 则	命 名 样 例	实 例 参 数
大便器 小便器 洗脸盆	设备名称	大便器 小便器 洗脸盆	系统类型
地漏	设备名称	地漏	1. 尺寸 2. 系统类型

2. 地漏

以一层给排水平面图中2-4轴至2-5轴交2-C轴至2-D轴之间的地漏为例，根据一层给排水支管轴测图中 WD-2 可知，地漏的标高为 1F，与地漏相连的污水管标高为 – 1.450m。

1）选择功能区"插入-载入族"命令，选择"卫浴装置"文件夹里的"THS_排水点_排水漏斗"，单击"打开"按钮将其载入到项目中。

2）进入 1F 平面视图，选择功能区"系统-卫浴装置"命令，在"属性"选项板下拉选项选择"THS_排水点_排水漏斗"下的 65mm 类型，可以看到"属性"选项板中排水漏斗的标高默认为 1F，偏移量为 0.0，如图 4-44 所示。

3）在绘图区将指针移动至管道处，当管道高亮显示时，放置排水漏斗，如图 4-45 所示。

图 4-44 地漏属性框

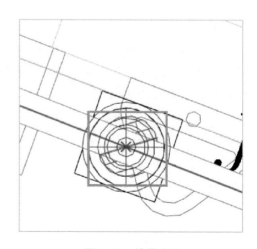

图 4-45 放置地漏

4）选中排水漏斗，单击"修改"选项卡上"连接到"功能选项（见图4-46），选择需要连接的水平污水管，连接后的排水漏斗与污水系统设置的颜色相同，排水漏斗连接管道后的模型三维视图效果如图 4-47 所示。

图 4-46　连接功能

图 4-47　连接后的三维视图

3. 洗脸盆

卫浴装置以一层给排水平面图中 1-2 轴至 1-3 轴交 1-B 轴至 1-C 轴之间诊断室的洗脸盆为例，根据一层给排水支管轴测图中诊断室位置给水支管图可知，洗脸盆角阀的安装高度为距地 500mm。由相关卫生器具安装图集可知洗脸盆的安装高度为距地 800mm。

1）选择功能区"插入-载入族"命令，选择"卫浴装置"文件夹里的"THS_卫生洁具_洗脸盆"族文件，单击"打开"按钮将其载入到项目中。

2）进入 1F 平面视图，选择功能区"系统-卫浴装置"命令，在"属性"选项板下拉选项选择"THS_卫生洁具_洗脸盆"下的默认类型，将偏移量改为 800mm，在绘图区相应位置单击放置。通过空格键调整卫生洁具的放置方向，使其与底图位置基本相同。

大便器和小便器的放置方式同洗脸盆，在此不再赘述。绘制完成的模型如图 4-48 所示。

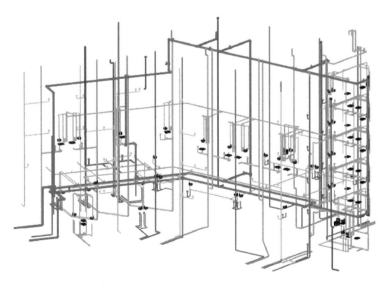

图 4-48　给排水系统完成的模型

4. 模型映射及做法挂接

根据《通用安装工程工程量计算规范》（GB 50856—2013），依次对卫生器具进行模型映射和做法挂接，方法同 4.2.3 节。地漏挂接项目编码为 031004014 的给、排水附（配）

件；洗脸盆挂接项目编码为 031004003 的洗脸盆；大便器挂接项目编码为 031004006 的大便器；小便器挂接项目编码为 031004007 的小便器。

4.2.6 卫浴装置识别

以一层给排水平面图的洗脸盆为例，根据给排水轴测图可知洗脸盆的偏移量为 800mm。

1）选择"安装建模"下的"设备"按钮，弹出"识别"和"选择构件类型"对话框，在"选择构件类型"对话框中"类别"选择"设备"，"类型"选择"卫生洁具"，"名称"选择"洗脸盆"，单击"确定"按钮，如图 4-49 所示。

2）在如图 4-50 所示"识别卫生洁具"的对话框中，将"安装高度"改为"800"，单击"设备二维示意图"下的"提取"按钮，框选 CAD 底图洗脸盆对应的图例，按〈Esc〉键取消，单击左下角的"识别设备"按钮。

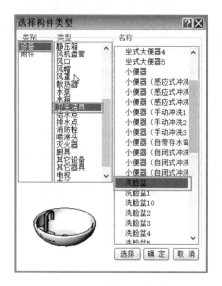

图 4-49 选择卫生器具

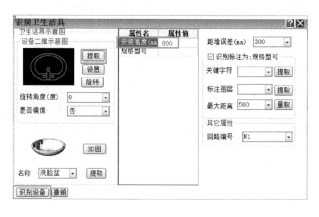

图 4-50 "识别卫生洁具"对话框

3）在绘图区框选整个图纸，自动生成洗脸盆，生成的模型如图 4-51 所示。

识别其他构件选择族时，继续在"识别卫生洁具"对话框中单击"3D 图"按钮，可调出"选择构件类型"对话框，选择所需大便器和小便器等卫生洁具，识别方法同洗脸盆，在此不再赘述。

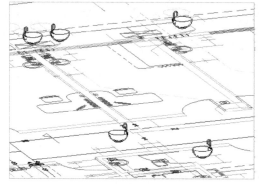

图 4-51 洗脸盆模型三维视图

4.2.7　管道附件绘制

1. 管道附件建模规则

管道附件包括各类阀门、水表、过滤器、倒流防止器等，建模规则见表 4-9。系统中没有的类型参数和实例参数，添加方法参考第 3 章相应内容。

表 4-9　管道附件建模规则

构 件 类 型	命 名 规 则	命 名 样 例	实 例 参 数
管道阀门 水表 过滤器 倒流防止器	设备名称-公称直径	截止阀-25mm 水表-25mm	1. 尺寸 2. 系统类型

2. 阀门

基于前面已绘制好的管道模型，为管道放置阀门。以 2-4 轴到 2-5 轴交 2-A 轴到 2-B 轴的水井处的阀门为例，根据水施图中关于阀门及附件说明，生活给水管上的阀门采用铜质阀门，DN≤50mm 者采用螺纹连接，DN＞50mm 者采用卡箍连接。

1）单击功能区"插入-载入族"命令，选择"管道附件"文件夹里的"THS_管道阀门_闸阀"，单击"打开"按钮将截止阀载入到项目中。

2）双击"楼层平面"的 1F，选择功能区"系统-管路附件"命令，在"属性"选项板下拉选项选择"THS_管道阀门_闸阀"。修改"属性"选项板中阀门的公称直径，保持与管道尺寸相同。

3）不需修改阀门的偏移量，在绘图区将指针移动至管道处，当管道出现高亮显示的线时单击放置到管道上（见图 4-52），阀门会自动与管道相连，连接后的阀门与给水系统设置的颜色相同。转到三维视图，查看效果如图 4-53 所示。

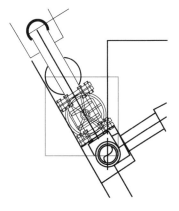

图 4-52　放置阀门

图 4-53　阀门三维视图

按同样的方法放置其余阀门和水表等附件。

3. 通气帽

通气帽属于排水管道系统管件，其个数不计入清单工程量中。以废水系统 FL-0 上的通气帽为例，根据废水系统图可知与之相连的管道直径为 De75，公称直径为 DN75，通气帽直径与管道相同，为 DN75，通气帽距不上人屋面 700mm，如图 4-54 所示。

1）选择功能区"插入-载入族"命令，选择"管道附件"文件夹里的"THS_排水点_通气帽"，单击"打开"按钮将其载入到项目中。

2）切换到三维视图，选择功能区"系统-管道附件"命令，在"属性"选项板下拉选项选择"THS_排水点_通气帽"下的 75mm 类型，可以看到"属性"选项板中通气帽的标高默认为 1F，偏移量为 0.0，这里不做修改，将通气帽放置在管道顶部即可。

3）将指针移至绘图区 FL-0 立管的顶部，管道高亮显示时单击放置。放置后的通气帽颜色与废水系统设置的颜色相同，通气帽放置三维视图如图 4-55 所示。

4）用同样的方法放置雨水斗、清扫口等附件。

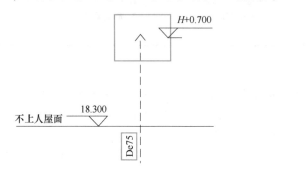

图 4-54 透气帽安装高度示意图

图 4-55 通气帽放置三维视图

4. 模型映射及做法挂接

依次对管道附件进行模型映射，方法同 4.2.3 节。根据《通用安装工程工程量计算规范》（GB 50856—2013），通气帽、雨水斗为管件不计入工程量，不需套做法。本案例中的截止阀、逆止阀挂接项目编码为 031003001 的螺纹阀门，闸阀、蝶阀挂接项目编码为 031003003 的焊接法兰阀门；水表挂接项目编码为 031003013 的水表；清扫口挂接卫生洁具下项目编码为 031004014 的给、排水附（配）件。

4.2.8 管道附件识别

管道附件的识别方式可参照"4.2.6 卫浴装置识别"。

4.2.9 给排水设备绘制

1. 给排水设备建模规则

给排水设备包含消防水箱、消防增压稳压水泵和消火栓箱。在 Revit 中使用"机械设备"的命令绘制，消火栓箱的清单工程量归属于水灭火系统的消火栓，为了方便理解，在本书中将消火栓箱放在给排水设备中。给排水设备建模规则见表 4-10。

表 4-10 给排水设备建模规则

构件类型	命名规则	命名样例	实例参数
水箱	设备名称	消防水箱	1. 尺寸 2. 系统类型
水泵	设备名称-设备型号	变频供水泵（商）-AAB200/0.75－4（立式）	
消火栓	设备名称	室内消火栓	

2. 消防水箱

消防水箱位于屋顶，根据消火栓给水系统图可知，消防水箱的公称容积为 60m³，有效容积为 18.2m²，尺寸为 $LBH = 4000mm \times 3500mm \times 2000mm$。

1）选择功能区"插入-载入族"命令，选择"机械设备"文件夹里的"消防水箱"，单击"打开"按钮将其载入到项目中，如图 4-56 所示。

2）进入 6F 平面视图，选择功能区"系统-机械设备"命令，在"属性"选项板下拉选项选择"消防水箱"，将偏移量改为 600.0mm，按照底图在绘图区单击放置，通过空格键调整构件的方向，使构件方向与底图相同。放置完成后，切换三维视图，查看效果如图 4-57 所示。

图 4-56　载入水箱设备族

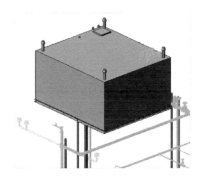

图 4-57　消防水箱三维视图

3. 消防增压稳压水泵

消防增压稳压水泵位于屋顶，根据屋顶给排水详图可知，消防增压稳压水泵的型号为 ZW（L）-I-X-13。

1）选择功能区"插入-载入族"命令，选择"机械设备"文件夹里的"消防增压稳压水泵"，单击"打开"按钮将其载入到项目中。

2）进入 6F 平面视图，选择功能区"系统-机械设备"命令，在"属性"选项板下拉选项选择"消防增压稳压水泵"，偏移量默认为 0.0，不做修改，按照底图在绘图区单击放置，通过空格键调整构件的方向，使构件方向与底图相同。放置完成后的消防稳压泵如图 4-58 所示。

3）选中消防增压稳压水泵，可以看到水泵的拖曳点，右击离消防管道最近的拖曳点，在菜单中选择"绘制管道"，如图 4-59 所示。

4）在"属性"选项板中选择"内外壁热浸镀锌钢管-DN150"的消防管道类型，系统类型为"消火栓系统"，

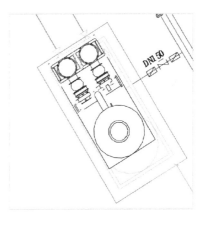

图 4-58　放置水泵

设置绘制参数直径为"150.0mm"，偏移量为"0.0mm"，如图 4-60 所示。

5）将指针移动至消防管道，当与消防管道垂直且消防管道高亮显示时，单击绘制管道终点，如图 4-61 所示。绘制完成后，消防增压稳压水泵颜色与消火栓系统设置的颜色相同。

图 4-59 选择"绘制管道"

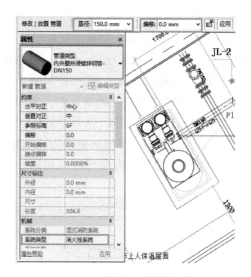

图 4-60 设置水泵管道属性

6）选择"修改-对齐"命令，将刚绘制的消防管道中心线与底图对齐，完成后的模型三维视图如图 4-62 所示。

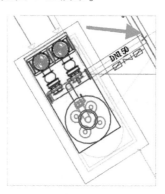

图 4-61 绘制水泵管道

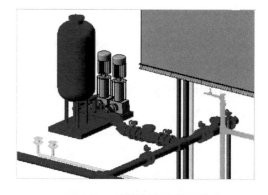

图 4-62 消防水泵三维视图

4. 消火栓箱

以一层给排水平面图中 1-2 轴至 1-3 轴交 1-C 轴至 1-D 轴之间的消火栓箱为例，结合消火栓系统图可知从左至右第二个消火栓箱对应平面图上的消火栓箱，消火栓箱离地面 1.100m 高，与消火栓箱相连的横管离地 0.780m，管径为 DN65，如图 4-63 所示。

1）选择功能区"插入-载入族"命令，选择"机械设备"文件夹里的"消火栓箱"，单击"打开"按钮将其载入到项目中。

2）三维视图中可查看与消火栓箱相连的立管底端偏移量为 780.0mm，如图 4-64 所示。切换到 1F 平面视图，选择"系统-管道"命令，选择"内外壁热浸镀锌钢管-DN65"的消防管道类型，系统

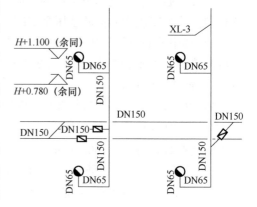

图 4-63 消火栓给水系统图

类型为"消火栓系统"。设置绘制参数直径为"65.0mm"，偏移量为"780.0mm"。

3）以立管的中心为起点，绘制如图 4-65 所示的 DN65 水平管道。

4）选择功能区"系统-机械设备"命令，在"属性"选项板下拉选项选择"消火栓箱"，修改偏移量默认为 1100.00mm，按照底图在绘图区单击放置，通过空格键调整构件的方向，使构件方向与底图相同。放置完成后的消火栓箱如图 4-66 所示。

图 4-64　消火栓管道偏移量

图 4-65　绘制消火栓管道

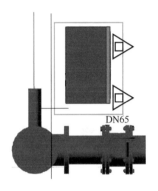

图 4-66　完成后的消火栓箱

5）选中消火栓箱，单击上方的"连接到"命令，弹出"选择连接件"对话框，默认选择"连接件 1：未定义：圆形：65mm"，单击"确定"按钮，如图 4-67 所示。

6）选择刚绘制的水平管，消火栓箱与管道连接。消火栓箱模型平面和三维视图如图 4-68 所示。

图 4-67　"选择连接件"对话框

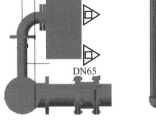

图 4-68　消火栓箱模型平面及三维视图

5. 模型映射及做法挂接

依次对管道附件进行模型映射，方法同 4.2.3 节。根据《通用安装工程工程量计算规范》（GB 50856—2013），消防水箱挂接项目编码为 031006015 的水箱；消防增压稳压水泵挂接项目编码为 031006002 的稳压给水设备；消火栓箱挂接水灭火系统下项目编码为 030901010 的室内消火栓。

4.2.10　给排水设备识别

给排水设备的识别方式可参照 4.2.6 小节卫浴装置识别方法。在"选择构件类型"对话框中"类别"选择"设备"。识别消防水箱时,"类型"选择"水箱","名称"选择"水箱",如图 4-69 所示;识别消防增压稳压水泵时,"类型"选择"水泵","名称"选择"水泵";识别消火栓箱时,"类型"选择"消防栓","名称"选择"标准",如图 4-70 所示。

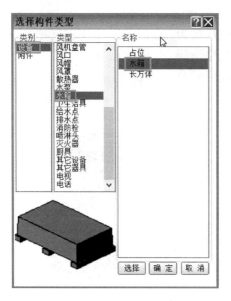

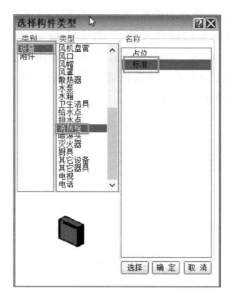

图 4-69 识别水箱选项   图 4-70 识别消火栓箱选项

4.2.11 工程量计算汇总

本章的汇总计算及报表输出方法同第 3 章,工程量通过实物量表和清单量表的方式呈现。图 4-71 所示为管道工程实物工程量汇总表。

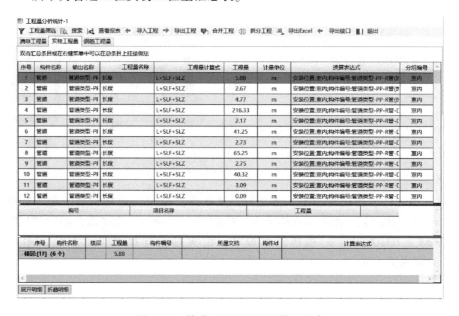

图 4-71 管道工程实物工程量汇总表

4.3　电气专业模型创建与计量

案例工程项目中的电气专业工程施工图包括强电、弱电及火灾自动报警几个系统，本节主要对强电部分模型及工程量进行介绍。由于电气专业工程管线繁多，通过 Revit 软件将模型主要分为桥架、配电箱、开关插座和灯具几部分进行介绍。模型完成后的映射和做法挂接方法同前述章节，此节不再介绍。

4.3.1　工程量计算规则

1. 桥架及线槽

案例工程项目中强电电缆、导线主要采用桥架和配管方式敷设。由楼层总配电箱引至各室内照明配电箱的回路线缆，走道内沿金属桥架敷设，出桥架后穿 PC 管暗敷设。各楼层的室内照明、插座回路均采用 PVC 管暗敷设，应急照明配电箱出线穿 SC15 管暗敷设。消防工程中线缆明敷时采用封闭式金属线槽。根据工程量计算规范，电缆桥架工程量计算规则见表 4-11。

表 4-11　电缆桥架工程量计算规则

项目编码	名　称	计量单位	工程量计算规则
030411002	线槽	m	按设计图示尺寸以长度计算
030411003	桥架		
030411006	接线盒	个	按设计图示数量计算

2. 控制设备及低压电器安装

控制设备及低压电器包括各类配电箱、配电柜、照明开关、插座等。案例工程项目中楼层配电箱安装在电井内，动力箱、照明配电箱、控制箱在竖井内隔墙上明装，底边距地1.5m。其他配电箱均为暗装，安装高度为底边距地 1.6m。明开关、插座均暗装，开关底边距地 1.3m。控制设备及低压电器工程量清单计算规则见表 4-12。

表 4-12　控制设备及低压电器工程量计算规则

项目编码	名　称	计量单位	工程量计算规则
030404017	配电箱	台	按设计图示数量计算
030404032	端子箱		
030404034	照明开关	个	
030404035	插座		

3. 照明器具安装

照明器具包括普通吸顶灯、普通壁灯、荧光灯、装饰灯等。装饰灯具包括各类装饰灯和标志灯。照明器具工程量计算规则见表 4-13。

表 4-13　照明器具工程量计算规则

项目编码	名　称	计量单位	工程量计算规则
030412001	普通灯具	套	按设计图示数量计算
030412004	装饰灯		

4.3.2 新建工程

1. 新建电气工程项目

启动 BIM 三维算量 for Revit 软件，进入 Revit 界面后，新建项目，选择"Electrical-DefaultCHSCHS. rte"样板文件进入绘图界面。在新建项目的"项目浏览器"中可以看到，项目视图默认存在的是"电气"规程以及其子规程"照明"和"电力"的排布，如图 4-72 所示。

单击应用程序下拉按钮，选择"保存"，弹出"另存为"对话框，将名称改为"某医院电气模型 . rvt"，单击"保存"按钮退出。

图 4-72 电气规程

2. 标高和轴网的绘制

电气专业的标高和轴网的绘制方法同给排水专业，可参照4.2.2 节的标高和轴网的创建。将建筑结构 Revit 模型链接到项目中，进入立面视图绘制复制，在平面视图复制或拾取轴网。

3. 工程设置

电气专业的工程设置的方法同给排水专业，可参照4.2.2 节的工程设置。

4.3.3 桥架绘制

1. 桥架命名规则

桥架建模规则见表4-14。对于系统中没有的桥架实例参数，添加方法可参考第 3 章相应内容。

表 4-14 桥架建模规则

构 件 类 型	命 名 规 则	命 名 样 例	实 例 参 数
桥架	构件名称-材质-截面信息（mm）	托盘式-镀锌桥架-250×100	安装高度系统类型回路

注：桥架区分不同类别、不同专业分开绘制。

2. 新建桥架类型

在 Revit 软件中，需通过桥架的类型名称来区分不同功能的桥架。根据电施设计说明，插座平面图和弱电平面图可知，楼层过道内强电线路采用桥架，弱电线路采用金属线槽。强、弱电分开敷设，桥架与线槽尺寸均为100mm×50mm。

1）选择功能区"系统-电缆桥架"命令，"属性"选项板默认的桥架系统族为"带配件的电缆桥架"，单击"编辑类型"，在弹出的"类型属性"对话框中，单击"复制"按钮，修改名称为"槽式-金属桥架-100 * 50"，单击两次"确定"按钮退出，如图 4-73 所示。

2）新建的金属强电桥架管件应设为"强电"。可在"项目浏览器"中的"族"下拉列表找到"电缆桥架配件"，将所有关于槽式电缆桥架的配件都基于"标准"复制为"强电"类型，如图 4-74 所示。

图 4-73　新建桥架

3）设置好管件后，再编辑"槽式-金属桥架-100＊50"，将"管件"一栏下的所有管件由原来的"标准"替换为"强电"（见图 4-75），单击"确定"按钮。

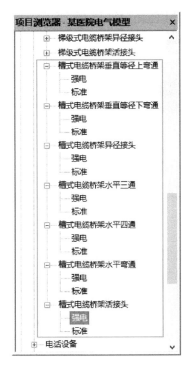

图 4-74　复制桥架配件

图 4-75　桥架管件属性设置

3. 创建桥架

以一层的强电桥架为例，根据一层插座平面图可知一层的强电桥架从 1-1 轴到 1-2 轴交 1-D 轴到 1-E 轴的强电井引出，如图 4-76 所示位置。一层层高为 3.9m，由结构施工图可知主梁高 600mm 以内。图中标识桥架信息为桥架沿梁底吊装，根据电管、桥架在上，水管在下的布置原则，桥架偏移量设为 3100.0mm。

1）创建桥架前，导入"一层插座平面图"CAD 图到 1F 平面，将图纸与轴网对齐。

2）选择功能区"系统-电缆桥架"命令，选择"槽式-金属桥架-100 * 50"类型，"属性"选项板中的"垂直对正"为"中"，即桥架的偏移量为桥架中心至一层标高的距离，设置桥架的"宽度"为"100.0mm"，"高度"为"50.0mm"，"偏移"为"3100.0"如图 4-77 所示。

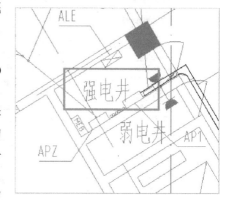

图 4-76　强电井

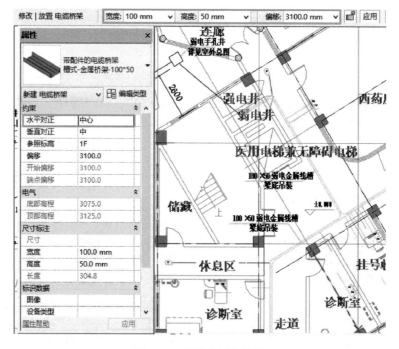

图 4-77　调整实例参数值

3）根据 CAD 底图桥架的走向，与给排水管道的绘制方式类似，单击绘制桥架，绘制完成的一层强电桥架如图 4-78 所示。

4.3.4　桥架识别

1. 导入图纸

以一层强电桥架为例，选择"安装建模"下的"导入

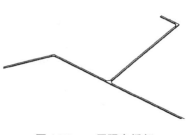

图 4-78　一层强电桥架

图纸"功能按钮，导入一层插座平面图。将图纸与轴网对齐，选中图纸，锁定图纸。

2. 桥架识别

1）选择"安装建模"下的"桥架"按钮，两次弹出"重复类型"对话框，均单击"确定"按钮。

2）弹出"识别桥架"对话框，选择"边线图层"的"提取"按钮，在绘图区选择 CAD 底图中的桥架，按〈Esc〉键取消，提取成功后桥架被隐藏，对话框的边线图层下显示"CABLETRAY，"，选择"插座"，将"高"修改为"50"，"截面形状"改为"槽式"，"安装高度"改为"3100"，如图 4-79 所示。

3）框选底图桥架范围，自动生成桥架。关闭"识别桥架"对话框，查看三维视图如图 4-78 所示。

图 4-79　桥架识别选项

4.3.5　控制设备及低压电器

1. 设备命名规则

设备建模规则见表 4-15。对于系统中没有的设备实例参数，添加方法可参考第 3 章相应内容。

表 4-15　设备建模规则

构 件 类 型	命 名 规 则	命 名 样 例	实 例 参 数
配电箱柜	设备名称-设备型号	照明配电箱	1. 系统类型 2. 安装高度
普通开关	设备名称-设备型号	单联单控开关	1. 系统类型 2. 回路编号
插座	设备名称-设备型号	单项插座	1. 系统类型 2. 回路编号 3. 安装高度

2. 配电箱

以一层插座平面图的 1-1 轴到 1-2 轴交 1-E 轴上的强电井中的 AP1 配电箱为例介绍配电箱的放置。根据强电系统图中一层配电箱 AP1 系统图可知，AP1 的类型为 PBT605 型，动力配电箱，外形尺寸（mm）为 $400 \times 500 \times 295$，电井内离地 1.5m 靠墙安装。

1）选择功能区"插入-载入族"命令，选择"设备"文件夹里的"THS_配电箱柜_动力配电箱"，单击"打开"按钮将其载入到项目中，如图 4-80 所示。

图 4-80　选择配电箱族文件

2）选择功能区"系统-电气设备"命令，在"属性"选项板下拉选项选择"THS_配电箱柜_动力配电箱"下的默认类型，基于此新建一个"AP1"，参数修改如图 4-81 所示。

3）修改"属性"选项板中配电箱的偏移量为 1500.0mm，如图 4-82 所示。

4）将指针移动至绘图区，放置配电箱。绘制完成查看三维视图（见图 4-83），为简易配电箱模型。

配电箱族除动力配电箱外，还有照明配电箱和控制箱，可以根据系统图给出的信息判断配电箱属于哪一类，新建类型和放置方法同动力配电箱，在此不再赘述。

图 4-81　设置配电箱参数值

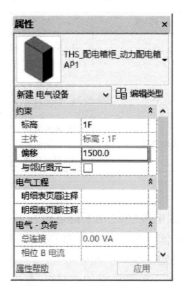

图 4-82　设置配电箱偏移值

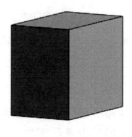

图 4-83　配电箱三维视图

3. 插座

以一层插座平面图的 1-1 轴到 1-2 轴交 1-D 轴到 1-E 轴的储藏室中的插座为例，根据一层插座平面图结合设计说明图例可知，平面图上的插座为 5 孔安全型插座，距地 0.3m 嵌墙安装。

1）选择功能区"插入-载入族"命令，选择"设备"文件夹里的"THS_插座_插座（安全型）"，单击"打开"按钮将其载入到项目中，如图 4-84 所示。

图 4-84 载入插座族文件

2）选择功能区"系统"选项卡下"设备"下拉菜单的"电气装置"命令，如图 4-85 所示，在"属性"选项板下拉选项选择"THS_插座_插座（安全型）"下的默认类型。

3）修改"属性"选项板中开关的偏移量为 300.0mm，如图 4-86 所示。

图 4-85 新建电气装置

图 4-86 修改偏移值

4）将指针移动至绘图区，放置插座。转到三维视图，查看效果如图 4-87 所示。

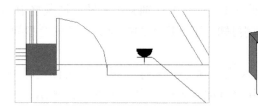

图 4-87　插座平面及三维视图

4. 开关

以一层储藏室中的开关为例，根据设计说明，平面图上的开关为单联开关，离地 1.3m，嵌墙安装。

1）选择功能区"插入-载入族"命令，选择"设备"文件夹里的"THS_开关_单极开关"，单击"打开"按钮将其载入到项目中。

2）打开"可见性/图形替换"对话框，在导入的类别中取消"一层插座平面图"的可见性，如图 4-88 所示。

3）将"一层照明平面图"CAD 图导入 1F 平面，并将其与轴网对齐。

4）选择功能区"系统"选项卡下"设备"下拉菜单的"电气装置"命令，

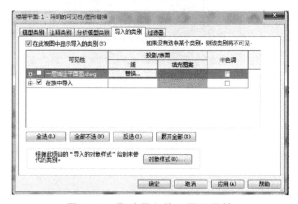

图 4-88　取消导入施工图可见性

在"属性"选项板下拉选项选择"THS_开关_单极开关"下的默认类型，将"属性"选项板中开关的偏移量改为 1300.0mm，如图 4-89 所示。

5）将指针移动至绘图区，放置开关。开关平面及三维视图如图 4-90 所示。

图 4-89　修改开关偏移值

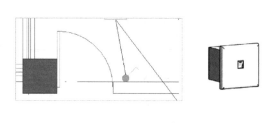

图 4-90　开关平面及三维视图

4.3.6　设备识别

选择一层插座平面图的插座为识别对象。

1）选择"安装建模"下的"设备"按钮，弹出"识别"和"选择构件类型"对话框，在"选择构件类型"对话框中"类别"选择"设备"，"类型"选择"插座"，"名称"选择"一般电源插座"，单击"确定"按钮，如图 4-91 所示。

2）在"识别插座"对话框中，单击"设备二维示意图"下的"提取"按钮，框选 CAD 底图插座对应的图例，按〈Esc〉键取消，单击左下角的"识别设备"按钮，如图 4-92 所示。

图 4-91　选择插座类型

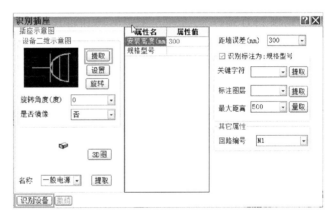

图 4-92　识别插座

3）在绘图区框选整个图纸，自动生成插座，生成的模型如图 4-93 所示。识别其他构件选择族时，单击"3D 图"，可调出"选择构件类型"对话框，对应选择所需构件，识别方法同插座，在此不再赘述。

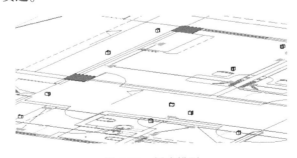

图 4-93　插座模型

4.3.7　照明器具

1. 照明器具命名规则

照明器具建模规则见表 4-16。对于系统中没有的设备实例参数，添加方法可参考第 3 章相应内容。

表 4-16　照明器具建模规则

构 件 类 型	命 名 规 则	命 名 样 例	实 例 参 数
灯具	设备名称-设备型号	疏散指示灯	系统类型 回路编号 规格型号

2. 灯具

以一层照明平面图的 1-1 轴到 1-2 轴交 1-D 轴到 1-E 轴的储藏室中的嵌入式方格栅 LED 顶灯为例介绍。根据一层照明平面图结合设计说明一的强电主要材料表可知,平面图上的开关对应强电主要材料表序号为 6 的灯具,规格为 250V,$3 \times 12W$。

1)选择功能区"插入-载入族"命令,选择"照明器具"文件夹里的"THS-灯具-嵌入式方格栅 LED 顶灯",单击"打开"按钮将其载入到项目中。

2)选择功能区"系统-照明设备"命令(图 4-94),在"属性"选项板下拉选项选择"THS-灯具-嵌入式方格栅 LED 顶灯"下的默认类型,将"属性"选项板中开关的偏移量改为 3100.0mm,如图 4-95 所示。

图 4-94　新建灯具

3)将指针移动至绘图区,放置灯具。转到三维视图,查看效果如图 4-96 所示。照明器具的识别方式可参照"4.3.6 设备识别"。

图 4-95　灯具属性设置

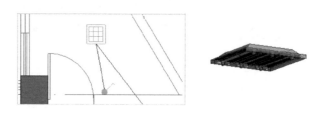

图 4-96　灯具平面及三维视图

4.3.8　工程量计算汇总

本章的汇总计算及报表输出同第 2 章，汇总计算完成，弹出如图 4-97 所示窗口。

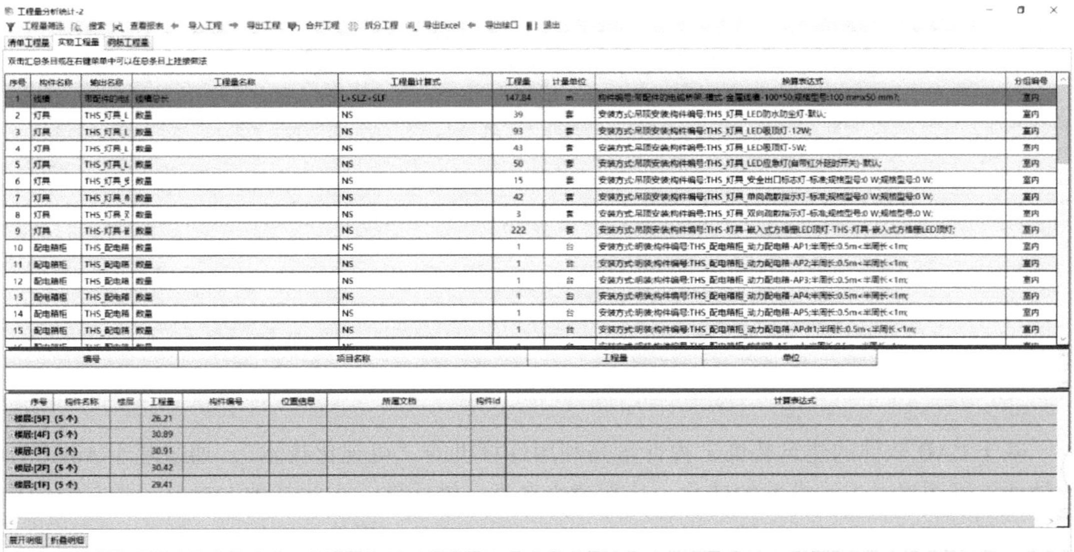

图 4-97　工程量计算汇总

本章小结

　　本章内容为本书中的重点章节，旨在介绍建筑安装工程 BIM 模型的创建方法，以及如何计算模型中各构件的工程量。本章将安装工程建模内容分为给排水专业工程和电气专业工程两部分，主要以管道和设备为主介绍模型创建方法。模型创建主要分为手动绘制和自动识别施工图图元的方式，模型创建之前首先熟悉构件的工程量计算规则和模型创建规则，明确管道及设备命名的统一和规范性是顺利获取工程量的关键。工程量的获取方式可通过模型映射和做法挂接来实现，也可以通过 Revit 软件中明细表创建的功能统计管道和设备工程量。明细表创建方法本章没有赘述，可参考第 2 章相关内容。

习　　题

1. 如何保证机电模型与建筑结构模型的项目基点统一？
2. Revit 软件中进行给排水专业模型创建时，通常将模型分为哪四类构件分别创建？
3. 根据施工图创建给排水管道及设备模型，并通过明细表和模型映射方式统计相应工程量。
4. 根据施工图创建电气专业工程桥架及设备模型，并通过明细表和模型映射方式统计相应工程量。

5 第5章
基于 CAD 软件的建筑装饰工程计量

5.1 概述

基于 CAD 软件的建筑装饰工程计量是利用计算机的"可视化技术"，通过基于 AutoCAD 软件的二维图形向三维模型的转化，从而建立各类三维构件。在此基础上对每一类三维构建进行工程量清单和定额的挂接，根据清单、定额所规定的工程量计算规则，结合钢筋标准及规范规定，计算机自动进行相关构件的空间分析扣减，从而得到工程项目的各类工程量。

1. 构件属性

三维算量模型的创建主要分为构件属性定义和图形绘制两大步骤。在创建的三维算量模型中，每个构件被分别赋予了相关的属性，为后面的模型分析计算、统计和报表提供充足的信息来源，构件属性主要分为六类，需在模型建立过程中予以定义。

1）物理属性：主要是指构件的标识信息，如构件编码、类型、特征等。

2）几何属性：主要是指与构件本身几何尺寸有关的数据信息，如长度、高度、厚度等。

3）施工属性：是指构件在施工过程中产生的数据信息，如混凝土的搅拌制作、浇捣、所用材料等。

4）计算属性：是指构件在算量模型中，经过程序的处理产生的数据结果，如构件的左右侧面积，钢筋锚固长度、加密区长度等。

5）其他属性：所有不属于上面四类的属性属于其他属性，可以用来扩展输出换算条件，如用户自定义的属性、轴网信息、构件中的备注等。

6）钢筋属性：是在进行钢筋布置和计算时所用信息，如环境类别、钢筋的保护层厚度等。

以上构件的六类属性都是在生成构件时应赋予的，其中部分属性由系统自动生成，部分需要操作者手工定义。

2. 建模原则

在进行三维建模的过程中，需要遵循以下三个原则：

（1）电子图文档识别构件或构件定义与布置 建模时应充分利用电子图文档智能识别功能，快速完成建模操作。如果没有电子图文档，则要按施工图模拟布置构件。具体做法请参照后续有关章节的内容。

（2）用图形计算工程量的构件需绘制到模型中　在计算工程量时，仅定义了构件属性值但没有形成模型的构件，软件不会计算工程量。对于无法绘制的图形，可采用手工输入计算式模式。

（3）工程量分析统计前进行合法性检查　为保证构件模型的正确性、合理性，工程分析统计前进行合法性检查，可检查模型中存在的错误，如应连接的构件没有连接、应断开的节点没有断开、重复布置的构件等，以减小人为因素造成工程量精度误差。

本章以某医院大楼为例，依据《建设工程工程量清单计价规范》（GB 50500—2013）、《房屋建筑与装饰工程工程量计算规范》（GB 50854—2013）、《四川省建设工程工程量清单计价定额》等，运用斯维尔三维算量 for CAD 软件绘制建筑、结构、装饰部分的相关内容，介绍工程设置、图纸管理、识别或手动布置构件、套做法、工程量计算等操作流程。

5.2　新建工程

案例工程项目概况详见第 3 章，本节不再赘述。

1. 新建工程

运行斯维尔三维算量 for CAD 软件新建工程。如图 5-1 所示，单击"新建工程"按钮进入新建工程页面，工程名命名为"××医院大楼"，选择文件保存路径，单击"确定"按钮，进入工程设置页面。

图 5-1　新建工程

2. 工程设置

"工程设置"对话框如图 5-2 所示，共有 6 个页面，单击窗口下方"上一步"或"下一步"按钮，或直接单击左边选项栏中的项目名，实现各页面之间的切换。根据案例工程项目概况，按以下步骤操作工程设置内容：

（1）计量模式设置

1）在"计量模式"页面，录入工程名称，选择计算依据"清单"，实物量按清单规则计算。在清单模式下可同时套取清单和定额，定额模式下不可套取清单，只可套定额。

2）定额和清单名称选择当前使用的地区定额和国标清单，单击"下一步"按钮进入"楼层设置"页面。

图5-2 "工程设置"对话框

（2）楼层设置 单击"楼层设置"页面"添加"按钮，进行楼层添加。首层是软件的系统命名，名称不能修改。输入首层层底标高为 – 0.050m，其余各楼层层高根据原施工图依次输入，如图5-3所示。设置"正负零距室外地面高"为"450"。此值用于挖基础土方的深度控制，不填写时挖土方为基础深度。

注意：表中"标准层数"不能设置为0，否则该层工程量统计结果为0。"层接头数量"如果为0，则这层不计算竖向钢筋搭接接头数量，机械连接接头正常计。

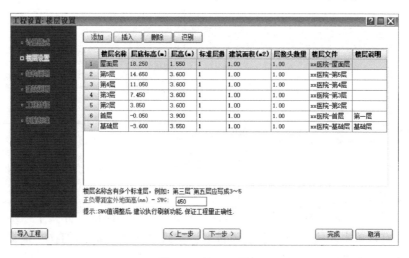

图5-3 楼层设置

（3）结构说明 "结构说明"页面设置内容和方法同3.3.4节。

（4）建筑说明 单击"砌体材料设置"标签，根据案例工程图建筑设计说明，选择各层砌体材料信息，如图 5-4 所示。

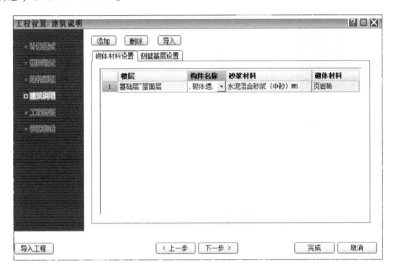

图 5-4　建筑说明

单击"侧壁基层设置"标签，对墙面、踢脚、墙裙、其他面的非混凝土面基层材料进行设置。例如墙体保温基层找平可按基层类型分开列出，除混凝土基层外，默认非混凝土基层不再细分，统一归到非混凝土基层中汇总工程量。

（5）工程特征　"工程特征"页面首先填写工程概况，如建筑面积、结构特征、楼层数量等内容，如图 5-5 所示；其次进行工程量的计算定义，包括梁的计算方式、是否计算墙面铺挂防裂钢丝网等的设置选项。"土方定义"页面含有土方类别、土方开挖的方式、运土距离等的设置，具体内容和方法参见 3.3.4 节。设置完成，单击"下一步"按钮，进入"钢筋标准"页面。

图 5-5　工程特征

（6）钢筋标准　"钢筋标准"页面中选择钢筋自动计算的依据，根据案例工程项目选择 16G101 系列图集标准，如图 5-6 所示；在相关设置的"钢筋选项"中，主要包括钢筋锚固长度以及钢筋弯钩规范设定、各类构件的计算设置和节点规范设置、识别设置等内容，用于工程计算的依据设定和选择，单击"完成"按钮进入操作主窗口界面。

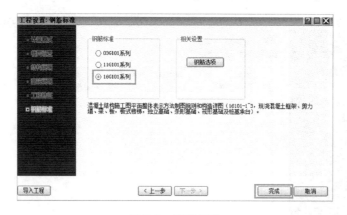

图 5-6　钢筋标准

5.3　操作界面

5.3.1　界面介绍

启动程序后进入操作界面，主要由主菜单、工具栏、布置及修改按钮、菜单栏、导航器构件编号列表、快捷工具栏、导航器属性列表、命令聊天框以及绘制界面组成，如图 5-7 所示。

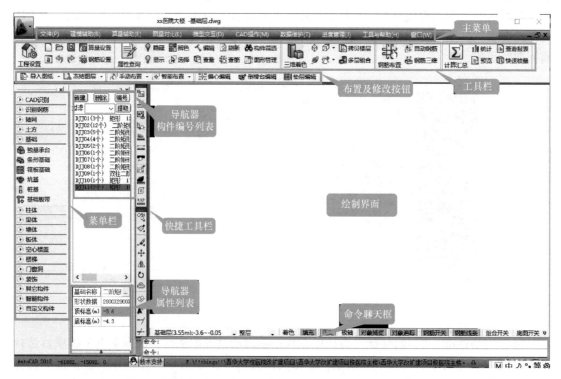

图 5-7　操作界面

5.3.2　工具栏快捷命令介绍

用于建模的主要工具栏包括工程设置及相关快捷命令面板、属性查询及相关快捷命令面板、三维着色及相关快捷命令面板、钢筋布置及相关快捷命令面板以及计算汇总及相关快捷命令面板。以下分别介绍各面板的快捷命令。

1. 工程设置及相关快捷命令面板

工程设置及相关快捷命令面板如图 5-8 所示，主要用于新建工程时的计算规范和相关图集的设置以及工程保存快捷命令。

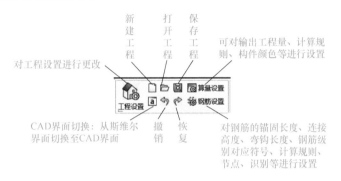

图 5-8　工程设置及相关快捷命令面板

2. 属性查询及相关快捷命令面板

属性查询及相关快捷命令面板如图 5-9 所示，用于构件查询、筛选以及显示。

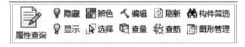

图 5-9　属性查询及相关快捷命令面板

"属性查询"：可查询被选中构件清单属性和定额属性状态下的物理属性、几何属性以及做法等。

"隐藏"：可隐藏被选中构件。

"显示"：单击按钮后，弹出筛选对话框，对需要显示构件进行筛选并显示。

"辨色"：可设置不同状态下构件显示颜色，如有无挂接做法、有无布置钢筋等状态。

"选择"：通过筛选设置，选中筛选构件。

"编辑"：可对选中的单个构件或选中的同类构件进行属性编辑。

"查量"：可查询构件的工程量计算公式及结果。

"查筋"：查询被选中构件的已布钢筋工程量。

"构件筛选"：通过设置筛选条件，筛选出需要的构件。

3. 三维着色及相关快捷命令面板

三维着色及相关快捷命令面板主要用于算量模型的三维显示，主要命令如图 5-10 所示。

"三维显示"：可将视图从平面切换到三维显示界面。

"平面显示"：将视图从三维界面切换到平面。

"模型旋转"：切换鼠标功能状态为模型旋转，可用鼠标控制模型旋转。

"平移视图"：切换鼠标功能状态为平移视图，可用鼠标平移

图 5-10　三维着色及相关快捷命令面板

视图。

"三维着色"：将视图从平面切换到三维显示界面，且构件被着色。

"拷贝楼层"：把构件从一个楼层拷贝到另一个楼层，可包括构件的做法、布筋信息的拷贝。

"多层组合"：在三维视图模式下可将多个楼层进行组合，使被组合楼层整体显示。

4. 钢筋布置及相关快捷命令面板

钢筋布置及相关快捷命令面板如图 5-11 所示，主要用于构件钢筋布置和显示功能，具体应用方法详见 5.10 节。"自动钢筋"命令可对选择的构件进行自动钢筋布置，主要用于构造钢筋布置、砌体钢筋等。

5. 计算汇总及相关快捷命令面板

算量模型创建完成后，通过汇总计算面板上的快捷命令对模型构件的工程量进行计算、统计、查看等，如图 5-12 所示。其中"快速核量"指快速查看选中构件的工程量。具体应用详见 5.13 节中的工程量报表。

图 5-11　钢筋布置及相关快捷命令面板

图 5-12　计算汇总及相关快捷命令面板

5.4　基础的创建

5.4.1　轴网的创建

模型创建之前应进行轴网绘制。轴网类型有直线轴网和圆弧轴网，本案例设计图轴网类型为直线轴网，由原施工图可知 2-1 轴至 2-5 轴交 2-A 轴至 2-D 轴范围内的轴网产生了 31.33°的转角。轴网创建可采用手动绘制和自动识别两种方式。

1. 手动绘制轴网

单击右侧构件菜单栏"轴网"选项卡下面的"轴网"，弹出新建轴网对话框，如图 5-13

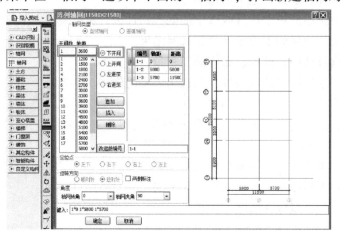

图 5-13　新建轴网

所示，选择"下开间"，右侧输入框中依次输入横向轴号和轴距，或直接在左侧已有轴距数据中选择。完成上下开间轴距输入后，单击"左进深"，按同样方法输入纵向的轴号和轴距。

第一套轴网完成，再次新建轴网，修改轴网转角为 31.33°，如图 5-14 所示。

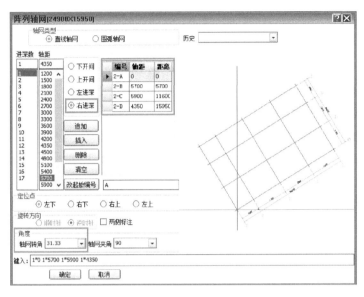

图 5-14　轴网偏转

2. 轴网识别

在任意楼层单击"布置及修改按钮"中的"导入图纸"（见图 5-15），在弹出的文件浏览框中选择一张已分块的图纸，将图纸导入当前绘图窗口。

单击构件菜单栏中"CAD 识别"下拉菜单中的"识别轴网"（见图 5-16），弹出"轴网识别"对话框（见图 5-17），分别按提取轴网、提取轴号和自动识别的顺序识别轴网。具体识别方法同 3.3.3 节内容。

图 5-15　导入图纸

图 5-16　识别轴网选项

图 5-17　"轴网识别"对话框

5.4.2　基础创建

如前所述，构件模型的创建分为构件属性定义和图形绘制两个环节。通常算量模型创建分为手动绘制和自动识别两种方式，在手动绘制模型的方式下，构件属性通过新建编号进行定义；在自动识别方式下，构件属性可通过识别过程自动获取。以案例工程项目独立基础 DJJ02 为例分别介绍两种方式的主要操作步骤。

1. 手动绘制基础

1）将楼层切换至基础层→单击菜单栏中"基础"下拉菜单中的"独基承台"→在导航器构件编号列表中单击"新建"按钮，构件列表框显示默认"DJ1"基础信息，如图 5-18 所示。

2）单击"编号"，对新建构件进行编号和属性定义，如图 5-19 所示。根据设计图信息修改"构件编号"为"DJJ02"，"属性类型"为"砼结构"，"结构类型"为"独立基础"，"砼强度等级"为"C30"。

3）单击基础名称栏下拉按钮，弹出的基础类型窗口如图 5-20 所示，选择二阶矩形截面，输入基础参数信息如图 5-21 所示。

图 5-18　新建独立基础

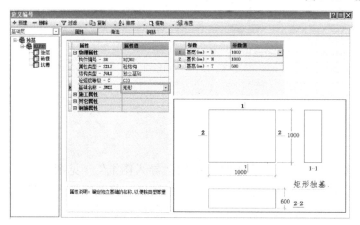

图 5-19　基础属性定义

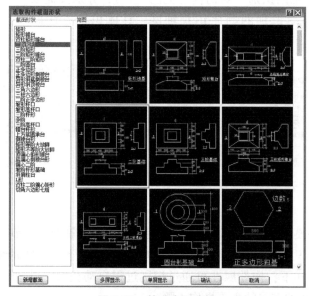

图 5-20　基础类型选择

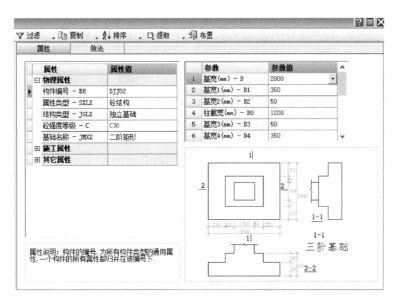

图 5-21　基础参数设置

4）基础属性定义完成，单击独立基础"DJJ02"构件展开栏中的"垫层"，根据设计图信息设置基础垫层属性，如图 5-22 所示。本工程无砖模，选中展开栏中的"砖模"，右击进行删除。

5）单击"布置"，在绘图窗口下方命令聊天框选择"角度布置"，按计算机键盘〈Tab〉键，切换指针捕捉构件的基点。选择基础放置位置插入点，输入偏转角度值

图 5-22　垫层属性设置

31.33，或直接旋转到轴网角度合适位置单击确认，如图 5-23 所示；基础构件绘制完成，单击"三维着色"查看基础三维模型，如图 5-24 所示。

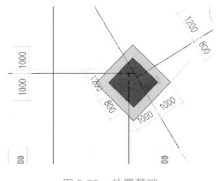

图 5-23　放置基础

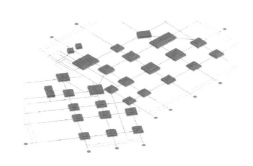

图 5-24　基础三维模型视图

2. 基础自动识别

在基础层操作界面，单击菜单栏中"CAD 识别"下拉菜单中的"独基识别"，弹出

"独基识别"对话框，如图 5-25 所示。本案例中独立基础为二阶基础，需首先识别独基表，然后再识别基础图形。具体操作方法参见 3.4.1 节中基础识别内容。

图 5-25 基础识别选项

如为一阶基础，则直接按提取基础边线→提取基础标注→识别的操作顺序创建基础模型。

需注意的是，在识别基础图形前，先进行识别设置。单击"独基识别"对话框右侧"识别设置"，弹出"识别设置"对话框（见图 5-26），软件默认了当前构件的识别参数，需根据实际要求对参数值进行调整，如对案例工程项目中垫层、坑槽、砖模设置，将随基础模型识别形成后自动生成。

图 5-26 基础识别设置

单点布置独立基础时，如果布置的独基与底图对不齐，可用"CAD 修改"快捷命令框中的对齐命令 ，将独基与底图对齐。

5.4.3 基础工程量查询

构件模型创建完成可立即查看构件工程量，查询分为两种方式：一种为查询构件工程量计算式；另一种为查询工程量计算结果，不呈现计算过程。

1. 查询基础工程量计算式

以基础模型为例，选中绘图区域独立基础 DJJ02 图形，单击工具栏中部的"查量"快捷命令按钮，弹出"工程量核对"窗口（见图 5-27），窗口中除了显示基础混凝土及模板工程量以外，还显示基础垫层混凝土及模板工程量。

图 5-27　基础工程量核对

2. 查询基础工程量计算结果

选中一个独立基础 DJJ02 图形，单击工具栏中右侧的"快速核量"快捷命令按钮，弹出"查看工程量"对话框，显示该独立基础实物量如图 5-28 所示，如果对该构件挂接了清单编号，则可查阅做法量。

图 5-28　查看基础工程量

5.5　柱的创建

5.5.1　柱构件绘制

以案例工程项目设计图 2-1 轴交 1-C 轴处柱体"KZ6"为例，截面形状为梯形，上底长为 600mm，下底长为 960mm，高为 600mm，混凝土强度等级为 C30。采用手动绘制柱的步骤如下：

1）切换楼层至基础层，导入柱平面布置图。单击操作界面左侧构件菜单栏中"柱体"下拉菜单中的"柱体"，如图 5-29 所示。

图 5-29　选择柱体

2）在导航器构件编号列表中默认新构件 KZ1，单击"编号"按钮，弹出"定义编号"窗口，如图 5-30 所示。根据设计图信息设置柱体属性，修改"构件编号"为"KZ6"，"属性类型"为"砼结构"，"结构类型"为"框架柱"，"砼强度等级"为"C30"。在"截面形状"栏选择直角梯形截面，修改尺寸参数。

3）单击"布置"，默认为单点布置状态，通过命令聊天框或"布置修改"按钮栏选择"角度布置"方式，选择柱体安放位置插入点，旋转到合适位置后，单击确认选定位置。也可直接输入旋转角度进行构件定位。图 5-31 所示为 KZ6 平面及三维视图。依次绘制其余框架柱构件。

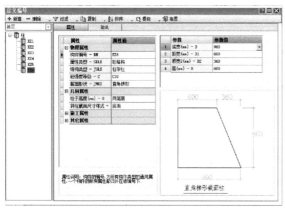

图 5-30　柱构件属性定义

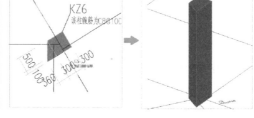

图 5-31　KZ6 平面及三维视图

5.5.2　柱构件识别

自动识别柱时，选择构件菜单栏"CAD 识别"下拉选菜单中"识别柱子"（见图 5-32），依次提取底图中柱边线、柱标注完成柱识别，具体识别操作方法同 3.4.3 节内容。

图 5-32　识别柱子选项

5.6　梁、板的创建

5.6.1　梁构件绘制与识别

以案例工程项目设计图"二层梁配筋图"中 1 – A 轴处梁体"KL1"为例,梁截面尺寸为 300mm×600mm,混凝土强度等级为 C30,梁顶标高为楼层结构面基准标高。

1)切换楼层至首层平面视图,单击"布置及修改按钮"栏中"导入图纸"功能按钮,导入二层梁配筋图。注意算量模型中首层梁指实际施工图中二层平面梁的位置。

2)单击左侧菜单栏中"梁体"下拉菜单中"梁体",如图 5-33 所示。在导航器构件编号列表中单击"编号"按钮,弹出"定义编号"对话框,如图 5-34 所示。新建构件 KL1,根据设计图信息设置梁体属性,"结构类型"为"框架梁","砼强度等级"为"C30",截面形状选择矩形,修改截面尺寸参数。

图 5-33　选择梁

图 5-34　梁属性定义

3)单击"布置",按〈Tab〉键切换指针移动构件的基点,绘制梁起点和终点,如图 5-35 所示。此时可继续进行绘制,也可单击右键,重新绘制下一根梁体。KL1 三维视图如图 5-36 所示。

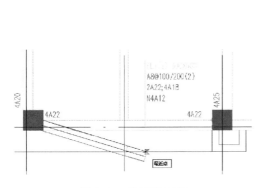

图 5-35　框架梁绘制

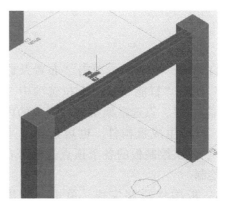

图 5-36　KL1 三维视图

梁体自动识别操作与独基或柱子构件操作相似，可参见 3.4.4 节中自动识别方式，此处不再赘述。

5.6.2 板构件绘制

以案例工程项目二层结构平面布置图中 1-A 轴至 1-B 轴交 1-1 轴至 1-2 轴处现浇楼板为例，板厚 100mm，混凝土强度等级为 C30，楼板板面标高为楼层结构面基准标高。

1）在首层操作界面，导入二层结构平面布置图。

2）单击左侧菜单栏中"板体"的下拉菜单按钮，其中包括多种板类型，选择"现浇板"，如图 5-37 所示。

3）在导航器构件编号列表中新建现浇板，单击"编号"按钮，弹出现浇板"定义编号"对话框（见图 5-38），根据设计图信息修改"构件编号"为"LB1"，"结构类型"为"有梁板"，"砼强度等级"为"C30"，"板顶高"为"同层高"，修改板厚参数为 100mm。

图 5-37 新建现浇板

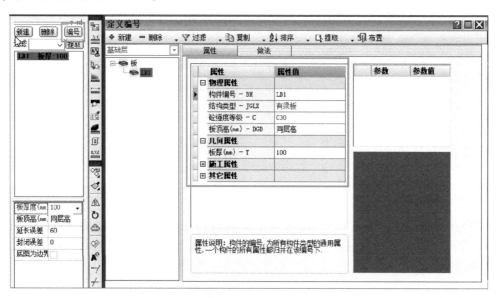

图 5-38 现浇板属性定义

4）单击"布置"，单击"布置及修改按钮"栏中"智能布置"下拉选项中"点选内部生成"，点选框架梁与柱围成的内部空间，自动生成板构件。也可选择"手动布置"，依次绘制板的各个顶点，单击右键完成绘制。

5）板构件绘制完成，单击"三维着色"，查看构件三维视图，如图 5-39 所示。

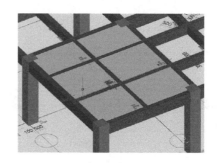

图 5-39 现浇板三维视图

5.7 墙体和门窗的创建

5.7.1 墙体绘制与识别

1. 手动绘制墙体

本工程采用的墙体类型为砌体墙。以案例工程项目建筑施工图一层平面图中 1-A 轴至 1-B 轴交 1-1 轴至 1-2 轴范围内砌体墙为例，墙体厚度为 200mm，外墙块材为 MU15 页岩多孔砖，建筑内部普通砖隔墙为 MU5.0 页岩空心砖，砂浆均为混合砂浆 M5。

1）在首层操作界面中导入一层平面图建施图。

2）单击左侧菜单栏中"墙体"下拉菜单按钮，墙体包括"砼（混凝土）墙""砌体墙"两种类型，如图 5-40 所示。选择砌体墙，新建墙体 TCQ1 进行编号定义。

3）设置砌体墙属性，构件编号可为外墙或外墙加编号，结构类型为填充墙，砌体材料为页岩多孔砖，砂浆材料为混合砂浆 M5，截面形状为矩形，以及截面尺寸参数设置如图 5-41 所示。

图 5-40　新建墙体

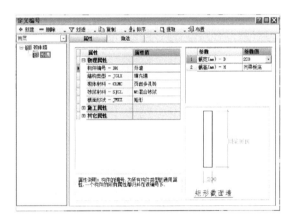

图 5-41　墙体属性定义

4）单击"布置"，选择"布置及修改按钮"栏中"手动布置"下拉选项中"直线画墙"命令，进行外墙布置，如图 5-42 所示。水平墙体起点和终点位置可绘制到柱侧面，也可绘制到轴线中心线，墙体工程量会自动扣减柱所占的体积。墙体布置也可采用智能布置方式（见图 5-43），可选轴线将所有轴线上都布置同一类型墙体，也可选择在梁的位置布置和选择线布置等。

图 5-42　外墙绘制

图 5-43　墙体智能布置

5）按相同方法定义和绘制内墙，砌体墙构件绘制完成，单击"三维着色"查看构件情况，图中未显示梁、板构件，可清晰看到墙体的高度位置，如图 5-44 所示。

当实例图形需进行标高位置的修改时，可选中构件图元，右击选择"构件查询"功能，再次右击后，在弹出的"属性查询"对话框中对该构件的各类参数进行修改，如图 5-45 所示。如只修改构件尺寸参数，可在"定义编号"对话框修改。

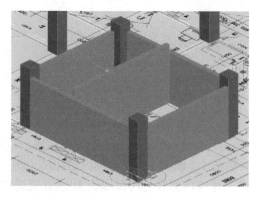

图 5-44　墙体三维视图

图 5-45　墙体构件查询

2. 自动识别墙体

单击菜单栏中"CAD 识别"下拉菜单中的"识别砌体墙"（见图 5-46），弹出"砌体墙识别"对话框，如图 5-47 所示。

图 5-46　识别砌体墙选项

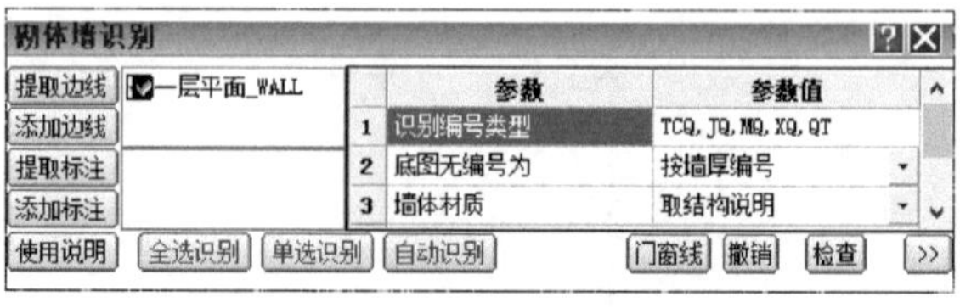

图 5-47　"砌体墙识别"对话框

单击"提取边线",在操作界面中提取图纸中砌体墙边线层的所有轴线,被提取成功的边线会被隐藏。当 CAD 底图中需要识别的线条全部提取完毕后,选择"砌体墙识别"对话框下方的"全选识别""单选识别""自动识别"等构件识别方式,对底图提取的线条进行识别转换。注意需手动对识别错误的地方进行修改。

5.7.2 门、窗构件创建

1. 手动绘制门、窗构件

以案例工程项目设计图"一层平面图"中 1-A 轴至 1-B 轴交 1-1 轴至 1-2 轴范围内门构件为例,门型号为 M1021,即门宽×门高为 1000mm×2100mm,门窗表中查询到信息为成品夹板木门。手动绘制步骤如下:

1)单击菜单栏中"门窗洞"下拉菜单按钮,选择"门",如图 5-48 所示。新建门构件,并进行属性定义。

2)修改"构件编号"为"M1021","材料类型"为"木材","截面形状"为"矩形","名称"为"单开无亮门",修改门构件尺寸参数,如图 5-49 所示。

图 5-48 新建门构件

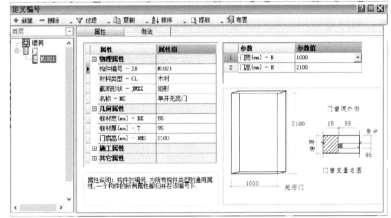

图 5-49 门构件属性定义

3)单击"布置",默认为"墙上布置"状态,单击需放置门的墙体图元,将门放置在相应位置。图 5-50 所示为绘制完成的门构件三维视图,视图中门图元为简易图块,并不真实展现门的实物图形。

注意:由于工程量计算的特点,门窗图元无须精确放置在墙体具体位置。但如有需要精确放置放置时,可选择"布置及修改"按钮栏中"精确布置"或"墙垛距布置",并在导航器中"偏移"或"墙垛距"输入框中输入偏移值(见图 5-51),然后单击墙体布置门窗。

2. 自动识别门、窗构件

识别门窗图元之前,可先识别门窗表完成门窗属性定义,然后再识别平面图中门窗图元。

1)导入门窗表所在的建筑施工图,单击菜单栏中"CAD 识别"下拉菜单中的"识别门窗表"。

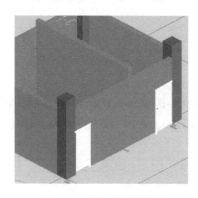

图 5-50　门构件三维视图

图 5-51　门窗精确布置

2）框选 CAD 底图中全部门窗表表格，弹出如图 5-52 所示的"识别门窗表"对话框。表格第一行表头信息对应导入表格的相应内容，如有误则单击下拉三角符号，手动进行调整。删除表格中多余的表格信息，如"数量""页次"等列的内容。

	删除	构件名▼	*编号 ▼	截面尺寸l×l ▼	▼	构件名称 ▼	▼	▼	备注1 ▼
1	匹配行	类型	设计编号	洞口尺寸(MM)	数量	图集名称	页次	选用型号	备注
2	□		MC6333	6300X3300	1	详建施			玻璃地弹门
3	□		FM乙1521	1500X2100	10				钢制防火门
4	□		FM丙0821	800X2100	15	详厂家图集			钢制防火门
5	□		M'1021	1000X2100	5	详建施			成品夹板木门
6	□		M1021A	1000X2100	2	详厂家图集			成品钢质防盗门
7	□	普通门	M1021	1000X2100	70				成品夹板木门
8	□		M'1221	1200X2100	10	详建施			成品夹板木门
9	□		M1221	1200X2100	9				成品夹板木门
10	□		M1521A	1500X2100	1	详厂家图集			成品钢质防盗门
11	□		M1520	1500X2100	1				成品钢质防盗门
12	□		M1521	1500X2100	8				成品夹板木门
13	□		C0924	900X2400	6				
14	□		C0933	900X3300	4				
15	□		C1224	1200X2400	5				
16	□		C1	4900X2100	1				
17	□		C2	3000X2100	1	详建施			铝合金断热桥中空玻
18	□	普通窗	C3	11000X2100	1				

列转表头　设置(X)　导入xls(Y)　导出xls(B)　　　选取表(T)　确定(D)　取消(Q)

图 5-52　"识别门窗表"对话框

3）单击"确定"按钮，完成门窗表识别。根据门窗表中编号和截面信息，软件自动完成门窗编号的定义。可依次按门窗编号绘制相应的门窗图元，也可自动识别门窗。

4）单击菜单栏中"CAD 识别"下拉菜单中的"识别门窗"，弹出"门窗识别"对话框，如图 5-53 所示。分别提取 CAD 底图中门窗边线和标注，在"门窗识别"对话框，中根据设计调整门窗距地面高度参数值。当需要识别的门窗线全部提取完毕后，选择"门窗识别"对话框下方的构件识别方式，对底图提取的线条进行识别转换，注意对识别有误的地方进行手动修改。

墙体和门窗工程量查询方式同前述内容，不再赘述。

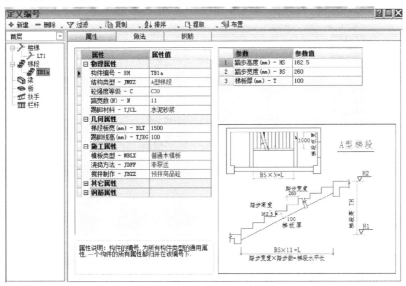

图 5-53　"门窗识别"对话框

5.8　楼梯的创建

现浇钢筋混凝土楼梯的结构形式主要依据楼梯梯段的形式，分为板式楼梯和梁板式楼梯两种。楼梯主要由梯段、梯梁、楼梯平台、栏杆或栏板、扶手组成。算量模型创建时需要分别对梯段、梯梁、平台、梯板以及楼梯附属构件的属性定义和绘制。

5.8.1　楼梯构件属性设置

构件信息以案例工程项目中一层 1#现浇楼梯为例，楼梯混凝土强度等级为 C30。梯段为 TB1 和 TB1a，踏宽数为 11，踢脚材料为水泥砂浆，梯段板宽 1500mm，踢脚线高 100mm，踏步高度 162.5mm，踏步宽度 260mm，梯板厚度 100mm。梯梁 TL1 和 TL2 截面形状为矩形，截宽 200mm，截高 400mm，TL3 截宽 200mm，截高 300mm。楼梯平台板顶高 1950mm，板厚 100mm。楼梯栏杆扶手信息参见西南 11J412 图集，为钢管栏杆扶手。

1）单击"楼梯"下拉菜单中的"楼梯"，弹出"定义编号"对话框，新建梯段构件 TB1a，根据工程信息设置梯段属性以及梯段的尺寸参数，如图 5-54 所示。再次新建梯段构件，构件编号命名为 TB1，设置梯段属性。

图 5-54　楼梯段属性定义

2）新建梁构件，根据工程信息设置梯梁属性，如图 5-55 所示。

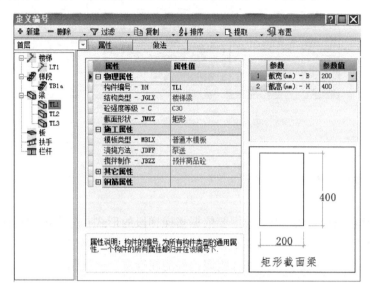

图 5-55　梯梁属性定义

3）新建板构件，根据工程信息设置楼梯平台板属性，如图 5-56 所示。

4）新建扶手和栏杆构件，根据工程信息设置扶手和栏杆属性，图 5-57 所示为扶手属性定义。

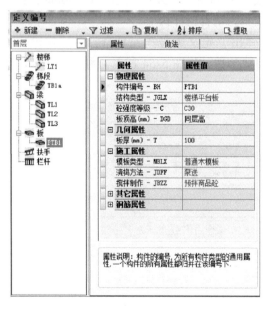

图 5-56　平台板属性定义

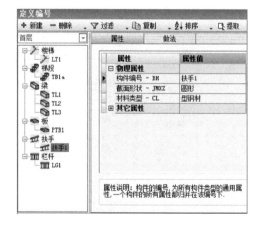

图 5-57　扶手属性定义

5）新建楼梯 LT1，在属性栏中设置楼梯 LT1 组合构件。设置下跑梯段为 TB1a，上跑梯段为 TB1，梯口梁为 TL1，平台梁为 PL1，平台口梁为 PL2，平台板为 PTB1，栏杆为 LG1，扶手为扶手 1，如图 5-58 所示。

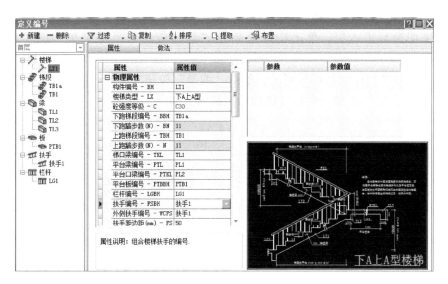

图 5-58　楼梯属性定义

5.8.2　楼梯绘制

完成所有楼梯组成部分构件的属性定义以及楼梯组合后，退出"定义编号"对话框或单击"布置"，在构件菜单栏中设置楼梯起跑方向为标准双跑逆时针方向，如图 5-59 所示。

绘图窗口中指针上出现楼梯图，单击"角度布置"，输入楼梯偏转角度，或直接移动指针旋转楼梯图元至设计图示位置，右击确定。

注意：由于楼梯组合属性中无法设置 TL3 信息，可手动单独绘制 TL3 图元。属性定义方法同 TL1 和 TL2，根据楼梯平台板宽度进行 TL3 的绘制，如图 5-60 所示。

图 5-59　设置楼梯方向

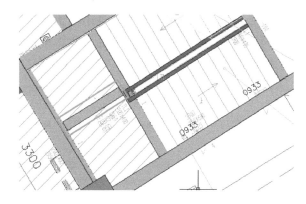

图 5-60　绘制楼梯梁

5.9　二次构件的创建

5.9.1　压顶的创建

以五层屋面女儿墙压顶为例，女儿墙压顶做法参见西南 11J201 48 页 4 号图，压顶截面为梯形，混凝土强度等级为 C15。

1）楼层切换至第六层，单击构件菜单栏"其它构件"下拉菜单中的"压顶"，如图 5-61 所示。

2）对新建构件 YD1 进行编号定义，单击"编号"按钮，根据图纸工程信息设置压顶属性，单击"截面形状"下拉三角符号选择压顶截面，如图 5-62 所示。

图 5-61　新建压顶

图 5-62　设置压顶属性

3）在弹出的如图 5-63 所示"选取构件截面形状"对话框中没有梯形截面，单击"新增截面"按钮，根据命令聊天框中的提示，键入新截面名称"梯形"，在绘图区域绘制梯形轮廓，并指定定位点。

4）回到"定义编号"对话框中设置压顶截面参数，截宽 260mm，截高 60mm，截高 50mm，完成属性定义后如图 5-64 所示。

图 5-63　新增截面

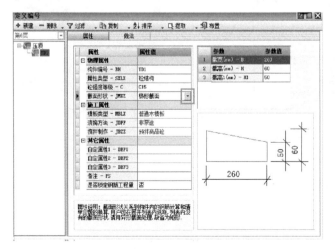

图 5-64　设置梯形压顶属性

5）单击"布置"，可选择手动布置，根据墙的位置进行压顶绘制，按〈Tab〉键可进行压顶插入点的切换。绘制完成后，查看构件三维显示如图 5-65 所示，检查构件高度等设置是否正确。

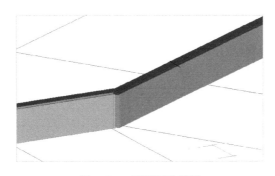

图 5-65　压顶三维视图

5.9.2　构造柱的创建

以案例工程项目施工图"一层结构平面布置图"中 1-A 轴至 1-B 轴交 1-1 轴至 1-2 轴范围内构造柱 GZ2 为例，截面尺寸为 200mm×200mm，混凝土强度等级为 C25。构造柱角筋为 4C12，箍筋 C6@ 100/200。

1. 构造柱绘制

1）单击构件菜单栏"柱体"下拉菜单中的"构造柱"，单击导航器构件编号列表中"编号"按钮，对构造柱进行编号定义，属性设置如图 5-66 所示。

图 5-66　构造柱属性定义

2）单击"布置"，根据设计要求进行构造柱布置。构造柱马牙槎只需在属性中设置出槎宽度，放置时自动按所在墙体的位置生成马牙槎的边数。图 5-67 所示为构造柱构件布置完成后的三维视图。

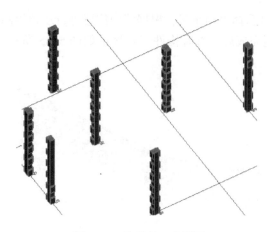

图 5-67　构造柱三维视图

2. 构造柱钢筋布置

选择放置好的构造柱图元，单击工具栏"钢筋布置"，弹出"编号配筋"对话框（见图 5-68），根据设计要求填写构造柱钢筋配筋信息。关闭对话框后，自动完成构造柱钢筋配置。

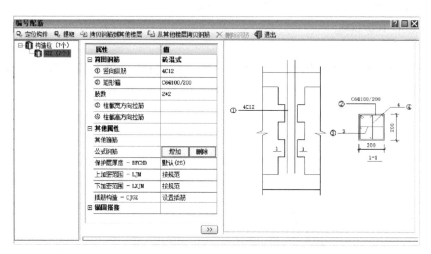

图 5-68　构造柱钢筋配置

5.9.3　圈梁的创建

以首层 1-E 轴交 1-2 轴处电梯井道圈梁为例，根据结构施工图说明，砌体电梯井道在导轨支架安装处应设置与墙同厚，高为 300mm 的混凝土圈梁，混凝土强度等级为 C25，圈梁内配主筋 4C14，箍筋 A6@200。

1. 圈梁绘制

1）单击构件菜单栏"梁体"下拉菜单中"圈梁"选项，在导航器构件编号列表中单击"编号"按钮，对圈梁进行编号定义，属性设置如图 5-69 所示。

2）单击"布置"，根据图纸信息，沿电梯井道墙进行圈梁布置，如图 5-70 所示。

图 5-69 圈梁属性定义 图 5-70 布置圈梁

2. 圈梁钢筋布置

选择放置好的圈梁图元，单击"钢筋布置"，弹出"编号配筋"对话框，根据设计要求填写圈梁钢筋配置信息，如图 5-71 所示。关闭对话框后自动完成圈梁钢筋配置。

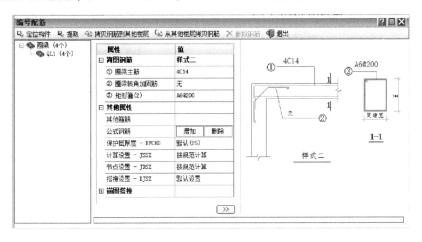

图 5-71 圈梁钢筋配置

5.9.4 台阶的创建

以案例工程项目首层 2-3 轴交 2-D 轴处台阶为例，台阶混凝土强度等级为 C30，台阶踏步宽 300mm，高 150mm，台阶踏步为 3 步，台阶最上部宽度 1500mm。

1）单击构件菜单栏"其它构件"下拉菜单中的"台阶"选项，单击导航器构件编号列表中"编号"按钮，对台阶进行编号定义，属性设置如图 5-72 所示。

2）关闭"定义编号"对话框，导航器属性列表框中"定位点高"设为 –450mm。

3）单击构件菜单栏窗口中的 JT1，选用默认的手动布置方式，绘制方向为台阶长度方向，按〈Tab〉键可切换台阶插入点，绘制完成右击确认。绘制完成的台阶平面及三维视图如图 5-73 所示。

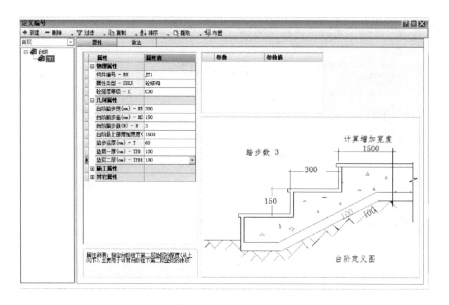

图 5-72　台阶属性定义

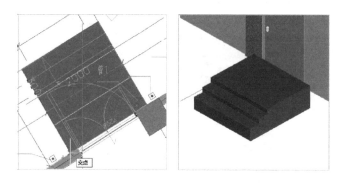

图 5-73　台阶平面及三维视图

5.9.5　坡道的创建

施工图中坡道做法参见国标 12J926 图集，垫层厚 150mm，设防滑地砖面层厚 10mm。

1）单击构件菜单栏"其它构件"下拉菜单中的"坡道"，对坡道进行编号定义，属性设置如图 5-74 所示。

2）关闭"定义编号"对话框，导航器属性列表框中"坡顶高度"设为 50mm，"坡底高度"为同室外地坪。

3）选择"布置与修改"按钮栏中"矩形布置"命令按钮，根据施工图中坡道位置，选择一个插入点，布置矩形坡道，注意起始拉取处为坡顶，拉取结束处为坡底，如图 5-75 所示。

4）拾取绘制好的坡道，单击屏幕左侧快捷工具栏中的 CAD 旋转命令和移动命令调整坡道平面位置。如要调整坡道大小，可拾取绘制好的坡道，单击坡道周围的小蓝点进行拖曳，调整至与设计图大小一致。

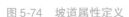

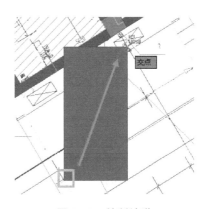

图 5-74　坡道属性定义　　　　　　图 5-75　绘制坡道

5.9.6　散水的创建

案例工程项目散水做法参见西南 11J812 图集，散水算量模型以面状图元形成，具体做法工程量通过挂接工程量清单来完成。

单击构件菜单栏"其它构件"下拉菜单中的"散水"，对散水进行编号定义，属性设置如图 5-76 所示。单击"布置"，选择手动布置方式，根据图纸位置信息，进行散水绘制。图 5-77 所示为完成后的散水三维视图。

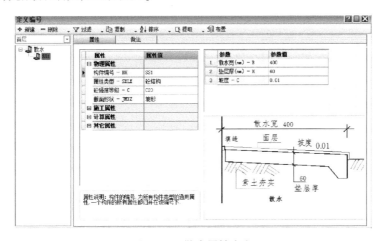

图 5-76　散水属性定义

图 5-77　散水三维视图

5.9.7 建筑面积的创建

建筑面积数据通过绘制各层楼建筑面积包含的范围形成，如有特殊面积计算情况，可分别绘制面积图元，通过挂接清单做法时设置工程量计算式来调整计算结果。本节以案例工程项目一层建筑面积为例介绍建筑面积创建方法。

1）单击构件菜单栏"其它构件"下拉菜单中的"建筑面积"，在"定义编号"对话框中可挂接与建筑面积相关的清单项目，如综合脚手架清单，如图 5-78 所示。选用默认手动布置方式，沿着建筑外墙外围勾勒建筑面积边线，绘制完成后按鼠标右键确定。

2）单击快捷命令栏中的"构件显示"按钮，在弹出的"当前楼层构件显示"对话框中，只勾选建筑面积选项，建筑面积显示情况如图 5-79 所示。

图 5-78　脚手架做法挂接　　　　　　　　　图 5-79　建筑面积

5.10 钢筋的创建

5.10.1 柱钢筋创建

柱筋布置可采用自动识别和手动布置方式，手动布置又称为柱筋平法布置方式。以首层框架柱 KZ3 为例，施工图中有柱钢筋大样图，可选用柱筋平法布置钢筋。

1. 柱筋手动布置

选择绘图区已绘制好的 KZ3 图元，单击工具栏中的"钢筋布置"，也可右击，选择"主筋平法/钢筋布置"命令，在弹出的"柱筋布置"对话框中输入钢筋信息，如图 5-80 所示。依次按"角筋""边筋""箍筋"顺序在平面图元位置绘制相应的钢筋图形，即可完成柱钢筋布置，如图 5-81 所示。对话框中各功能介绍以及具体布置方法参考 3.7 节相关内容。

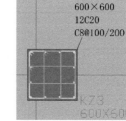

图 5-80　柱筋布置　　　　　　　　　　　　图 5-81　KZ3 柱筋绘制

2. 柱筋识别

柱筋识别主要指识别施工图中柱钢筋大样表，因此采用柱筋识别时，原施工图中应有柱配筋大样图。以 KZ4 为例，单击构件菜单栏"识别钢筋"下拉按钮，选择"识别大样"，在弹出的如图 5-82 所示"柱筋大样识别"对话框中，依次提取施工图柱钢筋大样中的柱截面图层、柱钢筋图层和标注图层，单击"确定"按钮完成柱钢筋的识别，如图 5-83 所示。

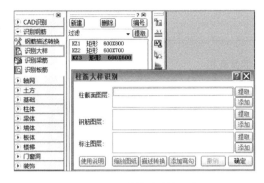

图 5-82　柱筋大样识别

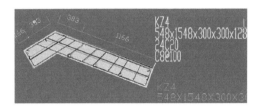

图 5-83　KZ4 柱筋识别

在柱筋识别前需要做如下准备工作：

1）一般需先识别完柱图元，如事先没有识别柱，直接识别钢筋时，必须先在编号定义时设置好柱编号。

2）项目中第一次识别钢筋时，需单击对话框上的"描述转换"功能，将原 CAD 施工图中钢筋级别进行转换。

3）如 CAD 施工图中柱大样图标注比例与实际比例有差异，单击对话框中"缩放图纸"功能缩放大样图，框选大样图，软件自动根据标注进行缩放为正确比例的图。

柱筋识别完成后，钢筋显示在大样图上。通过工具栏"辨色"功能按钮对是否完成钢筋识别构件进行查看，当构件颜色为红色默认为未完成钢筋识别构件，可继续自动识别或手动布置钢筋。

5.10.2　梁钢筋创建

框架梁钢筋布置主要通过梁钢筋输入表格后，软件自动提取钢筋信息进行布置。钢筋输入表格的方式有自动识别和手动录入两种方式。以首层绘制 KL1 为例，分别采用两种方式提取施工图中梁钢筋信息。查阅二层框架梁配筋图，集中标注中箍筋 C8@100/200（2），面筋 2C22，底筋 4C18，腰筋 N4C12。原位标注中第一跨左支座负筋 4C22，右支座负筋 4C22，第二跨左支座负筋 4C22，右支座负筋 4C22。

1. 自动识别梁钢筋信息

1）选择 KL1，单击工具栏中"钢筋布置"，也可右击选择"钢筋布置"，在弹出的"梁筋布置"对话框中，有"自动识别""选梁识别"和"选梁和文字识别"三种识别方式，单击左下角的"选梁识别"，如图 5-84 所示。

2）弹出"钢筋描述转换"对话框，提示将底图中钢筋符号转换成算量模型识别的符号。如图 5-85 所示，单击"是"按钮，弹出"描述转换"对话框，分别拾取图纸上未显示正确的钢筋标注信息、集中标注线，单击"转换"按钮进行转换，转换完成单击"退出"

按钮。

图 5-84　梁钢筋信息表格

图 5-85　钢筋描述转换

3）回到"梁筋布置"对话框，拾取绘图区中需布置钢筋的梁图元，右击确定，自动提取梁钢筋信息，如图 5-86 所示。若识别出的信息有误，可手动进行修改。

梁筋	箍筋	面筋	底筋	左支座筋	右支座筋	腰筋	拉筋	加强筋	其它筋	标
集中标注	C8@100/200(2)	2C22	4C18			N4C12				0
1				4C22	4C22					
2					4C22					

图 5-86　梁钢筋信息

4）单击"布置"按钮，完成 KL1 梁钢筋布置，梁标识颜色转化为绿色，图 5-87 所示为梁钢筋布置图。

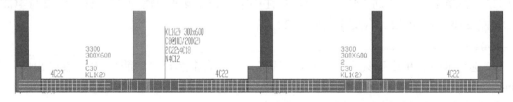

图 5-87　梁钢筋布置图

注意：当梁钢筋标注信息离梁构件较远，"选梁识别"无法识别信息时，可选择"选梁和文字识别"功能，同时拾取梁和文字信息，再右击完成识别。

2. 手动输入钢筋信息

选择绘图区 KL1 图元，单击工具栏中的"钢筋布置"或右击选择"钢筋布置"，在弹出的"梁筋布置"对话框中，单击左下角的"布置梁筋"按钮，手动输入框架梁 KL1 集中标注和原位标注钢筋信息，如图 5-88 所示。信息输入完成，单击"布置"按钮完成 KL1 梁钢筋布置。

梁跨	箍筋	面筋	底筋	左支座筋	右支座筋	腰筋	拉筋	加强筋	其它筋	标高(m)	截面(mm)
集中标注	C8@100/200 (2)	2C22	4C18			N4C12	2*A6.5@400				300x600
1				4C22	4C22						300x600
2					4C22						300x600

图 5-88　梁钢筋手动布置

5.10.3　板钢筋创建

现浇板钢筋主要有板底钢筋、板面钢筋、板支座负筋以及分布筋等类型。钢筋设置分为自动识别和手动布置两种方式。案例工程项目中板底钢筋均未画出，按设计说明均采用 C8 @200 钢筋布置，因此只能采用手动布置方式。钢筋模型绘制时，首层板应为案例工程项目二层楼面现浇板。

1. 板底筋/面筋布置

1）选择需布置钢筋的现浇楼板，单击工具栏中"钢筋布置"或右击选择"钢筋布置"，弹出"布置板筋"对话框，如图 5-89 所示。在"板筋类型"列表中选择"底筋"，右侧列表中有多种布置方式可选择，选择"两点布置"。

2）输入现浇板底筋 X 方向和 Y 方向钢筋信息。

3）拾取板对边线上的两点，在该现浇板范围内自动生成双向底筋，如图 5-90 所示。板面筋操作方法同底筋。

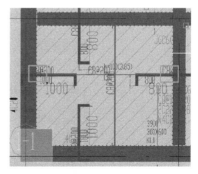

图 5-89　"布置板筋"对话框　　　　　　图 5-90　绘制板筋

如板底筋/面筋采用"选板双向"布置方式，则直接单击需要布置钢筋的现浇板图元，右击确认即布置完成。如果多块现浇板的钢筋贯通布置，则可选择"多板布置"方式，单击多块板，右击确认后再单击任意一边两个端点，完成双向钢筋布置。

2. 板面负筋手动布置

板面负筋可采用手动布置，也可采用自动识别，手动布置方式同板底筋。案例工程项目中负筋有明确图示，因此两种方式均可使用。

1）选中现浇板图元，单击"钢筋布置"，在如图 5-91 所示"布置板筋"对话框中采用"四点布置"的方式。输入面筋描述 C8@200，现浇板分布构造筋为 C6@150；挑长长度根据案例工程项目图纸钢筋信息进行设置。

2）根据命令聊天框提示，依次选择负筋外包长度起止点、负筋分部范围起止点，软件根据绘图范围和钢筋信息自动生成板面负筋。

图 5-91　板面负筋设置

"布置板筋"对话框下方的"长度公式"和"数量公式"栏，可对钢筋长度公式进行手动调整以适应实际工程需要。

3. 板面负筋自动识别

板钢筋识别有框选识别、按板边界识别、选线与文字识别、选负筋线识别和自动负筋识别五种方式。前三种主要用于板底筋/面筋识别，后两种用于负筋识别。以案例工程项目中现浇板中负筋为例，按说明未标注负筋均为 C8@200。

1）选择需布置钢筋的楼板，单击工具栏中的"钢筋布置"或右击选择"钢筋布置"，在弹出的"布置板筋"对话框中，采用"选负筋线识别"的方式，如图 5-92 所示。

图 5-92　板负筋识别设置

2）单击"编号管理"按钮，对未识别出的钢筋设置钢筋型号为 C8@200，单击"确定"按钮返回，如图 5-93 所示。

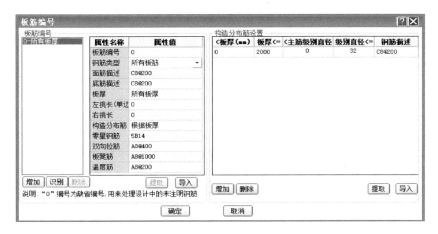

图 5-93　编号管理

3）单击"提取图层"按钮，选择底图中负筋图层。

4）勾选右侧"构造筋"选项，根据施工图设计说明，单击右下角"设置"按钮，设置自动布置构造分布筋如图 5-94 所示，确定后返回。

5）选择现浇板的板负筋线条确认板筋图层，右击完成板面负筋的绘制。

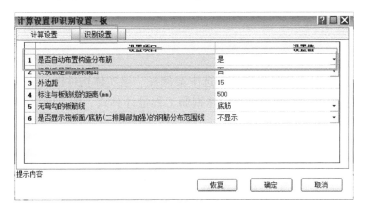

图 5-94　构造分布筋识别设置

5.10.4　楼梯钢筋创建

楼梯钢筋包括梯段钢筋、梯梁钢筋以及平台板钢筋几部分，主要通过楼梯简图中钢筋参数修改布置而成。以案例工程项目一层 1#楼梯为例，TB1a 梯板底钢筋为 C12@100，梯板底分布筋为 C8@200，梯板面钢筋为 C12@200，梯板面分布筋为 C8@200。楼梯钢筋创建主要有以下几个步骤：

1）选中楼梯段 TB1a 图元，单击工具栏中的"钢筋布置"或右击选择"钢筋布置"，在如图 5-95 所示"编号配筋"对话框中，在"简图钢筋"下拉列表中选择符合设计梯段类型的"样式二"。根据设计输入梯板各部分钢筋信息。

2）完成 TB1a 钢筋信息输入，单击构件列表"TB1"，选择相同类型梯板类型，按同样方法输入钢筋信息，单击"退出"。布置钢筋后构件名称颜色呈粉红色显示。

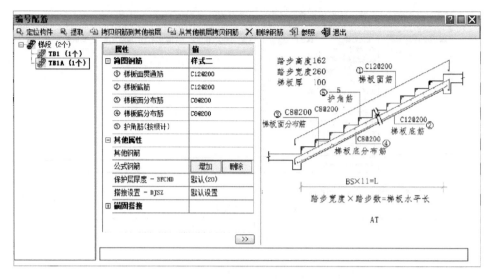

图 5-95 楼梯钢筋设置

3）分别选择构件梯梁 TL1、TL2、TL3 与平台板 PTB1 进行钢筋布置。因梯梁、平台板钢筋布置方法分别与梁钢筋和板钢筋一致，此处不再赘述。

5.10.5 核对钢筋工程量

1. 柱筋核对

构件钢筋创建完成后，在操作界面中选中案例柱、梁实体构件图元，单击工具栏中部的“查筋”快捷命令按钮，可查看并核对构件钢筋工程量计算式。图 5-96 所示为柱筋工程量核对表。

柱核对单筋[KZ3] 钢筋重量:181.768

显示全选 显示全清 汇总说明: KZ3(编号) 直径 8 : 66.36(kg) 直径 20 : 115.408(kg) 用量: 181.768(kg)/1.404(m3)=129.464(kg/m3)

	显示	钢筋描述	钢筋名称	图形	长度公式	公式描述	长度(mm)	数量公式	根数	单重(kg)	总重(kg)	搭接数	搭接形式	构造索引
1	☑	C8@100/200	外箍1	552 552	(600+600-4*20-2*8)*2+2*(3.39*8+MAX(10*8, 75))+3*(-1.08*8)		2397	CEIL((600-50)/100+(3900-600	29	0.947	27.458	0	绑扎	L:无; R:无
2	☑	C8@100/200	内箍2	203 552	(600-2*20-8+(600-2*38)/3+20+8)*2+2*(3.39*8+MAX(10*8, 75))+3*(-1.08*8)		1698	CEIL((600-50)/100+(3900-600	29	0.671	19.451	0	绑扎	L:无; R:无
3	☑	C8@100/200	内箍3	203 552	(600-2*20-8+(600-2*38)/3+20+8)*2+2*(3.39*8+MAX(10*8, 75))+3*(-1.08*8)		1698	CEIL((600-50)/100+(3900-600	29	0.671	19.451	0	绑扎	L:无; R:无
4	☑	6C20	竖向纵筋	3900	3900-(600+700)+600+700	柱高-本层的露出长度+上层露	3900	6	6	9.617	57.704	6	双面焊	L:无; R:无
5	☑	6C20	竖向纵筋	3900	3900-600+600	柱高-本层露出长度+上层露出长度	3900	6	6	9.617	57.704	6	双面焊	L:无; R:无

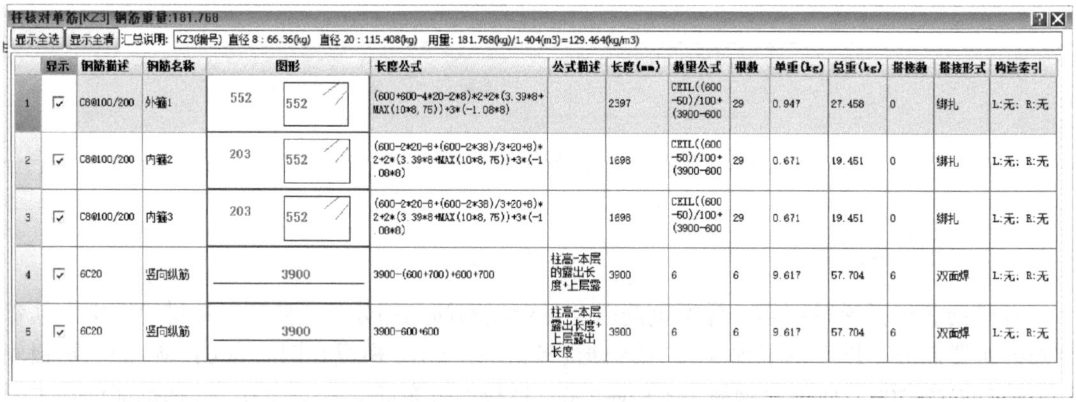

图 5-96 柱筋工程量核对表

2. 板筋核对

现浇板钢筋核对与柱梁构件钢筋有所区别，需选择板中的某类钢筋进行查看，如板底筋、板负筋等。如选择某块板负筋，单击“查筋”快捷命令按钮，显示如图 5-97 所示的负筋工程量计算式，绘图区域中同时显示该负筋的分布范围，如图 5-98 所示。

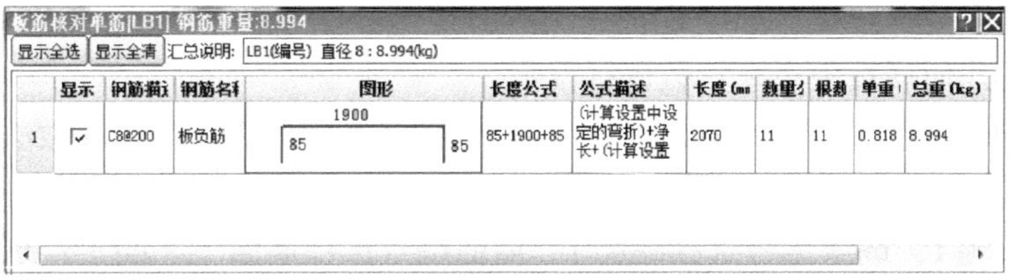

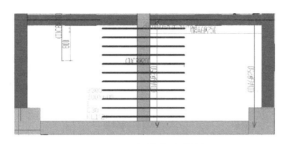

图 5-97　板负筋核对表

图 5-98　负筋分布范围

5.11　装饰工程

5.11.1　室内装饰

装饰算量模型以面状图元表示，没有实体模型，主要通过挂接清单定额做法来完成工程量统计。主要操作方法分为装饰层属性定义和图形绘制两个步骤。以首层卫生间室内装饰为例，单击左侧菜单栏中的"装饰"下拉菜单中"房间"，弹出"定义编号"对话框，构件列表中除了显示房间名称外还包括楼地面、天棚、踢脚、墙裙、墙面等房间组成部分。首先定义各组成部分做法，然后在房间属性中选择各组成部分做法进行组合完成房间装饰属性定义。

1. 房间属性定义

1）新建楼地面构件。如图 5-99 所示，根据图纸工程信息设置卫生间地面属性，构件编

图 5-99　楼地面属性定义

号可根据实际工程情况定义，如"地面1（防滑地砖）"，属性类型为地面，装饰材料类别为块料面，并对几何属性中主要参数进行设定。

2）依次新建天棚、踢脚、墙面构件，根据设计装饰装修表定义相应做法。

3）新建房间，构件编号为卫生间，组合房间做法。楼地面编号选择创建好的地面1，天棚编号选择天棚1，踢脚编号选择踢脚1，墙面编号选择墙面1，如图5-100所示。

2. 房间装饰层绘制

1）关闭房间定义编号界面，在导航器属性列表中对房间装饰属性进行设置，如图5-101所示。

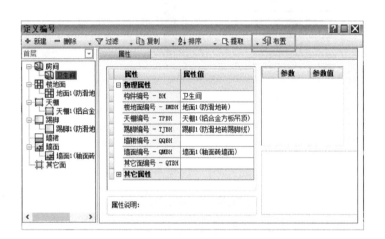

图 5-100　房间属性组合

图 5-101　房间属性布置

2）单击导航器构件编号列表中的房间"卫生间"，选择"点内部生成"绘制方式，根据图纸所示卫生间范围，单击内部生成卫生间装饰，装饰平面和三维视图如图5-102所示。装饰层三维视图并不显示门窗洞口，但工程量计算统计时会自动按规则扣减相应洞口面积。

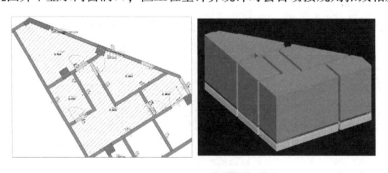

图 5-102　卫生间装饰平面及三维视图

注意：单击内部生成房间装饰时可关闭轴网与图纸，避免将轴线错误识别为房间边界线；所识别的房间边界线需都在视线范围之内，否则无法完成内部生成。

5.11.2　外墙装饰

以案例工程项目首层立面范围外墙装饰为例，外墙竖贴浅灰色面砖。具体装饰做法详见施工图说明外墙装饰做法表。

1）单击菜单栏中"装饰"下拉菜单中的"墙面"，在导航器构件编号列表中默认新建"墙面 1"，单击"编号"按钮对新建构件进行编号定义。

2）根据设计图信息设置外墙装饰属性，构件编号为外墙面 1（外墙砖保温墙面），装饰材料类别为块料面，内外面描述为外墙面，饰面层厚度为 31mm，定义其他几何属性截面尺寸参数设置，如图 5-103 所示。

3）单击"布置"，选用手动布置方式，沿外墙边位置绘制外墙装饰，绘制完成后的三维视图如图 5-104 所示。

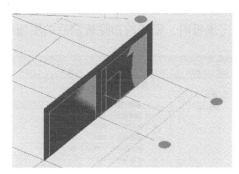

图 5-103　外墙面装饰属性定义　　　　　　　图 5-104　外墙面装饰三维视图

5.11.3　墙体保温装饰

墙体保温工程量与装饰面层工程量有所区别，算量模型分别创建。以二层 1-B 轴、1-A 轴交 1-1 轴、1-2 轴处外墙砖保温墙面（浅咖啡色面砖）为例，保温层做法为聚合聚苯板 A 级，保温厚度为 30mm，内嵌耐碱网格布，6mm 厚外墙面砖面层。

1）单击菜单栏中"装饰"下拉菜单中的"墙体保温"，对墙体保温进行编号定义，属性设置如图 5-105 所示。

图 5-105　外墙保温层属性定义

2）单击"布置"，选择手动布置方式，根据设计图信息沿外墙布置墙体保温层。绘制完成后，装饰层三维模型并不显示门窗洞口，工程量计算统计时自动按规则扣减洞口面积。

5.11.4 屋面及屋面防水

以案例工程项目[⊖]五层屋面为例，屋面为非上人保温层屋面，保温层为挤塑聚苯板 B1 级，保温厚度为 30mm，女儿墙泛水参见西南 11J201 图集。

单击菜单栏中"装饰"下拉菜单中的"屋面"，对屋面进行编号定义，属性设置如图 5-106 所示。

单击"布置"，选择"点选内部"，此时建议关掉轴网和底图，单击女儿墙围成的内部生成屋面。选择菜单栏中"板体"下拉菜单中的"板洞"，单击屋面楼梯间墙体范围内部，绘制完成板洞，完成的扣除板洞后的屋面如图 5-107 所示。

图 5-106　屋面属性定义

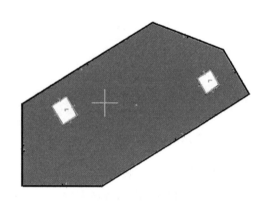

图 5-107　屋面板洞扣除

5.12 清单做法挂接

工程量清单做法挂接目的是使构件工程量以分项工程量清单的方式统计。如果构件模型创建时没有挂接做法，则工程量以实物量统计。清单做法挂接可在构件属性定义的同时进行，可以在模型创建完成后统一进行。

以多孔砖墙体构件清单做法挂接为例，在"定义编号"对话框中单击"做法"，如图 5-108 所示。

在右侧的"清单指引"中双击选择清单编码为 010401004 的多孔砖墙，如果"清单指引"中没有想要的清单项，可以在"清单子目"选项下选择所需的清单项；可在下方进行项目特征填写。如需同时输出定额，则在"定额子目"窗口中选取对应的多孔砖墙定额。

⊖　本书配套的施工图、族库、样板文件可登录 https：//pan. baidu. com/s/11tC0Oaq_5gzWQPn6fCV5cQ（提取码：2121）下载。

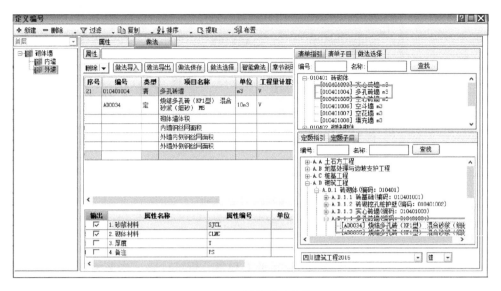

图 5-108　墙体做法挂接

"做法"页面输入清单后，可同时看到除了砌体体积工程量输出以外，还有内墙钢丝网面积和外墙内外侧钢丝网面积工程量的输出，可根据需要再次选择相应的工程量清单编码。单击清单行"工程量计算式"右侧按钮，弹出"特征变量"对话框（见图 5-109），可在"计算式"空白区域中对相应的变量进行运算以满足实际工程量需要。

首层构件模型创建完成并挂接做法后，可将本层构件做法通过"做法导出"的方式复制到其他楼层相应构件上，或在其他楼层操作界面通过"做法导入"的方式将已有构件做法复制到当前构件。

图 5-109　"特征变量"对话框

5.13　工程计算汇总

5.13.1　工程量计算汇总

所有构件绘制完成后，单击工具栏中的"计算汇总"，弹出如图 5-110 所示对话框。根据需要如统计全部构件工程量，将对话框中所有选项进行勾选。当只需统计部分构件工程量时，可只勾选部分需统计构件。单击下方"确定"按钮，系统开始进行计算汇总。

通常需要勾选"计算方式"框内的"实物量与做法量同时输出"，可同时获得清单列项工程量和按模型构件分别列项的工程量。

图 5-110 "计算汇总"对话框

计算汇总完成后，弹出如图 5-111 所示的工程量分析统计表，当前为清单工程量表，单击"实物工程量"页面查看相应实物工程量。也可在工具栏右方单击"预览"查看工程量分析统计表。工程量分析统计表中可进行工程量筛选，查看指定楼层和构件的工程量，还可将当前清单工程量和实物工程量明细表导出到 Excel 文档保存。

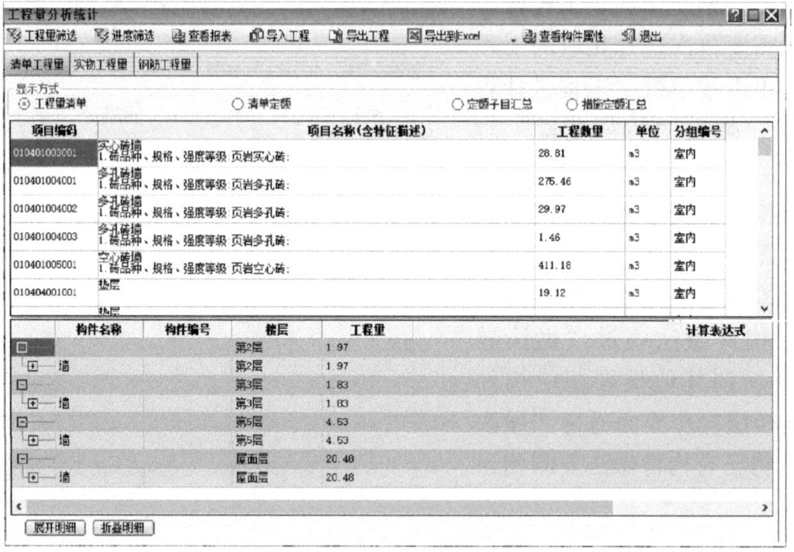

图 5-111　工程量分析统计表

单击窗口下方"展开明细"按钮，可详细查看构件的工程量信息。当显示方式为工程量清单时，单击清单项，即可在展开明细中查看此清单项挂接的详细构件列表，以及这些构件的名称、位置、工程量。

5.13.2　工程量报表

单击工具栏右方"查看报表"按钮，在"报表打印"窗口中展开报表目录中文件夹，可选择预览各类表格工程量，如图 5-112 所示。可勾选表格进行打印。

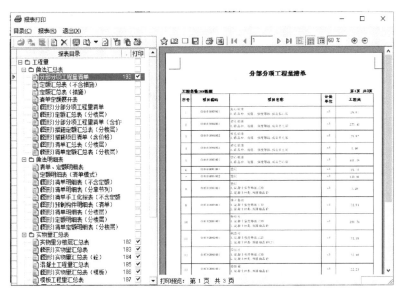

图 5-112　工程量报表

本章小结

　　本章主要介绍了基于 CAD 软件环境下，建筑装饰工程算量模型的创建和工程量计算过程。主要用于目前 CAD 二维施工图设计方式广泛存在的情况下，建筑装饰工程量的计算。本章以斯维尔三维算量 for CAD 软件为例，介绍了工程建立、工程设置、结构构件、钢筋以及装饰工程等内容的算量模型创建方法。模型创建方法分为手动绘制和自动识别两种方式，在施工图完备的情况下，常采用识别的方式来完成模型创建。工程量的计算汇总分为两种形式：一是实物工程量；二是清单工程量，清单工程量报表的输出前提是模型创建过程中需要进行工程量清单的挂接。本章关于模型创建方法，有部分内容与第 3 章有相似之处，两章内容可以互为补充。

习　　题

　　1. 基于 CAD 的三维算量软件中，构件属性主要分哪几类？
　　2. 根据施工图定义基础及首层柱、梁、板和楼梯模型属性，通过绘制或识别方法创建算量模型，并对相应构件挂接清单做法。
　　3. 完成结构模型钢筋的绘制和识别。
　　4. 通过楼层复制功能完成整个工程结构模型。
　　5. 根据施工图完成墙体、门窗及装饰部分模型的属性定义和图形绘制，并对相应构件挂接清单做法。
　　6. 对整个工程模型进行工程量汇总计算，查看工程量报表。

6

第6章
基于 CAD 软件的安装工程计量

6.1 概述

基于 CAD 软件的安装工程计量，即以 AutoCAD 软件为平台，通过手动布置或快速识别 CAD 电子图的方式，建立安装工程的管线及设备二维图形或三维模型。通过算量软件系统中内置工程量计算规则，以满足给排水、通风空调、电气、采暖等专业安装工程量计算需求。常用软件主要有广联达安装算量 GQI 软件、斯维尔安装算量 for CAD 软件、鹏业安装算量软件以及算王安装算量软件。本章将依据《建设工程工程量清单计价规范》（GB 50500—2013）、《通用安装工程工程量计算规范》（GB 50586—2013）、《四川省建设工程工程量清单计价定额》，运用斯维尔安装算量 for CAD 软件完成案例中水电部分的工程量计算。

使用软件进行工程算量大致分为以下几个步骤：

（1）工程设置　工程设置包含计量模式、楼层设置、工程特征三部分的设置，是整个工程的纲领性设置工作。工程设置确定工程量计算依据和规则，是工程量计算准确性的关键影响因素。

（2）构件编号定义和识别工作　在已有 CAD 图基础上，将对应楼层的 CAD 图导入软件内进行识别，生成构件编号和模型。CAD 施工图导入之前通常要进行图纸管理，如图纸分块、清理等工作。对少数无 CAD 详细设计图或有具体需求时，则进行手动设置构件的编号、所属系统、构件信息等内容。

（3）模型建立　安装工程模型主要包括各类设备、器具、附件以及管线。通过手动布置和自动识别的方式分别创建设备与管线并将其连接。

（4）修改和编辑　构件布置完成后，对不符合要求的构件进行修改。在建模流程中这是关键的一步。当布置和识别的构件与实际要求有出入，则需进行修改，如位置、大小、形状等，使之符合设计要求。

（5）做法挂接　对构件进行工程量清单或定额挂接，以实现按规则计算构件工程量，并能根据清单或定额编号统计对应的工程量。

（6）工程量汇总计算与报表输出　模型建立过程中可通过核查功能检查具体构件工程量计算式，实时进行模型修改与调整。安装模型创建结束后，通过计算汇总功能统计所有实物和清单项目工程量，实现报表输出。

6.2　给排水专业算量模型的创建

案例工程项目中给排水专业工程部分由给水、排水、消防水系统组成，安装工程量主要输出内容为各类管道的工程量、阀门数量、设备数量。为统计出各类设备及材料的预算工程量，应注意选择对应系统绘制管道和设备。例如，污水、废水、冷凝水、雨水等均属于不同系统，绘制不同系统管道时应切换相应系统类型，避免在同一系统下绘制，导致最后输出工程量出现偏差。

6.2.1　新建工程

运行安装算量程序，软件的计算模式与楼层设置的方法与第 5 章土建算量中介绍的一致，在安装算量的工程设置中只设计量模式、楼层设置和工程特征三个内容页面，如图 6-1 所示。在计量模式中选择清单模式下"实物量按清单规则计算"，以及对应地区定额。楼层设置按建筑工程相同设置方式，首层层底标高设置为±0.000，输入各楼层层高并适当修改楼层名称。

图 6-1　新建工程

"工程特征"页面中单击"水暖"，进行给排水工程的基础设置，如图 6-2 所示。根据

图 6-2　工程特征设置

水施图的图纸说明，找到管道保护层和保温层的材料，对应设置在属性值中，本案例中没有喷淋系统，所以可不设置喷淋头的安装高度。

6.2.2 操作界面介绍

安装算量操作界面与土建算量界面基本一致，如图 6-3 所示。两者的区别在于安装算量没有钢筋工具栏，有适用于安装算量工程量查询的工具栏。

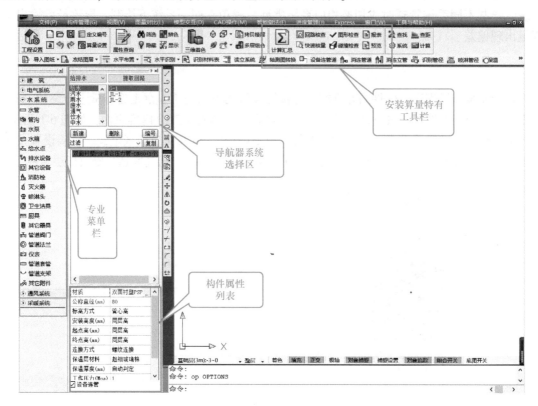

图6-3 操作界面

1. 专业菜单栏

安装算量 2018 中共分为 5 个专业，分别为建筑、电气、水、通风、采暖，其中建筑专业中的构件是为辅助安装工程的构件而设置的。

2. 导航器系统选择区

单击安装专业的任意菜单，右侧展开专业下的系统选择，安装算量中系统选择尤为重要。

3. 构件属性列表

在任意系统下新建一种构件后，弹出属性列表，属性列表中可对构件的材质、规格、安装高度等进行设置修改。

6.2.3 创建给水工程模型

1. 建模准备

（1）处理图纸　使用 CAD 软件对图纸进行处理，按楼层和专业分离出单张 CAD 图，此操作是为了避免载入所有图纸导致计算机运行卡顿，以提高建模效率。

（2）导入 CAD 图 将处理好的首层给排水平面图导入软件中首层操作平面。

（3）建立轴网 给水模型创建前，仍需绘制相应的轴网信息，参考第 4 章相应内容首先绘制首层轴网，并拷贝至各个楼层。轴网建立后可另存一份初始轴网供电气专业建模时使用。

2. 新建系统回路

单击专业菜单栏中"水系统"，弹出下拉菜单栏和右侧系统栏（见图 6-4），对于水专业中涉及的所有构件均在下拉菜单中新建生成，其中水管、管道阀门、卫生洁具是统计给排水专业工程量最重要的子菜单。右侧的系统栏可以切换各种系统，不同系统的管道应在对应的系统下新建绘制，如给排水系统中绘制给水、污水等管道。

单击导航器系统选择区下方的"编号"按钮，弹出"回路编号"对话框（见图 6-5），此对话框是用于新建和管理所有系统下的回路。根据给水系统图可知给水管网有 JL-1 和 JL-2。单击对话框下方"增加"按钮，将回路编号对应 JL-1 和 JL-2。可一次性将水专业的给水、污水、雨水等所有系统编号新建完整。

图 6-4 水系统菜单

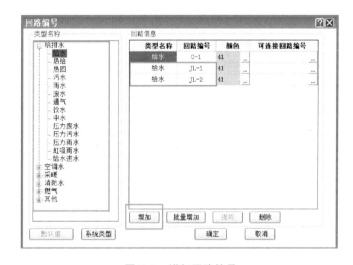

图 6-5 增加回路编号

3. 建立给水管网

本案例中给水管系统主要包括干管、立管和管道阀门。管道创建有手动布置和自动识别两种方式。手动布置是结合给水管道系统图和平面图管道间位置关系，以及管径变化情况绘制管道；自动识别则根据平面图中图层和标注自动识别生成管道。

（1）手动布置

1）根据施工图说明与给水管道系统图，为管道添加材质和管径，如图 6-6 所示。如系统材质列表中没有对应的材质，可单击"增加"按钮输入"聚丙烯给水塑料管 PP-R"名称。选择新建的管道材质，同时选择"规格参数"栏中需要的管径，添加到"构件名称"栏中。单击"确定"按钮完成管道材质和管径设置。

2）根据给水系统图，入户管直径 DN80 的安装高度为 -1.15m。选择构件列表中 DN80 的给水管道名称，将构件属性列表中的"安装高度"改为"-1150"，如图 6-7 所示。沿图纸中给水图层水平绘制 DN80 的给水入户管。

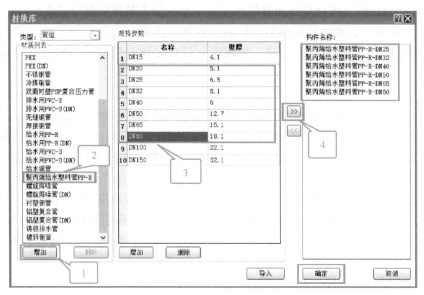

图6-6　定义管道材质和管径

3) 单击工具栏"着色"按钮,绘制好的 DN80 管道实体俯视图显示如图 6-8 所示。根据给水管道室内外的分界规则,有阀门时以阀门为界,无阀门以外墙皮外 1.5m 为界。利用 CAD 软件的"夹点"编辑操作可将外墙皮外管道长度修改为 1.5m。

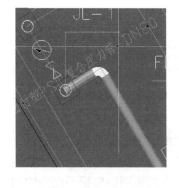

图6-7　修改管道属性　　　　　　　　　　　图6-8　入户管实体俯视图

由系统图可知,在 DN80 水平绘制结束后有一段竖向立管,水专业中立管须手动布置,单击工具栏"水平布置"下拉三角,选择"立管布置"(见图6-9),并修改构件属性列表中的"起点"和"终点"的标高,通过 CAD 软件的"捕捉"功能在立管管心处单击放置立管,相连接的管道之间自动生成弯头或者三通。

入户管道绘制完成后,依次按照水平管道和立管的绘制方法,建立一层的其余干管和立管。根据系统图和平面图新建"聚丙烯给水塑料管 PP-R"，继续完成一层所有给水管道（不包括与卫生洁具的配水管）的绘制，如图 6-10 所示。

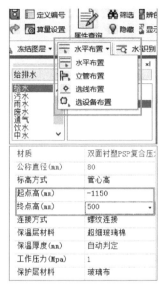

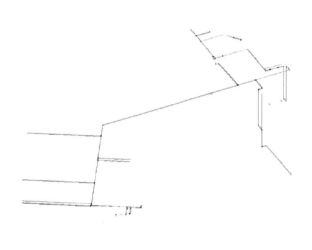

图 6-9　立管布置　　　　　　　　　　　图 6-10　一层给水管道三维视图

（2）管道自动识别　自动识别对于管道的建立来说，与手动绘制相比无法更多地体现出识别功能的便捷性，在绘制管道时为减少错误和修改，通常更多采用手动绘制方法。

1）单击"水平识别"功能按钮，弹出识别功能的导航器，单击"管道图层"下的"提取"按钮，指针变成选择框状态，任意选择一段给水管道，按鼠标左键选择，"管道图层"下出现图层名称时表示提取完成，如图 6-11 所示。如果平面图中没有管道标注信息，则无法提取图层。

2）在构件属性列表中，修改入户管的材质、公称直径、安装高度等，如图 6-12 所示。构件中没有所需材质时，单击材质对应的"属性值"弹出材质库，进行新增即可。

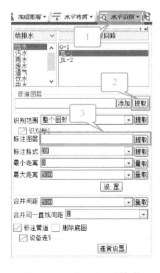

属性名	属性值
材质	双面衬塑PSP复合
公称直径(mm)	80
标高方式	管心高
安装高度(mm)	-5050
安装标高(m)	-1.15
保温层材料	超细玻璃棉
保温厚度(mm)	自动判定
工作压力(Mpa)	1.0
保护层材料	玻璃布

图 6-11　水平识别管道　　　　　　　　　　図 6-12　修改管道属性

3）框选管径为 DN80 的管道，被选择的线条会虚化，检查是否有遗漏和多选的线条，按鼠标右键确定生成水平管道。

标高和方向不同的水平管之间，生成竖向立管可以采用"交叉立管"的功能，框选需要连接的水平管道，按鼠标右键确认生成立管，此功能适用于不需要生成三通立管的情况，如图 6-13 所示。立管更多采用手动布置的方式来完成。

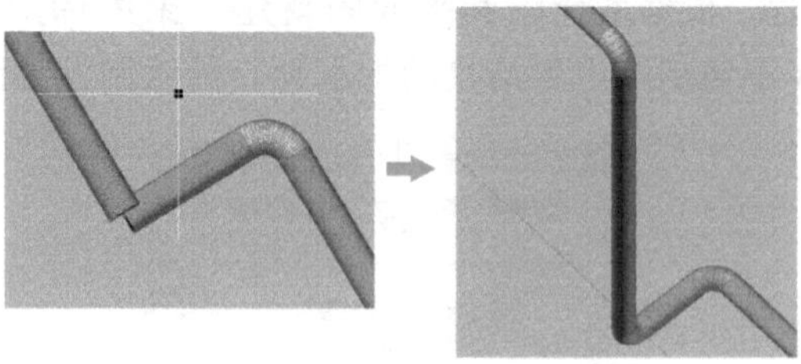

图 6-13　生成立管

4. 管道附件的识别

管道附件主要包括各种类型阀门、水表等内容，通常采用识别方式来创建。阀门识别主要依据平面图中阀门图例，每个图例对应一个阀门。阀门识别往往在给水管道绘制结束之后进行，这是因为识别的阀门会根据管道的高度自动调整自身高度，避免重复修改。

1）选择专业菜单栏"水系统"下的"管道阀门"→单击布置修改栏中的"识别附件"，弹出识别导航器，如图 6-14 所示→单击"3D 图"按钮，弹出附件选择对话框，选择"闸阀"图例→单击"提取"按钮，框选图纸中的某个闸阀图例，右击确认选择。

2）确定阀门中心点，可直接按鼠标右键默认图例中心，也可手动选择阀门布置点。确定阀门水流方向，通过 CAD 捕捉功能，单击阀门所在管道端点，此时阀门与管道平行，如图 6-15 所示。

图 6-14　识别阀门

3）下方对话框提示"选择识别范围"，如果需要全部识别可再按鼠标右键，如果只识别一部分，通过 CAD 的框选规则，选择需要识别的部分即可。三维查看阀门与管道连接情况如图 6-16 所示。

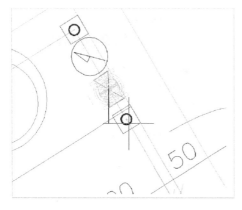

图 6-15　放置阀门

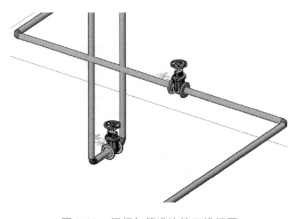

图 6-16　阀门与管道连接三维视图

水表的识别与阀门的识别操作相同，区别在于选择"3D图"时，需在"仪表"下选择水表，随后提取水表的图例，识别结果如图6-17所示。

5. 卫生洁具的识别

卫生洁具是将室内给水管道和排水管道相连接的中介，需放在排水管道绘制之前。给水管道的配水支管在卫生洁具安放完毕后绘制生成，排水管道与卫生间洁具的连接管道因卫生洁具的存在，减少了部分竖向管道的布置。

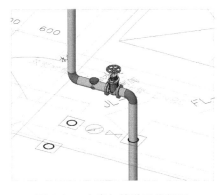

图 6-17　水表与管道三维视图

（1）洗脸盆识别

1）单击专业菜单栏"水系统"下的"卫生洁具"项目，在"3D图"中选择与图例相近的洗脸盆样式。单击"提取"按钮，框选洗脸盆的图例，更改系统类型为污水系统"WS-1"。修改洗脸盆的安装高度为500mm，定位并确定好方向后按鼠标右键进行全部识别。识别操作顺序如图6-18所示。

2）单击刚生成的洗脸盆，按鼠标右键展开选择"设备连接管道"，弹出如图6-19所示"连管设置"对话框。将连接方式改为"指定管径"，统一指定为15mm，即配水支管为DN15。判定方式改为"系统类型相同连管"。洗脸盆与管道连接结果如图6-20所示。

3）根据施工图中主要设备材料表建立"盥洗盆"，安装高度设置为500mm，并与给水管进行连接。

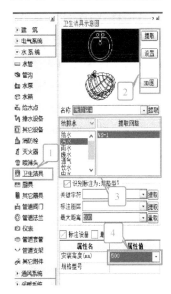

图 6-18　识别洗脸盆

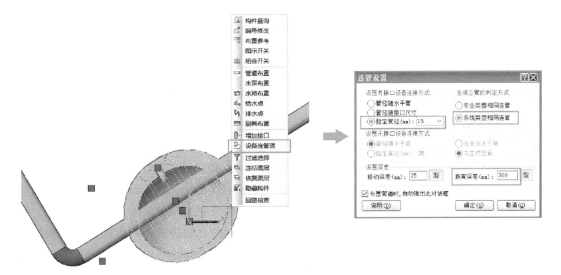

图 6-19　设备连接管道设置

设备识别设置过程中，统一指定管径时应注意，个别管道差异可生成支管后手动修改管径。判定方式选择系统连管的作用范围大于专业连管，如果选择专业连管，对话框将会提示无法连接，这是由于管道是给水系统，而洗脸盆是污水系统。"距离误差"是指在二维水平图中，卫生洁具中心里管道的最近距离小于设定的距离误差时将会自动连接，如果两者的距离大于指定值无法连接。误差不宜设置过大（300～500mm 为宜），避免周围有其他构件时，设备连管出现错误。

（2）大便器、小便器识别　与洗脸盆识别步骤相似，经过选择"3D 图"→"提取"大便器和小便器图例→选择污水"WS-1"系统→确定安装高度为 0→识别一层蹲式大便器。

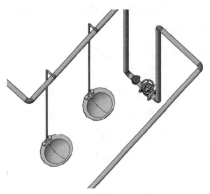

图 6-20　洗脸盆与管道连接

由于施工图中图例表达的偏差，可能会导致卫生洁具的实际位置与图例位置出现偏差，应以卫生洁具立管所在位置为安放位置，如图 6-21 所示。

大便器洞口中心应在排水管道上，便于排水管道与大便器的竖向管道生成，给水管道与大便器通过自动生成一段转折弯头相互连接，如图 6-22 所示。

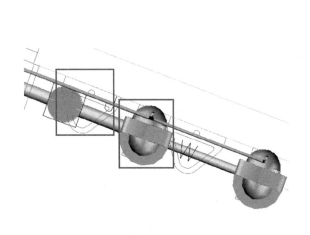

图 6-21　放置卫生洁具位置

图 6-22　大便器与管道连接

6. 管道跨层连接

安装算量软件与土建三维算量软件操作方法类似，都是分层绘制构件模型，不同层间的绘制相对独立，不同层间的构件属性可通过复制楼层的方式完成。实际上不论是三维算量的柱构件还是安装算量中的竖向立管都是跨越楼层。在安装工程中，对于跨层的立管因管径变化的情况较多，手动布置立管可以很好地处理管径变化。在各楼层放置对应管径的立管，修改立管的"起点高"和"终点高"，起点为下层立管管径变化的高度，终点则是上面楼层管径变化的三通位置。

当不同管径的立管相接时，会自动生成三通或变径管。此时会出现两种情况：一是第二次放置立管的起点高度实际在上一个放置立管的楼层中（按从下往上放置立管，起点高比

本层底要低）；二是第二次放置管道的终点高度在下一个放置立管的
楼层中（终点高比本层的层高要高）。这样绘制的立管模型最终统计
的工程量满足要求，唯一影响的是分层汇总的工程量会出现细微偏
差，这时可采用如图 6-23 所示"立管跨层"功能自动分割不同楼
层，将实际位于下层的管道划分给下层，位于上层的管道划分给上
层，即使总工程量不出错，又使分层汇总也正确。

图 6-23　立管跨层

6.2.4　创建排水工程模型

在给水模型的绘制中，我们将所有给水模型中的构件分系统绘制完毕。排水工程管道的
绘制与给水管道一致，唯一值得注意的是选对排水管道的系统，安装算量中给水管道默认为
绿色，排水管道分污水管、废水管、雨水管道，默认的颜色分别是黄色、褐色和蓝色。

1. 新建系统回路和管道属性设置

根据污水系统图和废水系统图可知需新建的回路编号，新建污水系统如图 6-24 所示，新
建雨水系统如图 6-25 所示，新建废水系统如图 6-26 所示。依次设置管道相应材质的不同管径。

图 6-24　新建污水系统

图 6-25　新建雨水系统

图 6-26　新建废水系统

2. 布置排水管道

选择对应的系统回路和管径在对应位置布置排水管道，与给水管绘制方法一样，分手动布置和自动识别管道两种方式，水平管道布置完成后布置立管。

3. 卫生洁具与排水管道连接

所有的卫生洁具均需要与排水管道连接，每一个绘制的卫生洁具都默认有给水管道和排水管道的接口，接口的位置在哪里，相应的支管就会连接到哪里。卫生洁具与排水管道相连接的竖向管道仍通过右击"设备连管道"功能来实现，如图 6-27 所示。

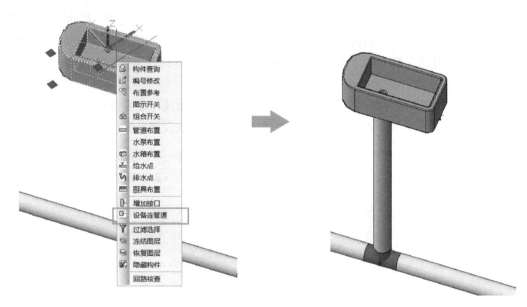

图 6-27　卫生洁具与排水管道连接

4. 排水管道的跨层连接

排水管道的立管基本不存在变径的情况，可以贯通布置，即手动布置立管时立管的起点设置为底层弯头处的标高，终点高设置为系统图中对应的排水管最高点，再通过立管跨层，把连通设置的立管分割到每一个楼层中显示。

6.2.5　组合给排水系统模型

初步绘制完给水模型和排水模型后，通过分层对比检查是否有遗漏的卫生洁具、附件未识别出，管道的管径是否正确，对应进行修改添加。例如，本工程中还有地漏附件未识别出，对应的地漏与排水管道未连接，这就需要返回各楼层依照识别附件的操作和附件与管道连接的功能完成填补。初步检查完毕后通过单击工具栏中如图 6-28 所示"多层组合"功能，将各楼层组合，选择"应用显示"观察三维情况。通过三维视图检查楼层与楼层间是否出现偏差，管道是否出现碰撞等问题，进行模型调整。

消防系统的绘制与给水系统基本一致，可按类似方法创建消防管道及设备。图 6-29 所示为管道及设备完成模型的三维视图。

图 6-28　多层组合功能

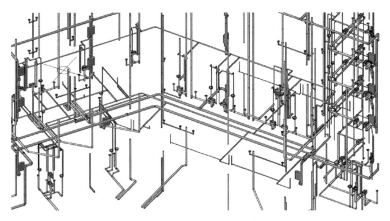

图 6-29　管道及设备三维视图

6.3　电气专业算量模型的创建

对于安装工程中电气专业建模算量，更多采用识别功能来完成。不同于水系统管道的手动布置，电气专业的配管配线均通过识别生成。电气专业建模遵循"两点一线"原则，将电气管线抽离出来。例如，房间内管线一端连接灯具另外一端连接开关，那么灯具和开关就是"点"，配管配线就是"线"。又如楼层配电箱到户配电箱之间，两端的配电箱就是"点"。在建立电气模型时一定是先识别"点"，即电气设备，再根据已有的电气设备识别设备之间的配管配线。

6.3.1　新建工程

运行安装算量程序，新建电气模型。电气的配管配线多而杂，水电模型分开创建便于模型的建立和提高工作效率，避免受给排水模型的影响。

1. 工程设置

电气专业的工程设置与给排水基本一致，在"工程特征"设置中电气专业下有部分通用设置如图 6-30 所示，其中数值填写适用于整个工程。例如开关与插座，除特殊外，开关

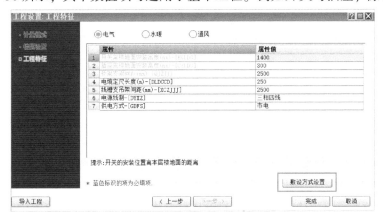

图 6-30　电气专业工程特征

的安装高度一般为 1300mm 或 1400mm，插座的安装高度为 300mm 或 400mm，具体数值设置根据所建工程的设计说明来确定。其他设置按设计说明定，设计说明未提到的采用软件默认的规定设置。

2. 建模准备

轴网的创建可利用给水模型的初始轴网，避免重复绘制。注意工程设置应按电气专业的要求进行修改，若前期未保存轴网，按照轴网绘制的方法再绘制即可。依照前述给水模型绘制准备操作，完成首层电气照明图纸的导入与定位，图 6-31 所示为一层照明平面图。为满足识别操作，还应继续导入与识别项目相关的电气系统图。

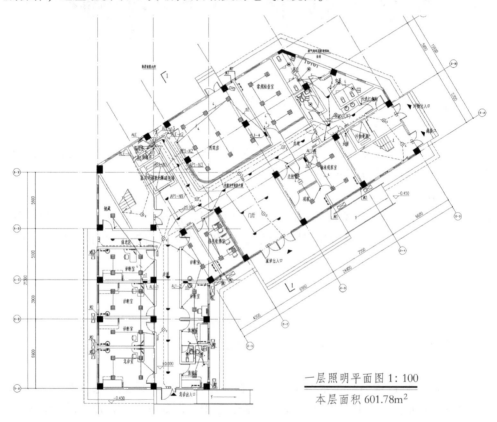

一层照明平面图 1:100

本层面积 601.78m²

图 6-31　电气施工图导入

6.3.2　创建电气回路系统

单击菜单栏中"电气系统"，弹出下拉菜单栏和右侧系统栏如图 6-32 所示，电气专业中涉及的所有构件均在下拉菜单中，如常见箱柜系统图、管线编号、灯具、开关、插座、电气设备等。

电气专业的回路不再需要手动设置，通过如图 6-33 所示工具栏"读系统图"功能可以识别生成电气系统回路。系统回路主要识别步骤如下：

1）单击"读系统图"功能按钮，指针变成框选状态，此时选择系统图中的主箱编号。如要绘制首层照明线路的模型，根据配电箱间的关系，选择 AL1-1 配电箱名称，如图 6-34 所示。

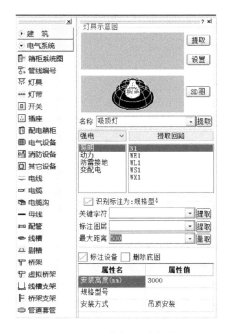

图 6-32 电气系统菜单

图 6-33 读系统图

图 6-34 选择配电箱名称

2）弹出"系统编号的识别"对话框，单击"提取全部文字"按钮（见图 6-35），指针再次变成框选状态，框选主箱后的文字信息如图 6-36 所示，按鼠标右键确认。

图 6-35 提取全部文字

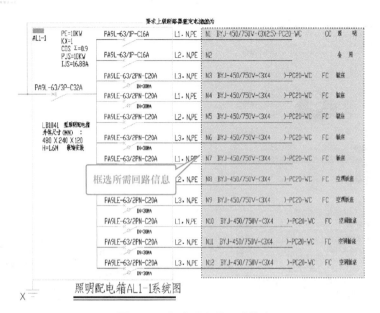

图 6-36　框选配电箱回路信息

3）再次弹出"系统编号的识别"对话框，回路中的各种信息均被载入，观察导入的文字信息，可勾选左侧的删除框选择要删除的回路。大部分读取的回路信息，系统类型都会是"照明"（见图 6-37），此时应该根据系统图中回路的实际情况进行各种插座回路修改。

图 6-37　回路信息

4）单击"确定"按钮，左侧导航栏出现刚刚提取的配电箱及回路列表，如图 6-38 所示。

通过电气专业识别功能建模实现工程量的出量，解决了管线计算的烦琐性。但对于部分施工平面图中未明确表示的回路内容，仅通过设计说明和系统图之间的逻辑关系无法通过识别完成，这时就需手动布置。

图 6-38　回路列表

6.3.3 创建照明系统模型

按照电气工程"两点一线"的绘制原则，照明系统应首先识别配电箱、灯具、开关，再识别各回路中的配管配线。

1. 识别配电箱

单击"配电箱柜"，选择"3D 图"中的"照明配电箱"，如图 6-39 所示。切换到"AP1"配电箱名称，选择配电箱下的任意一个回路。根据施工图和系统图设置配电箱的安装方式和尺寸。单击"提取"按钮，找到 CAD 图中 AP1 配电箱的位置，单击对应的图例，右击确认即可。放置配电箱时，为精确计算工程量，确认配电箱位置时不能直接右击确定。如明装配电箱应保证配电箱边缘与墙壁相邻。

2. 识别灯具、开关和插座

通过识别材料表的功能，将电气工程中涉及的相关材料尽可能地识别出来。使用识别材料表功能前，需将材料表导入到当前楼层中，并分解图纸。

1）单击"识别材料表"，弹出"识别材料表"对话框，选择"提取表格"，指针变成框选状态，框选材料表，再次弹出"识别设备规格表"对话框，如图 6-40 所示。

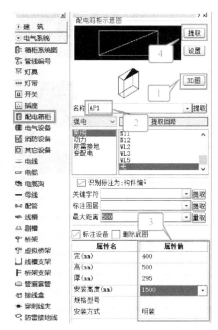

图 6-39 配电箱识别设置

	序号	图例	*设备名称	规格型号	单位	数量	安装高度
1	匹配行	序号	图例	名称	规格	单位	数量	备注
2	1		电源自动切换箱	详见系统图	台	2	安装方式详见系统图
3	2		配电箱	详见系统图	台	13	安装方式详见系统图
4	3		事故照明配电箱	详见系统图	台	2	安装方式详见系统图
5	4		照明配电箱	详见系统图	台	39	安装方式详见系统图
6	5		LED吸顶灯	250V, 5W	盏	10	吸顶安装
7	6		嵌入式方格栅LED顶灯	250V, 3*12W	盏	222	250V, 12W
8	7		LED吸顶灯	250V, 12W	盏	107	250V, 12W
9	8		LED防水防尘灯	250V, 8W	盏	38	250V, 12W
10	9	E	LED应急灯(自带红外延时开关)	250V, 8W(自带蓄电池)	盏	58	吸顶安装
11	10		单向疏散指示灯	250V, 3W(自带蓄电池)	盏	42	离地0.3M嵌墙安装
12	11		双向疏散指示灯	250V, 3W(自带蓄电池)	盏	4	离地0.3M嵌墙安装
13	12	E	安全出口标志灯	250V, 3W(自带蓄电池)	盏	18	门上200MM安装
14	13		插座(安全型)	250V, 10A, 2+3孔	个	278	离地0.3M嵌墙安装
15	14	C	挂式空调插座(安全型)	250V, 20A, 3孔	个	42	离地2.4M嵌墙安装
16	15	K	空调插座(安全型)	250V, 20A, 3孔	个	16	离地0.3M嵌墙安装
17	16		埋地插座(安全型)	250V, 10A, 2+3孔	个	8	埋地安装
18	17		卫生间插座(安全型)	250V, 10A, 2+3孔	个	6	离地1.6M嵌墙安装
19	18	S	开水插座(安全型)	450V, 10A, 3相5孔	个	4	离地1.6M嵌墙安装
20	19	I	病房信息电源插座	250V, 10A, 2+3孔	个	8	离地0.3M嵌墙安装
21	20	V	病房电视机电源插座	250V, 10A, 2+3孔	个	8	离地0.3M嵌墙安装
22	21		三联开关	250V, 10A	个	36	离地1.3M嵌墙安装
23	22		双联开关	250V, 10A	个	40	离地1.3M嵌墙安装
24	23		开关	250V, 10A	个	52	离地1.3M嵌墙安装
25	24		四联开关	250V, 10A	个	6	离地1.3M嵌墙安装
26	25		换气扇	详见暖通图纸	台	24	吸顶安装
27	26	MEB	总等电位端子		个	1	离地0.3M嵌墙安装
28	27	LEB	局部等电位端子		个	17	离地0.3M嵌墙安装
29	28		WDZ-YJFE-0.6/1KV电缆	4*185+1*95	M		以实际施工为准
30	29		WDZ-YJFE-0.6/1KV电缆	4*25+1*16	M		以实际施工为准

列转表头 设 置(X) 导入xls(Y) 导出xls(E)   选取表(T) 确 定(D) 取 消(Q)

图 6-40 "识别设备规格表"对话框

2）单击"确定"按钮，弹出"识别材料表"对话框，如图6-41所示。对表中每一个图例进行属性修改调整，如删除未识别成功的图例，修改构件标高以及回路编号等。灯具安装高度为"吸顶安装"时需手动修改成数值。

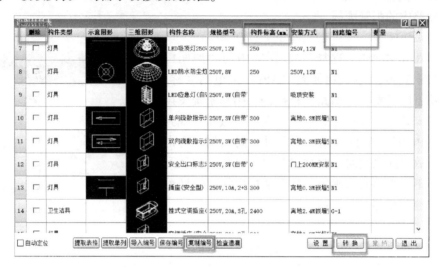

图6-41 "识别材料表"对话框

3）单击"复制编号"按钮，再单击"转换"按钮，框选整个图纸范围，右击确认，灯具、开关、插座识别完成。

由于对导入图纸进行了分解操作，使得有的图例失去整体功能，可能会造成提取出错。常见的被分离的图例有LED应急灯、出口指示灯、空调插座等。解决方式有两种：一种是在分解完图纸后，将本应是一个图块的图例进行"写块"命令再次合成一体；另一种则是在保证大批图例识别完成后，对于未识别成功的图例，单独命名布置。

3. 识别电气配管

配电箱及灯具等"两点"内容绘制完毕后，可开始识别配管和配线。首先绘制配管，然后修改配管中的根数绘制配线。电气识别水平管道，连接开关、灯具、配电箱的立管通过"连管设置"来控制。

1）单击"水平识别"，弹出"连管设置"对话框，如图6-42所示。针对自动生成的立管和配线进行设置，完成后确认退出。

2）单击如图6-43所示导航器系统选择区中"提取"按钮，指针变成框选状态，单击照明图层后修改构件属性列表中"敷设方式"和"安装高度"。"合并间距"可解决水平图中配管因绘制原因出现分断的问题。分断的距离小于或等于500mm，自动识别会将因为二维表达而分断的配管进行连接。

图6-42 "连管设置"对话框

　　3）回到绘制界面，指针处于框选状态。根据回路的不同，选择当前回路的配管，按鼠标右键确认，图 6-44 所示为已完成识别的配管回路三维视图。

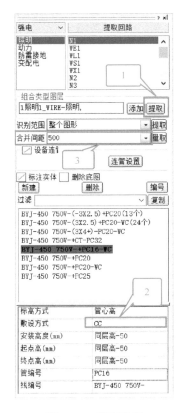

图 6-43　识别设置

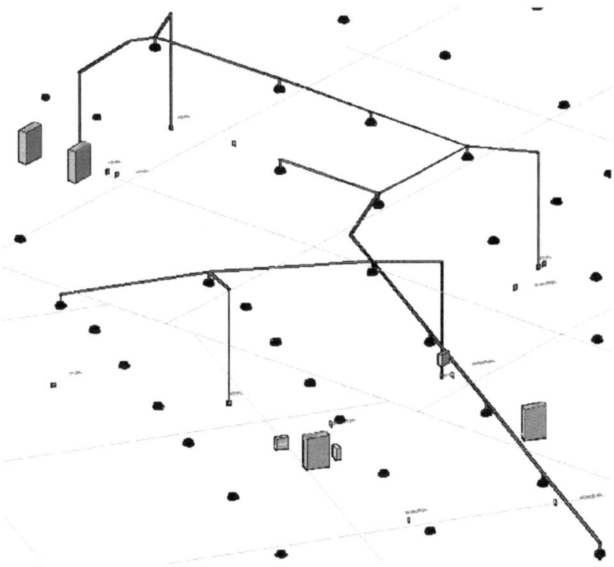

图 6-44　配管回路三维视图

　　配管中的配线软件默认采用 3 根线设置，对于实际回路配线根数有 2 根、4 根或更多的情况，通过工具栏"识别根数"的功能来调整，如图 6-45 所示。单击"识别根数"功能按钮后弹出对话框。根数确定有两种方式：一是采用提取方式，提取图纸中回路标注根数的图层；二是直接指定配线根数。

图 6-45　识别导线根数

　　照明配管绘制完毕后绘制插座回路。导入插座施工图对齐轴网，仍然在插座和配电箱存在的情况下进行识别，识别方法与照明回路相同。当左侧的导航器系统选择区中没有"插座"回路时，按鼠标右键选择"回路编号管理"，弹出"回路编号"对话框，如图 6-46 所示。

图 6-46 回路编号管理

单击 "系统类型" 按钮弹出如图 6-47 所示对话框，将插座栏勾选上后单击 "确定" 按钮，左侧导航器系统选择区中显示出 "插座" 系统，如图 6-47 所示。

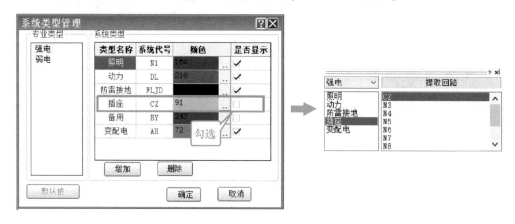

图 6-47 添加插座系统

首层照明回路与插座回路均绘制完成后，依照此方法绘制其他楼层的强电管线，通过 "楼层组合" 功能查看组合模型。

6.3.4 回路核查

利用工具栏中如图 6-48 所示 "回路核查" 功能，可以核查模型中的各部分是否布置正确。回路核查是将某回路编号上的所有管线以及构件用颜色将其区分出来并且亮显，可清晰看出回路的走向以及回路中的设备和器件数量、管线长度等内容，实现自动检测和快速出量的作用。

图 6-48 回路核查

6.4 工程量计算汇总

在模型建立完成后，对模型进行三维检查，确认无误后进行做法挂接。该步骤也可以在编号定义时同时进行。做法挂接完成后对模型进行汇总计算，形成工程量报表。

1. 做法挂接

安装算量中，可采用手动套用做法，也可使用自动套做法的功能。单击菜单栏中的"智能做法"下拉菜单中的"自动套做法"功能按钮，弹出"自动套做法"对话框，如图 6-49 所示。根据需要选择要自动套做法的楼层和构件，单击"确定"按钮等待系统套接做法。根据构件数量和计算机配置不同，自动套做法所需的时间不同。对于套接做法成功的构件会变成灰色以示区分。

图 6-49 "自动套做法"对话框

2. 计算汇总

单击菜单栏中"计算汇总"，根据需要可以选择出量的专业、楼层、构件，既可以实现汇总出量也可以实现逐项精准出量。汇总计算完毕后弹出"工程量分析统计"页面，如图 6-50 所示。给排水工程量表中存在相同的工程名称是由于相同管道或设备安装高度不同。同时，3.6m 以上的管道需考虑计算超高增加费。

序号	专业类型	输出名称	工程量名称	工程量计算式	量单位	工程量	换算信息
1	给排水	聚丙烯给水塑料管PP-R-DN50	长度	L+SLF+SLZ	m	0.5	公称直径:50;室内;构件编号:聚丙烯给水塑料管PP-R-DN50 螺纹连接 安装高度<=3.6
2	给排水	聚丙烯给水塑料管PP-R-DN40	长度	L+SLF+SLZ	m	73.827	公称直径:40;室内;构件编号:聚丙烯给水塑料管PP-R-DN40 螺纹连接 安装高度<=3.6
3	给排水	聚丙烯给水塑料管PP-R-DN32	长度	L+SLF+SLZ	m	35.963	公称直径:32;室内;构件编号:聚丙烯给水塑料管PP-R-DN32 螺纹连接 安装高度<=3.6
4	给排水	聚丙烯给水塑料管PP-R-DN32	长度	L+SLF+SLZ	m	2.913	公称直径:32;室内;构件编号:聚丙烯给水塑料管PP-R-DN32 螺纹连接 安装高度>3.6
5	给排水	聚丙烯给水塑料管PP-R-DN25	长度	L+SLF+SLZ	m	87.073	公称直径:25;室内;构件编号:聚丙烯给水塑料管PP-R-DN25 螺纹连接 安装高度<=3.6
6	给排水	聚丙烯给水塑料管PP-R-DN25	长度	L+SLF+SLZ	m	0.3	公称直径:25;室内;构件编号:聚丙烯给水塑料管PP-R-DN25 螺纹连接 安装高度>3.6
7	给排水	聚丙烯给水塑料管PP-R-DN20	长度	L+SLF+SLZ	m	49.438	公称直径:20;室内;构件编号:聚丙烯给水塑料管PP-R-DN20 螺纹连接 安装高度<=3.6
8	给排水	聚丙烯给水塑料管PP-R-DN20	长度	L+SLF+SLZ	m	28.633	公称直径:20;室内;构件编号:聚丙烯给水塑料管PP-R-DN20 螺纹连接 安装高度>3.6

编号	项目名称	工程量	单位

序号	构件名称	楼层	工程量	构件编号	回路信息	计算表达式
		首层	0.5			

图 6-50 工程量汇总表

3. 报表分析

单击表格上方"查看报表"按钮，弹出"打印报表"界面，可选择各种工程量汇总表，如按楼层出量、按系统回路出量等。勾选需要的汇总表，进行打印或者导出对应的报表为 Excel 文件进行保存。

本章小结

　　本章主要介绍了基于 CAD 软件环境下，安装工程算量模型的创建和工程量计算过程。主要用于目前 CAD 二维施工图设计方式广泛存在的情况下，安装工程量的计算。本章以斯维尔安装算量 for CAD 软件为例，主要介绍了给排水、电气专业算量模型创建方法。模型创建方法分为手动绘制（布置）和自动识别两种方式，在施工图完备的情况下，常采用自动识别的方式来完成模型创建。相较 Revit 软件环境算量，基于 CAD 软件的安装工程算量模型更详细，除了给排水和电气工程设备、给排水管道，算量模型可将电气配管和配线内容清晰表达出来，并统计工程量。工程量计算汇总分为实物工程量和清单工程量两种形式，两者均能清晰输出工程量清单所需的数据。

习　题

1. 采用安装算量 for CAD 软件进行工程量计算有哪些步骤？
2. 根据施工图创建给水工程算量模型。
3. 根据施工图创建排水工程算量模型。
4. 根据施工图创建电气工程回路系统及模型。
5. 对各专业系统进行工程量汇总计算，查看工程量报表。

7.1 概述

工程造价的计价即在已确定工程项目工程量基础上，对不同阶段的工程造价进行规范性计算的行为。BIM 工程计价，即利用 BIM 模型生成的工程量，结合计价规则和程序在计价软件辅助下形成各单位工程造价，并最终汇总为项目的工程造价。

根据工程计价的特点，建筑安装工程造价按层次划分为建设项目总造价、单项工程造价和单位工程造价。在工程量清单计价模式下，计价工作分为工程量清单编制和工程量清单计价文件编制，在计价软件系统中包括招标控制价、投标报价以及工程结算价等几种方式。单位工程费用确定主要包括分部分项工程费、措施项目费、其他项目中暂列金额和暂估价的取定、规费和税金的计取等内容。运用软件进行工程量清单编制和计价工作，主要包括以下步骤：

（1）工程项目设置　工程项目设置即新建项目名称，按工程实际情况设立单项工程名称、单位工程类型。并在此阶段设置好相应的计价规范、地方性政策文件以及费用调整标准，便于软件自动计算时调用。

（2）分部分项工程量清单及综合单价确定　该阶段分为分部分项工程量清单编写和综合单价计算两个环节。分部分项工程量清单包括分项工程名称、计量单位、工程量和项目特征几大要素，构成工程量清单编制的主要工作，该阶段重点是准确描述每一分部分项工程量清单的项目特征。分部分项工程量清单可直接从软件清单库中调用相应项目，也可导入外部数据。

每一项分部分项工程量清单的综合单价确定是计价工作最重要也是烦琐的部分。如采用地方定额作为综合单价计算依据，可直接调用软件定额库中相应定额项目，但需要注意综合单价中各组成要素（如人工、材料、机械等）的价格合理性调整，调整依据应以各地政策文件或对应工程项目发生时的市场信息为准。综合单价确定后软件自动汇总生成分部分项工程费。

（3）措施项目清单及单价确定　措施项目清单中需要对总价措施费和单价措施费项目进行添加或修改。措施项目的具体内容需根据工程实际情况以及招标控制价和投标报价的要求进行设置。

（4）其他项目清单及费用设定　其他项目清单根据工程特点和计价规范要求设置。通常计价软件中已将常规项目列出，该阶段只做适当修改。

（5）规费和税金项目费用标准设置　规费和税金项目已在软件的单位工程计价程序中按规范要求设定，计价时需根据工程项目实际情况和相关政策文件进行取值。

（6）工程造价汇总　将各项费用计算完成后，进入单位工程造价汇总程序，确认整个造价构成费用的准确性，软件自动汇总计算总费用，并汇总各单位工程造价形成单项工程以及建设项目总造价。

本节以宏业清单计价专家软件为例，介绍手动录入工程量清单和导入外部工程量清单数据两种方式来完成建设项目工程造价确定的方法。导入外部数据可利用前述章节的 BIM 模型中生成的分部分项工程量清单，也可导入外部 Excel 表格工程量清单或其他软件认可的格式文档。工程量数据导入后方可进一步进行单位工程各项费用内容的编辑。以下从工程量清单编制和计价两个方面分别介绍软件计价操作方法。

7.2　工程项目设置

7.2.1　新建项目

软件安装好后，通过直接双击桌面"清单计价专家"快捷图标启动软件，也可通过菜单启动，其菜单路径为"开始→程序→清单计价专家→清单计价专家"，进入软件操作界面，单击"文件"菜单栏下的"新建工程"或快捷工具"新建"按钮，弹出"请选择计价模式"对话框，如图 7-1 所示。根据当前政策文件要求选择计价规范，单击"建立工程"按钮后在弹出的"增值税调整办法选择"对话框中选择适合工程的计税方式，如图 7-2 所示。单击"确定"按钮进入操作界面，如图 7-3 所示。

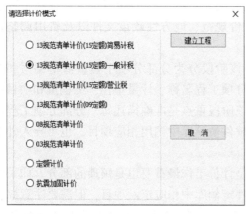

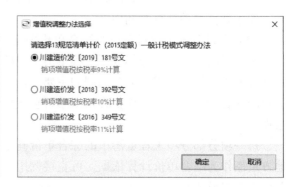

图 7-1　选择计价模式　　　　　　　　　　图 7-2　增值税调整办法选择

操作界面主要包括主菜单、工具栏、快捷按钮、工程列表区以及子窗口区。工程的建立依次按工程项目、单项工程、单位工程的顺序新建操作。根据工程项目层级分别显示子窗口，当前界面为工程项目层级窗口，工程项目子窗口包括工程项目设置、编制/清单说明、计费设置、单项工程报价总表、招（投）标清单、价表设置六个常用功能页。

图 7-3　操作界面

1. 工程项目设置

"工程项目设置"页面为工程项目的第一个页面内容，主要填写工程信息，如图 7-4 所示。其录入数据项内容为报表总封面及取费费率提取的数据来源，如工程名称、规模以及工程所在地点等。修改工程名称为"某医院大楼"，录入工程规模，其余内容按工程实际情况补充完整。

图 7-4　工程项目设置

2. 编制/清单说明

"编制/清单说明"页面中主要用于对工程概况，工程招标和分包范围，工程量清单编制依据，工程质量、材料施工等的特殊要求等的说明，如图 7-5 所示。

图 7-5　编制/清单说明

3. 计费设置

"计费设置"页面包括"为定额批量套用综合单价模板""批量修改措施费率"和"批量修改费用汇总表"三部分内容，主要用于对整个工程中取费标准的统一设置、调整。例如，批量设置定额人工费调整系数、措施费费率、规费及税金标准。图 7-6 所示为某综合单价模板的选择，窗口下方显示当前使用计费模板下的取费程序，可在"建筑与装饰"列对单位工程的人工费调整系数进行录入。

费用编号	费用名称	计算公式	建筑与装饰	计价表字段	单价分析变量
A	人工费	A.1+A.2		人工费	
A.1	定额人工费	定额人工费			
A.2	人工费调整	定额人工费*费率+人工价差			
B	材料费	B.1+B.2+B.3		材料费	
B.1	定额材料费	定额材料费			
B.2	材料费调整	材料价差			
B.3	地区材料综合调整	定额材料费*费率			
C	机械费	C.1+C.2		机械费	
C.1	定额机械费	定额机械费			
C.2	机械费调整	机械价差			
D	综合费	定额综合费*费率	100%	综合费	
D.1	企业管理费	D*费率			%管理费%
D.2	利润	D*费率			%利润%
E	综合单价	A+B+C+D		综合单价	

图 7-6　计费设置

4. 单项工程报价总表

工程计价完成后可在"单项工程报价总表"页面查看整个工程项目总造价的构成。

5. 招（投）标清单

"招（投）标清单"页面主要用于招标方对整个工程项目提取工程量清单及投标方编制的整个工程项目部分清单的计价表，由其他项目清单、招标人材料购置费清单、零星工作项目人工单价清单、规费税金清单、须评审的材料清单和暂估材料（设备）清单等几个子标签功能页组成。

6. 价表设置

"价表设置"页面用于对整个工程的材料价格统一调整，如图 7-7 所示。单击"价表名称"栏下拉选项按钮或窗口右侧快捷工具栏中"配置材料价格信息表"，可选择软件内置的最近的地区材料价格表信息，用于对整个工程的材料价格进行调整。

图 7-7　价表设置

7.2.2　单项工程建立

项目层级的信息设置完成后，将指针移至工程列表区"某医院项目"位置，按鼠标右键，选择"新建单项工程"，创建单项工程，在右侧子窗口中输入相应的单项工程信息，如图 7-8 所示。当单项工程信息与总项目信息一致时，可默认不再修改。

图 7-8　新建单项工程

7.2.3　单位工程建立

单项工程创建完成，在"单项工程"处按鼠标右键，选择"新建单位工程"，依次选择

"建筑与装饰工程"与"安装工程",如图 7-9 所示。单位工程创建完成,窗口默认处于"分部分项工程"标签页面,可开始对单位工程进行工程量清单的录入和编辑工作。

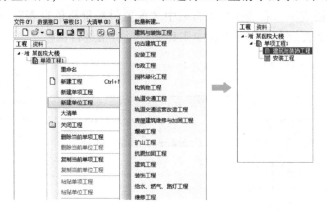

图 7-9 新建单位工程

7.3 工程量清单编制

单位工程建立完成后,进入建筑与装饰工程分部分项工程量清单页面。工程量清单创建主要有两种方式:一是自动导入分部分项工程量清单;二是手动录入分部分项工程量清单。

7.3.1 自动导入分部分项工程量清单

自动导入方式,可将斯维尔三维算量软件模型输出的工程量数据、斯维尔 BIM 工程模型工程量数据、文本文档、DB/DBF 表及 Excel 文档表数据内容导入当前的单位工程或单项工程中。

单击主菜单"文件"下拉列表中"从文档套用项目/定额",进入项目/定额套用窗口,如图 7-10 所示。窗口右侧选择可导入的外部文档。

图 7-10 从文档套用项目/定额

1. 导入外部 Excel 文档

单击"打开文件"按钮。如导入的文档包括多个工作表，在弹出的对话框中选择"工作表选择"列表中"分部分项工程清单计价表"，将工程量清单表格导入到当前窗口，如图 7-11 所示。

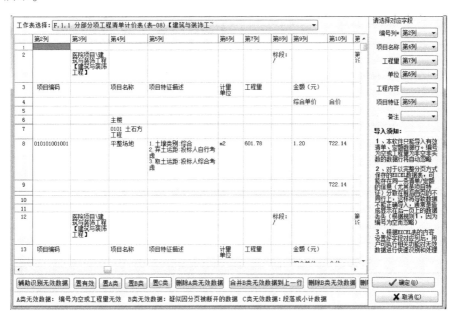

图 7-11　导入 Excel 文档

系统将自动根据其名称及其他属性选择表中字段对应相应列，可通过对话框右侧字段对应窗口调整导入文档中每一列对应的内容。单击对话框下方"辅助识别无效数字"按钮，对导入文档中的数据进行识别检查并对无效数据进行处理，删除 A、B、C 类无效的数据后如图 7-12 所示。

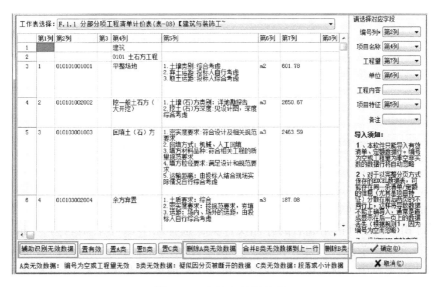

图 7-12　表格有效性处理

单击"确定"按钮保留有效数据，如图7-13所示。单击窗口右侧"导入至当前单位工程计价表"按钮，完成工程量清单创建，图7-14所示为分部分项工程量清单页面。

图7-13 工程量清单表格导入

图7-14 分部分项工程量清单

当外部表格有完整的分部分项工程量清单、措施项目清单和其他项目清单，均可在导入时分别选择，形成完整的单位工程清单编制。

2. 导入外部 BIM 工程数据

导入外部数据时，选择图7-10中"从文档套用项目/定额"窗口中的"清华斯维尔 BIM 工程"，找到 BIM 模型算量完成后的存储文件夹，选择图7-15中后缀名为".bc-jgk"的工程量清单数据文档，单击"打开"按钮，将 BIM 算量模型中已经挂接好的分部分项工程量清单导入到当前项目中，导入后的操作内容和方法与前述导入外部 Excel 文档数据相同，不再赘述。

图 7-15　选择外部 BIM 数据文档

7.3.2　手动录入分部分项工程量清单

当没有完整的外部工程量清单文档时，通常采用手工录入方式输入清单编码，或在录入页面选择内置清单库中的工程量清单项目。以下按照工程量清单编制顺序介绍清单项目编码、工程量、项目特征的录入操作方法。

1. 确定项目编码

分部分项工程量清单创建有两种方法：一是直接录入项目编号，简称"直接编号法"；二是在数据检索窗口或项目库中选择调用，简称"列表选择法"。

（1）直接编号法　采用直接编号法录入项目编号即在计价表第二列"编号"栏单元格，录入清单编号后按〈Enter〉键或转移指针到其他单元格，系统就会自动到项目库中查找该编号的项目，如果找到则调用项目，否则系统将录入的内容清除，需要重新录入。

（2）列表选择法　列表选择法是最为常见的工程量清单编码录入方式，即从项目库查询窗口选择调用。双击"编号"列任意单元格，或按鼠标右键选择"插入项目清单"，弹出清单查询窗口，如图 7-16 所示。

图 7-16　清单查询窗口

窗口左侧为专业列表，右侧对应所选专业的分项工程量清单列表。选定（按住〈Ctrl〉键可多选）需要的清单数据行，单击"选用"按钮，录入工程量清单。"查询"窗口左下角配置有"选用后关闭"功能，勾选表示选用项目后自动关闭"查询"窗口，反之重返"查询"窗口（方便连续调用其他项目）。

依次选择项目所需的清单，完成后如图 7-17 所示。可在当前分部分项工程量清单窗口中，单击快捷工具按钮区的"检"，进入到数据检索器辅助窗口，调用相应清单和定额。

图 7-17　分部分项工程量清单

2. 描述项目特征

选择需要编辑的分项清单栏，单击窗口下方"工作信息"标签，在"项目特征"页面编辑相应内容，当前为"页岩多孔砖 M10 干混砌筑砂浆"清单项目的编辑状态，如图 7-18 所示。

图 7-18　项目特征编辑

3. 录入清单工程量

一般在调用项目后接着录入该项目的工程量，也可以在其他时候补充录入或修改工程量。工程量允许录入正数、负数或 0，可以直接录入数值，也可以录入四则运算表达式让程序自动计算结果。

4. 分部分项工程量清单排序

分部分项工程量清单录入完成后，由于添加、删减原因造成清单编码不统一或分部较混乱，可选择右侧辅助工具窗口中"排序"功能，对整个单位工程的分部分项清单进行自动分部。选择"顺序码"功能，则对所有清单项目进行编码后三位顺序码进行自动排序。可通过快捷工具栏按钮"▣"，开关右侧窗口。

7.3.3　措施项目清单

单击建筑与装饰单位工程主窗口页面中"措施项目清单"标签，在该页面中进行总价措施项目和单价措施项目清单的编辑。如图 7-19 所示，该页面中主要操作内容为单价措施项目的工程量录入以及项目特征描述，如脚手架、模板、大型机械进出场及安拆费等。

图 7-19　措施项目清单

其他项目及规费、税金清单，软件中已列好相应表格，无须添加，费用计算在 7.4 节中介绍。

7.4　工程量清单计价

工程量清单编制完成后，需按分部分项工程费、措施项目费、其他项目费、规费及税金的计算程序依次完成相关费用的确定。费用计算的操作与工程量清单在同一界面，费用计算操作完成后，可通过打印选项选择分别打印工程量清单或招标控制价（投标报价）文件报表。

7.4.1 分部分项工程费的确定

1. 定额选用

定额选用可通过鼠标右键选择方式调用定额库，也可通过软件提供的项目定额指引方式快捷选择定额。

（1）鼠标右键从定额库中调用定额 在需要调用定额的工程量清单行，按鼠标右键选择"插入定额"（见图7-20），弹出定额查询窗口（见图7-21），窗口左侧选择定额所属分部，右侧显示定额数据栏，双击所需定额栏，完成定额录入，定额工程量默认同清单工程量。

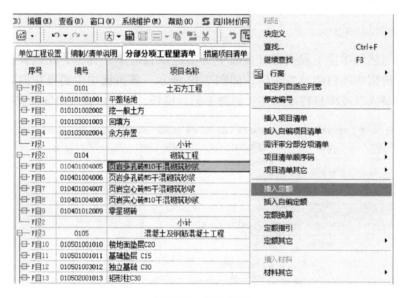

图 7-20　插入定额

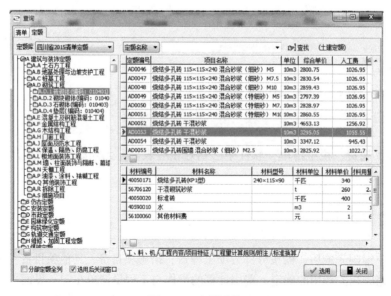

图 7-21　定额查询

当同一清单需要套用多个定额项目时，可再次在同一编码位置调用定额。但需要特别注意，每一个定额项目对应的单位是否和清单单位相同，如不相同，则要调整相应定额的工程量。

（2）定额指引库中快速调用定额　选择需要插入定额的清单编码单元格，单击编号，在单元格出现 □ 按钮，单击该按钮，弹出定额指引库对话框（见图 7-22），可同时勾选所需的多个定额，单击"确定"按钮，完成定额录入，定额工程量默认为清单工程量。

图 7-22　定额指引库

需要注意，采用该定额指引的方式，软件会将与当前清单项目可能相关的定额列表列出来，提供快捷选择方式，但并不一定完全满足实际项目所需。如果所需定额在此对话框中没有列出，则单击对话框下方"定额明细/查询套用"按钮，转到定额库中再次选择定额。

定额的选用还可从主窗口右侧选择快捷工具"插入"按钮，调出定额库，方法同鼠标右键选择定额方式。

按上述方法依次将整个项目的分部分项工程量清单所需要的定额选择完成。

2. 材料调整

完成定额录入工作后，进行定额中材料的调整，以符合实际工程需要。单击软件操作界面上方快捷工具栏中"定"按钮，将所有分项工程量清单项目展开到定额层级。材料调整主要包括材料名称的修改、材料的添加删除、材料替换、材料消耗量调整等内容。下面以项目中"页岩多孔砖 M10 干混砌筑砂浆"清单项目为例介绍定额材料的调整方法。

（1）材料名称的修改　选择已套用的"烧结多孔砖 干混砂浆"定额项目，单击定额编号前"+"，展开该定额的所有材料，如图 7-23 所示。

序号	编号	项目名称	工程量	单位	综合 单价	综合 合价
F段1	0101	土石方工程				
F段1		小计				
F段2	0104	砌筑工程				
F段5	010401004005	页岩多孔砖M10干混砌筑砂浆	31.38	m3	330.35	10366.38
F定1	AD0053	烧结多孔砖 干混砂浆	3.138	10m3	3303.45	10366.23
		烧结多孔砖（KP1型）240×115×90	9.979	千匹	340.00	3392.86
		干混砌筑砂浆	9.238	t	260.00	2401.88
		标准砖	1.726	千匹	400.00	690.40
		水	4.017	m3	2.80	11.25
		其他材料费	18.483	元	1.00	18.48

图 7-23　展开定额材料

根据清单项目特征描述，已知该砌体项目采用 M10 干混砌筑砂浆。定额材料展开后材料显示为"干混砌筑砂浆"，可单击该材料单元格，直接修改材料名称。材料名称修改后，系统默认为新材料，此时弹出图 7-24 所示"新增材料"对话框，提示将此新材料的信息存入材料库。确认信息无误，单击"确定"按钮，将当前材料名称修改完成。

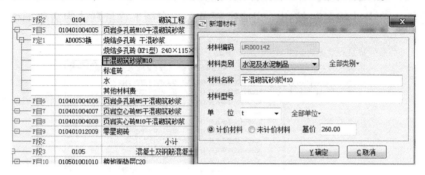

图 7-24 "新增材料"对话框

（2）材料的删除 单击需求删除的定额材料名称栏，通过按鼠标右键弹出环境菜单，执行"删除当前行"功能即可，也可通过〈Delete〉键直接删除。两种方式删除材料时都需要进行确认。

（3）材料的添加 如需要添加的材料在材料库中有存储，在需要添加材料行右击选择"插入材料"功能，系统直接进入入材料查找对话框，如图 7-25 所示。在"材料查找"框内录入查找材料的名称或名称前部分，单击"查找"按钮，选择需要的材料，单击"确定"按钮或双击该材料调用。

图 7-25 材料查找对话框

如材料库中没有需要的材料，则需要先在材料库中添加该材料，再调用库中的材料。仍以"页岩多孔砖 M10 干混砌筑砂浆"清单项目为例，要在定额材料中添加"干混砌筑砂浆 M10"，可按以下步骤完成：

1）单击查找对话框右上角的"添加新材料"按钮，系统进入到如图 7-26 所示的新增材料对话框。

2）在对话框中录入材料名称、材料型号，选择材料类型、材料单位，材料编码由系统自动生成，填写图 7-24 中干混砌筑砂浆 M10 信息。

3）根据实际情况设置其为"计价材料"或是"未计价材料"，若为"计价材料"，在其基价框内录入材料基价，单击"确定"按

图 7-26 录入新增材料信息

钮将该材料添加到了材料库中，存储的材料可供后续项目调用。

4）双击材料库中所需材料名称，调用该材料到对应的定额项目中。

（4）材料替换　常见材料替换（如混凝土配合比、砂浆配合比等），可从软件材料库中直接选择进行替换。在定额展开的状态下，直接双击被替换材料名称单元格，系统弹出材料查询窗口，选择材料后确定，或单击处于编辑状态的名称单元格，在下拉列表框中选择该工程中使用过的其他材料。

（5）材料消耗量调整　当某项定额材料的实际消耗量与定额消耗量不一致时，则需要进行材料用量调整。以"页岩多孔砖 M10 干混砂浆"清单项目为例，如要使定额材料中标准砖用量增加 2.5%，单击该项材料右侧"工程量"单元格，在弹出的"工程量计算式"窗口中输入该项材料的消耗量运算式"＊1.025"，即在当前材料定额消耗量基础上增加 2.5%，单击"确定"完成材料调整，如图 7-27 所示。

图 7-27 材料消耗量调整

（6）材料单价调整　材料单价可在定额材料展开状态下直接在单价列录入，系统会将默认同一种材料采用同一价格。材料价格的调整更为常见的操作方式是对整个单位工程材料进行统一调整。

单击主窗口中"工料机汇总表"标签，显示当前单位工程所用的所有材料，如图 7-28 所示。材料价格调整有手动输入和自动配置两种方式。

手动输入方式是工程中常采用的操作方法。单击汇总表中"调价"列的单元格，输入当前材料价格，软件自动计算调价与定额中的材料基价的价差。每一项材料行后面有"承

包人信息调差材料"和"打印"选项，可根据需要勾选。

材料编码	材料名称、型号	单位	数量	基价	调价(不含税)	调价生	含税信息价	调整系数	单价差	置价差	基准单价	承包人信息调差材料	打印
JX000003	柴油(机械)	kg	3959.582	8.50	8.50	录入						☑	☑
40050171	烧结多孔砖(KP1型) 240×115	千匹	95.556	340.00	685.00	录入			345.00	32966.82		☑	☑
40050020	标准砖	千匹	32.984	400.00	602.30	录入			202.30	6672.66		☑	☑
40010530	水泥 32.5	kg	40461.923	0.40	0.45	录入			0.05	2023.10		☑	☑
40070040	细砂	m3	1.333	60.00	200.00	录入			140.00	186.62		☑	☑
40590010	水	m3	830.201	2.00	2.80	录入			0.80	664.16		☑	☑
56100060	其他材料费	元	34875.507	1.00	1.00	录入						☑	☑
40070030	中砂	m3	73.529	70.00	180.00	录入			110.00	8088.19		☑	☑
40070090	砾石 5~40mm	m3	9.2	40.00	165.00	录入			125.00	1150.00		☑	☑
40010540	水泥 42.5	kg	3268	0.45	0.48	录入			0.03	98.04		☑	☑
44890040	商品混凝土 C25	m3	72.2	340.00	524.00	录入			184.00	13284.80		☑	☑
44890030	商品混凝土 C20	m3	128.23	330.00	512.00	录入			182.00	23337.86		☑	☑
42050410	二等锯材	m3	15.422	1100.00	1991.30	录入			891.30	13745.63		☑	☑

全部一｜人工｜计价材料｜未计价材料｜合价≥500｜机 械｜主材｜设备｜甲供｜钢材｜锯材｜原木｜水泥｜确定价｜暂定价｜不计税设备｜承包人提供主要材料和工程设备(信息调整)

图 7-28　工料机汇总表

需要注意，当双击材料行的"调价"单元格时，该材料价格字体显示加粗，表示该项材料被设置为暂估价。可通过鼠标右键设置材料的暂估价属性和材料分类。

如需软件自动配置价表，参考 7.2.1 节内容中价表设置方法，在右侧窗口中单击"重新取价"按钮，软件按设置的价格表对整个单位工程的材料价格进行调整。当材料名称与价表中材料名称不一致时无法完成调整，因此可通过查询材料价表后手动录入价格。

3. 定额换算

定额换算是关于定额基价、定额人工单价、定额材料单价、定额机械单价及综合费单价乘除系数或直接加减费用的处理。以挖土方清单项目为例，如该工程中开挖出的土方产生场外运输的距离为 2km，则清单中除了套用土方开挖定额以外，还需套用土方运输定额。根据定额说明，采用机械挖土汽车运输的方式，土方运输只能选用定额编号 AA0088"每增运1000m"定额项目，运输定额单价计算需要乘以 2。该换算主要操作步骤如下：

1）选择土方运输定额，在窗口右侧专用工具栏"定额换算"界面"单价"输入框中填写"2"或"＊2"，表示当前定额号对应的单价乘以 2，如图 7-29 所示。如仅仅为定额人工费调整，则在对应的输入框中填写数字，输入方式可用"＋、－、＊、／"运算符号，如定额人工单价增加 100 元，则直接输入"＋100"。

2）勾选"综合费随单价系数调整"，表示定额单价中综合费同时乘系数"2"，如综合费不调整，则取消勾选。

3）单击"执行换算"按钮，完成定额系数调整。定额编号单元格添加"换"字，并在定额名称单元格显示具体换算内容，图 7-30所示为完成定额换算后的土方清单项目。

图 7-29　定额换算

编号	项目名称	工程量	单位	综合	
				单价	合价
	建筑工程				
	0101 土石方工程				
010101001001	平整场地	631.25	m2	1.13	713.31
010101002127	挖一般土方	2535.26	m3	9.50	24084.97
AA0003	挖一般土方 机械挖土方（大开挖）	25.353	100m3	757.76	19211.49
AA0088换	机械运土方，总运距≤10km 每增运1000m [单价*2,综合费]	2.535	1000m3	1920.74	4869.08
010103001128	回填方	2358.46	m3	7.20	16980.91
010103002129	余方弃置	176.8	m3	14.53	2568.90

图 7-30　土方定额

注意：当定额初始录入时，系统会弹出"定额标准换算"对话框，如图 7-31 所示。可以直接在对话框中"换算描述"列的"实际运距"行输入工程中的实际数据，例如输入实际土方运输距离"2"，单位默认为定额单位 km，单击"确定"按钮后，定额换算完成情况同图 7-32，换算提示为本定额 AA0088 加上 1 个 AA0088 定额形成土方运输 2km 的新单价。

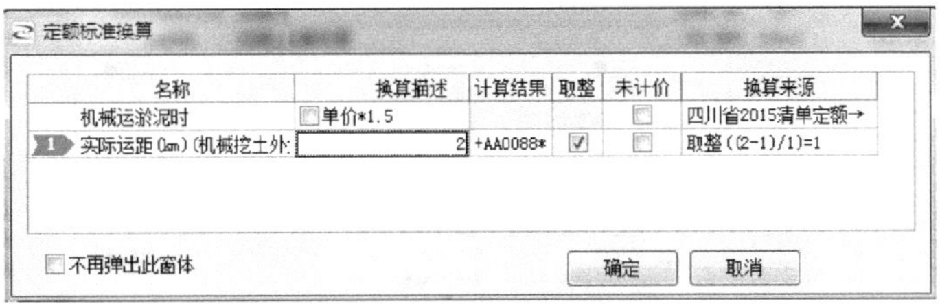

图 7-31　"定额标准换算"对话框

图 7-32　土方定额换算

如需将经过运算处理的定额恢复到调整前的原始状态，可单击快捷按钮区的定额复原按钮" "，取消定额调整。也可右击选择环境菜单"定额其它"子菜单中的定额还原功能，或单击右侧工具栏按钮"其它"中的"定额还原"来实现取消定额调整。

4. 人工费调整

人工费调整有两种形式：一种是针对某特定定额项目中的人工费调整，操作方法同前述定额换算；另一种是针对整个工程项目的政策性人工费调整。本节主要介绍第二种调整方法。以案例工程项目为例，工程所在地为××市，假设工程施工时间为 2020 年 1 月份，根据工程所在地政策，建筑与装饰工程人工费应按定额人工费上调 40.5%，则可按下述方法进行整个单位工程的人工费调整：

1）单击工程量列表中"某医院大楼"项目层级的"计费设置"标签，在"模板名称"下的表格栏，单击右边的"更多"按钮，选择一个模板，如图 7-33 所示。

2）在"费率类别"下的表格栏，单击右侧"更多"按钮，选择要为当前单位工程"建筑与装饰"设置费率。

3）在窗口下方费用计算程序中"人工费调整"行，输入建筑与装饰工程的人工费调整系数 40.5%。此时工程中的定额人工费并未立即调整，还需要将系数配置在对应定额中。

4）单击标签页上方"为定额批量套用综合单价模板"按钮，在弹出的窗口中勾选当前的建筑与装饰工程路径，如图 7-34 所示。

5）单击"配置模板"按钮，弹出"选择模板"对话框，将人工费系数调整模板配置在当前建筑与装饰工程中默认的定额，也可单击"定额范围"选择需要调整人工费的定额，单击"确定"按钮后退出，如图 7-35 所示。

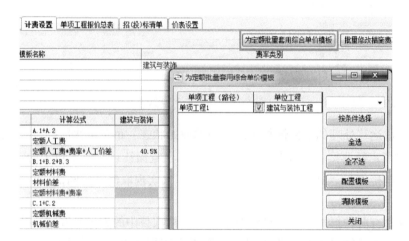

图 7-33　计费模板设置

图 7-34　批量套用综合单价模板

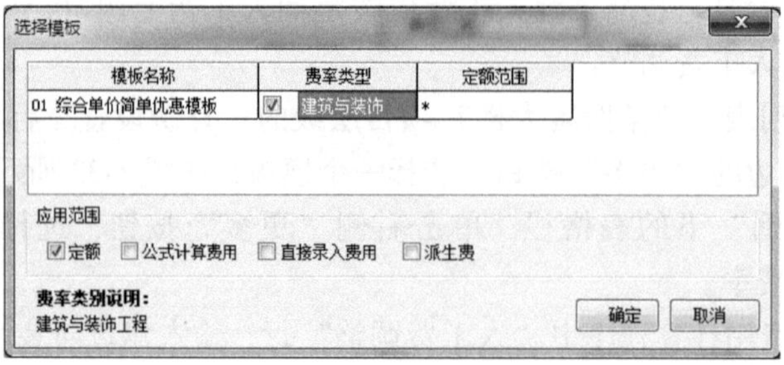

图 7-35　配置模板

回到建筑与装饰单位工程窗口，查看分部分项工程量清单定额，可看到相应的人工费调整情况，如图 7-36 所示。

注意：如调整系数发生修改，需单击"计费设置"标签页面模板栏的"应用更新"。

编号	项目名称	工程量	单位	综合	
				单价	合价
0104	砌筑工程				
010401004005	页岩多孔砖M10干混砌筑砂浆	31.38	m3	373.10	11707.
AD0053换	烧结多孔砖 干混砂浆	3.138	10m3	3730.95	11707.
010401004006	页岩多孔砖M5干混砌筑砂浆	269.11	m3		
010401004007	页岩空心砖S干混砌筑砂浆	410.34	m3		
010401004008	页岩实心砖M10干混砌筑砂浆	28.81	m3		
010401012009	零星砌砖	2.1	m3		

综合单价简单优惠模板【建筑与装饰】　说明: 单独设置 与模板一致

费用名称	计算公式	费率	金额 (元)	计价表字段
人工费	A.1+A.2		1483.05	人工费
定额人工费	定额人工费		1055.55	
人工费调整	定额人工费*费率+人工价差	40.5%	427.50	
材料费	B.1+B.2+B.3		2076.11	材料费
定额材料费	定额材料费		2075.09	
材料费调整	材料价差		1.02	
地区材料综合调整	定额材料费*费率			
机械费	C.1+C.2			机械费

图 7-36　人工费调整情况

7.4.2　措施项目费的确定

措施项目清单页面中包括总价措施项目清单、单价措施项目清单。通常总价措施项目清单计算公式及费率系统已根据文件预置好，需要操作者根据当地政策文件规定确认。

1. 总价措施项目费

双击总价措施项目"单位"列中某一费率单元格，在弹出的"取费费率查询"窗口中，输入查询条件，如工程类型、地点类别、所建时间、计税方式等，在右侧费率列表中双击所需费率完成选择，如图 7-37 所示。

图 7-37　总价措施项目费取费费率查询

2. 单价措施项目费

单价措施项目费列表中包括脚手架工程、混凝土模板及支架（撑）、垂直运输、超高施工增加和大型机械设备进出场及安拆费（见图 7-38），其操作方法与分部分项工程中综合单价定额套用操作相同。

编号	项目名称	工程里	单位	综合		人工	
				单价	合价	单价	合价
	小计				271460.91		
	单价措施项目清单						
	脚手架工程						
011701001001	综合脚手架	2944.26	m2	22.94	67541.32	14.07	41425.74
AS0008	综合脚手架 多层建筑(檐口高	29.443	100m2	2294.02	67542.83	1407.04	41427.48
	小计				67541.32		41425.74
	混凝土模板及支架(撑)						
011702001001	基础	132.34	m2	48.92	6474.07	23.16	3064.99
AS0027	混凝土模板及支架(撑)独	1.323	100m2	4891.89	6471.97	2315.58	3063.51
011702002001	矩形柱	1283.5	m2	45.03	57796.01	29.68	38094.28
AS0041	混凝土模板及支架(撑)矩	12.835	100m2	4502.73	57792.54	2967.57	38088.76
011702003001	构造柱	488.55	m2	42.24	20636.35	27.02	13200.62
AS0043	混凝土模板及支架(撑)构	4.886	100m2	4224.28	20639.83	2702.35	13203.68
011702004001	异形柱	202.73	m2	62.28	12626.02	43.25	8768.07
011702005001	基础梁	218.38	m2	40.39	8820.37	25.11	5483.52
011702006001	矩形梁	64.5	m2	46.03	2968.94	29.63	1911.14
011702008001	圈梁	57.45	m2	37.67	2164.14	24.76	1422.46
011702009001	过梁	88.35	m2	40.44	3572.87	25.73	2273.25
011702014001	有梁板	4424.5	m2	45.47	201182.02	27.93	123576.29
011702024001	楼梯	133.3	m2	165.28	22031.82	113.00	15062.90
011702025001	其它现浇构件	20.87	m2	84.11	1755.38	50.01	1043.71
	小计				340027.99		213901.23

图 7-38 单价措施项目费

对于安装工程中措施项目费,如脚手架、超高施工增加费等的计算操作方法需要用分部分项工程计价表中"计算派生费"的方式来完成。以给排水工程脚手架费用为例,具体操作方式如下:

1)在给排水分部分项工程清单计价表页面,在"合计"行任意位置右击,选择"添加派生费"(派生费指以选中的数据行为基础,计算相关其他费用),如图 7-39 所示。

图 7-39 添加派生费

2)在弹出的"派生费用计算"窗口中列出了安装工程中所有定额措施项目费及计算标准,勾选给排水工程中需要计算的脚手架搭拆费选项,软件自动显示费率标准,单击"确定"按钮退出,如图 7-40 所示。

图 7-40   派生费用计算

分部分项清单计价表"合计"下方出现脚手架搭拆费数据（见图7-41），数据行呈灰色显示，表示该数据并未在分部分项工程费中汇总。转到措施项目清单页面，可观察到脚手架费用已在单价措施项目清单列表中自动生成，如图7-42所示。

编号	项目名称	工程量	单位	综合单价	综合合价	人单价
031004014263	空调塑料穿墙套管 DN75	62	个			
031004014272	水龙头 DN15	5	个	38.00	190.00	2.07
031004014273	堵头 DN15	4	个	38.00	152.00	2.07
031004014274	堵头 DN20	2	个	38.00	76.00	2.07
031004014362	水龙头 DN20	1	个			
031006015158	消防水箱	1	台	8389.17	8389.17	280.73
	小计				172923.20	
	合计				172923.20	
	脚手架搭拆费(CK)		元	2030.61	2030.61	507.65

图 7-41   分部分项工程量清单中脚手架搭拆费

编号	项目名称	工程量	单位	综合单价	综合合价
	小计				12963.70
	单价措施项目清单				
	专业措施项目				
031301017001	脚手架搭拆		项		
	脚手架搭拆费(CK)	F派1	〈费率〉	2030.61	2030.61
031301018001	其他措施		项		
	小计				
	小计				

图 7-42   单价措施项目清单中脚手架搭拆费

7.4.3 其他项目费的确定

1. 暂列金额

单击"其他项目清单"标签，暂列金额默认为费率输入方式。在"暂列金额"行的工程量单元格显示费用计算式"（分部分项工程量清单合价＋措施项目清单合价）＊费率"，单击"单位"单元格，输入费率10%，软件自动按此计算规则计算暂列金额。如要直接录入固定费用，可在暂列金额行右击，选择"置为直接录入费用行"，便可录入固定费用。

2. 暂估价

由于材料（设备）暂估价已经在工料机汇总表中设置好，在"其他项目清单"页面中不再操作，只需对专业工程暂估价进行设置。例如，要在建筑与装饰工程中增加一项幕墙专业工程暂估价，可按如下方法操作：

1）在“其他项目清单”页面中，单击专业工程暂估价段落编号 2. 2 下方单元格，增加编号 2. 2. 1。

2）在“项目名称”单元格输入专业工程名称“幕墙工程”。

3）由于当前行默认为直接录入费用行，则输入工程量“1”，单位设为“项”。

4）在“单价”列对应单元格输入专业工程暂估价数据。

专业工程暂估价设置完成后如图 7-43 所示。其他项目费用中总承包服务费添加方法同暂估价，计日工单价在页面下方相应单元格中输入。

程设置 | 编制/清单说明 | 分部分项工程量清单 | 措施项目清单 | 其他项目清单 | 签证索赔清单 | 工料机汇总表

序号	编号	召标编码	项目名称	工程量	单位	综合	
						单价	合价
Q段1 √			其他项目清单				
Q段1.1	1	1	暂列金额				
Q计1 √	1.1	1	暂列金额	单.合价)*费率	10%	490583.88	490583.88
Q段1.1			小计				490583.88
Q段1.2	2	2	暂估价				
Q费1 √	2.1		材料(工程设备)暂估价/结算价		项		
Q段1.2.	2.2		专业工程暂估价/结算价				
Q费2 √	2.2.1		幕墙工程	1	项	5000000.00	5000000.00
Q段1.2.			小计				5000000.00
Q段1.2			小计				5000000.00

图 7-43　专业工程暂估价

输入费用时应注意，“序号”列显示当前专业工程费用的计算方式为“Q 费”，如果要将该行设置为采用计算公式的方式，则右击选择“置为公式计算费用行”，可以自定义计算式，并采用输入费率的方式进行计算。

7.4.4　规费和税金的确定

规费和税金均在费用汇总页面相应位置进行费率的填写，也可以调入系统预设的取费模板进行取费计算或进行修改，可单击右侧工具窗口中“费率提取”，软件将自动按工程设置的标准设置汇总表中的费率数据，也可单击“费率查询/选用”，在查询窗口中逐一选择所需费率，操作方法同措施费查询，如图 7-44 所示。

编制/清单说明 | 分部分项工程量清单 | 措施项目清单 | 其他项目清单 | 签证索赔清单 | 工料机汇总表 | 费用汇总表

费用名称	[程序]计算公式	费 率	金额	[打印]计算公式
1 分部分项及单价措施项目	分部分项合价+单价措施项目合价		4634377.85	
2 总价措施项目	总价措施项目合价		271460.91	
2.1 其中：安全文明施工费	安全文明措施费		254381.04	
3 其他项目	其他项目合价		490583.88	
3.1 其中：暂列金额	暂列金额		490583.88	
3.2 其中：专业工程暂估价	专业工程暂估价			
3.3 其中：计日工	计日工			
3.4 其中：总承包服务费	总承包服务费			
4 规费	D.1+D.2+D.3		136275.56	分部分项清单定额人工费
1 社会保险费	D.1.1+D.1.2+D.1.3+D.1.4+D.1.5		106294.94	分部分项清单定额人工费
(1) 养老保险费	(分部分项定额人工费+单价措施项目定额	7.5%	68137.78	分部分项清单定额人工费
(2) 失业保险费	(分部分项定额人工费+单价措施项目定额	0.6%	5451.02	分部分项清单定额人工费
(3) 医疗保险费	(分部分项定额人工费+单价措施项目定额	2.7%	24529.60	分部分项清单定额人工费
(4) 工伤保险费	(分部分项定额人工费+单价措施项目定额	0.7%	6359.53	分部分项清单定额人工费
(5) 生育保险费	(分部分项定额人工费+单价措施项目定额	0.2%	1817.01	分部分项清单定额人工费
2 住房公积金	(分部分项定额人工费+单价措施项目定额	3.3%	29980.62	分部分项清单定额人工费
3 工程排污费				按工程所在地环境保护部门
5 创优质工程奖补偿奖励费	(A+B+C+D)*费率			分部分项工程费+措施项目
6 税前工程造价	A+B+C+D+E		5532698.20	
6.1 其中：甲供材料（设备）费	甲供材料费			
7 销项增值税额	(F-F.1-不计税设备金额)*费率	9%	497942.84	分部分项工程费+措施项目
招标控制价/投标报价总价合计=税前	F+G		6030641.04	

费用汇总表模板选择
A2-1 GB50500-2013单位工程
费率提取
费率查询/选用
标记为工程造价行
插入费用项目
添加当前行费用子目
删除当前费用项目
清除表格内容
编号批量调整
保存为费用汇总模板
重新计算费用

图 7-44　费用汇总表

7.5　工程报表

7.5.1　工程量清单报表

单击工程项目列表窗口下方"报表输出"按钮，或快捷按钮区内"报表打印中心"按钮，进入报表中心窗口，如图 7-45 所示。在窗口右侧工具栏"报表组选择"下拉列表中选择要打印的报表类型，如要打印工程量清单用表，首先勾选"子项工程"栏中所有层级工程，然后勾选"工程项目汇总表"栏需要打印的项目层级的封面、扉页以及总说明，最后勾选"单位工程报表"中需打印的费用表类型。需要注意，窗口左侧的"子项工程"中勾选上打印的工程类别，右侧详细报表才能打印。

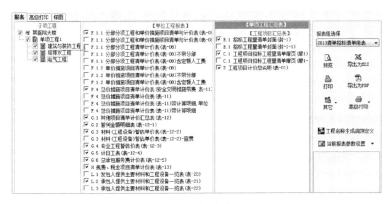

图 7-45　报表中心

7.5.2　工程量清单计价报表

工程量清单计价报表包括招标控制价、投标报价以及工程结算价报表。单击窗口右侧"报表组选择"下拉列表选择相应的报表类型，如招标控制价表，窗口即显示控制价表内容，依次选择需要打印的表格。可通过窗口右侧工具栏选择打印预览和报表导出为其他格式。图 7-46

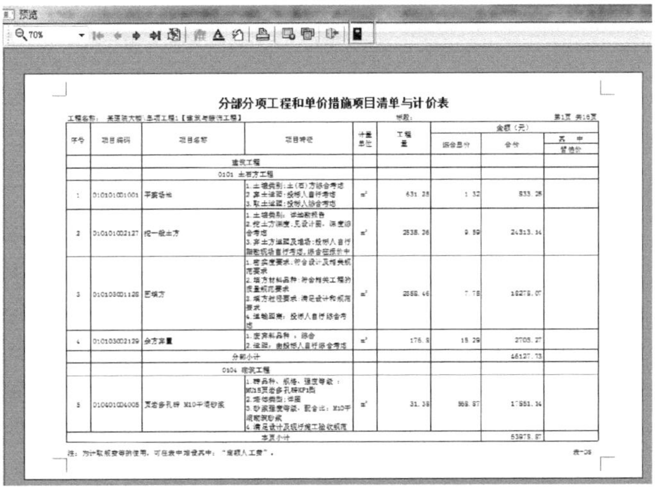

图 7-46　报表预览

所示为分部分项工程和单价措施项目清单与计价表预览页面，单击窗口上方"退出"按钮关闭当前报表进入下一报表预览状态，单击"允许修改"按钮，可对当前报表的表头文字进行编辑。

本章小结

　　本章从建筑安装工程造价计算顺序的角度，采用清单计价专家软件工具，分别介绍工程量清单和控制价（投标报价）的编制操作流程及方法。工程量清单编制过程主要强调清单项目录入、工程量录入以及项目特征编写方法。工程量清单计价主要介绍分部分项工程费、措施项目费、其他项目费、规费和税金等的确定。重点介绍分部分项工程综合单价确定过程中，定额使用方法和各基本要素的确定和调整方法；在此基础上介绍措施项目中总价措施项目费和单价措施项目费、其他项目费、规费、税金的取定，最终汇总单位工程造价并输出造价文件的过程。该计价软件能实现与前期 BIM 模型工程量有效衔接，使计量计价工作更加便捷高效。

习　题

　　1. 运用计价软件进行工程量清单编制和计价工作主要包括哪些步骤？

　　2. 自动导入分部分项工程量清单方式有哪几种？

　　3. 编制分部分项工程量清单，主要进行哪些操作？试编制一份完整的建筑（安装）工程招标工程量清单。

　　4. 依据定额编制分部分项工程量清单时，主要对哪些费用进行确定和调整？试编制一份完整的招标控制价文件。

第 8 章
BIM 与工程造价控制

8.1 概述

工程造价管理是指对工程项目的投资和工程造价确定进行预测、计划、控制、反馈以及审查等一系列的管理活动。工程造价管理也分为两个范畴：一是指工程投资费用管理；二是指建设工程价格管理。而在工程造价管理理论和方法上较为先进的是建设工程全面造价管理理论。

按照国际工程造价管理促进会给出的定义，全面造价管理（Total Cost Management）是指有效地利用专业知识与技术，对资源、成本、盈利和风险进行筹划和控制。建设工程全面造价管理包括全生命周期造价管理、全过程造价管理、全要素造价管理和全方造价管理。由于在实际管理过程中，在工程建设及使用的不同阶段，工程造价存在诸多不确定性，因此，全生命周期造价管理至今作为一种实现建设工程全生命周期造价最小化的指导思想，指导建设工程的投资决策及方案的选择。

全过程造价管理是当前工程造价管理方式变革的主要方向，是覆盖了建设工程策划决策及建设实施各个阶段的造价管理。全过程造价管理包括决策阶段的项目策划、投资估算、项目经济评价、项目融资方案分析；设计阶段的限额设计、方案比选、概预算编制；招投标阶段的标段划分、承包发包模式及合同形式的选择、工程量清单及招标控制价编制、标底编制；施工阶段的工程计量与结算、工程变更控制、索赔管理；竣工验收阶段的结算与决算等。全过程造价管理的内容包括了对影响工程造价的各个要素进行全面综合管理，即考虑工期、质量、造价、安全与环境等各类成本要素，全方面进行集成管理。其核心是按照优先性的原则，协调和平衡工期、质量、安全、环保与成本之间的对立统一关系。

建设工程造价管理不仅仅是业主或承包单位的任务，还是政府建设主管部门、行业协会、业主、设计方、承包方以及有关咨询机构的共同任务。尽管各方的地位、利益、角度等有所不同，但必须建立完善的协同工作机制，才能实现对建设工程造价的有效控制。

伴随着建筑业发展以及工程造价管理方式的变革，BIM 技术的应用带来了一次颠覆性的革命，它将改变工程造价行业的行为模式以及工程造价管理方法。在 2007 年，美国斯坦福大学整合设施工程中心（CIFE）就建设项目使用 BIM 以后有何优势的问题，根据 32 个项目总结了使用 BIM 技术的如下效果：

1）消除 40% 预算外变更。

2）造价估算耗费时间缩短 80%。

3）通过发现和解决冲突，合同价格降低 10%。

4）项目工期缩短 7%，及早实现投资回报。

由此可见，以上每一点都体现出 BIM 对工程造价管理的影响。由于 BIM 技术的应用，建设质量和劳动生产率得到提高，返工和浪费现象减少，建设成本得到节省等效果使建设企业经济效益得到了很大改善，BIM 技术在工程造价管理中的作用日益突显。

8.2 BIM 与建设项目决策和设计阶段造价控制

8.2.1 BIM 方案比选

1. BIM 方案比选的意义

建设项目决策阶段，方案设计主要指从建设项目的需求出发，根据建设项目的设计条件，研究分析满足建筑功能和性能的总体方案，提出空间架构设想、创意表达形式及结构方式的初步解决方法等，为项目设计后续若干阶段的工作提供依据及指导性的文件，并对建筑的总体方案进行初步的评价、优化和确定。

在方案设计中，由于建筑功能的实现可能存在不同的途径和方法，工程设计人员在设计时会形成不同的设计方案。为了优选出最佳设计方案，需通过对各设计方案的技术先进与经济合理的分析，进行比选。但在实际执行过程中，由于传统 CAD 即计算机辅助设计大多为二维设计成果，缺乏快速、准确量化和直观检验的有效手段，设计阶段透明度很低，难以进行工程造价的有效控制。BIM 的模型中不仅包含建筑空间和建筑构件的几何信息，还包括构件的材料属性，可以将这些信息传递到专业化的工程计量软件中，由工程计量软件自动产生符合相应规则的构件工程量。这一过程既可以提高效率避免在工程计量软件中进行二次重复建模，又可以及时反映与设计深度、设计质量对应的工程造价水平，为限额设计和价值工程在方案比选上的应用提供了必要的设计方案模型及技术基础。图 8-1 所示为基于 CAD 和 BIM 的造价确定流程对比图。

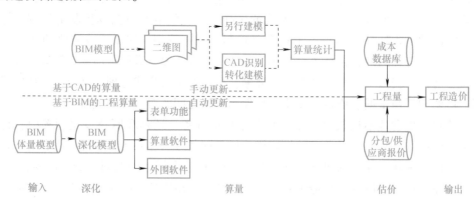

图 8-1　基于 CAD 和 BIM 的造价确定流程对比图

2. BIM 方案比选的方式

设计方案比选方法主要有多指标法、单指标法以及多因素评分法，但无论采用哪一种都需要有相应的基础数据，而 BIM 方案模型数据库可以自动地为方案比选提取基础信息数据，满足方案比选的数据需求。

BIM 设计方案在比选时是以功能区间和建筑组件为基础，对于方案设计和初步设计阶段的方案比选应当分别以功能空间和建筑组件为研究对象，寻求实现功能的最低成本。在方案设计阶段，工程信息往往依附在功能空间上，除此外没有更多具体信息，因此空间是方案比选的基础。假设空间在满足功能要求的前提下，方案比选的具体对象则是空间上的成本分析。在 BIM 的方案比选中，首先将空间划分为具有不同功能的区域，再通过 BIM 成本数据库对不同方案的功能区域成本进行对比，从而选出最低成本的方案。具体到 Revit 软件，则是通过区域命令和统计功能实现区域划分和成本分析的，区域命令可将建筑物划分成以不同颜色区分的功能区域，再利用 Revit 的成本数据库和统计功能将各个功能区域的如面积、成本等属性值输出，供方案间的成本比较。初步设计阶段方案比选的对象则为建筑组件上的成本对比，BIM 的模型构造模式（指按照组件构造建筑物）与初步设计阶段方案比选以功能空间为对象在口径上是一致的。在 Revit 软件中，建筑物组件被定义为族，通过族定义可以设置每个族的尺寸、价格、供应商等数据和信息。进行方案比选时，可以先选取需要研究的族（组件），分析其功能和成本，然后在设计方案 BIM 模型控制面板中进行族的调换，并通过面板间的实时切换对替换族与原族进行成本对比，以选定成本最低的方案。当族发生变化时，可以使用族编辑器随时修改该族所代表的建筑组件的参数信息，以保证成本数据的有效性和准确性。例如，内外墙含有结构、抹灰、装饰等构造层，利用拆分命令可以将墙的各构造层分开并独立统计各自工程量。方案比选时，可以单独对墙的某一个或几个构造层进行替换并进行成本分析对比。

8.2.2　概预算形成

1. 设计概算的形成

方案选定后进入设计阶段，设计阶段是对方案不断完善的过程，对工程的工期、质量及造价都有决定性的作用。设计概算是设计单位在经过初步设计后进行的，在投资估算的控制下确定项目的全部建设费用。初步设计阶段是论证拟建工程项目的经济合理性以及在技术上可行性的，最终形成的成果也是施工图设计的基础。在初步设计阶段不仅要考虑建筑的设计，还应结合考虑结构设计及机电设计，并最终将所有设计进行整合。

建设和设计单位可以运用 BIM 技术对建筑信息模型进行修改，进而实现对设计方案的调整与优化。该模型不仅可以直接提供造价数据，方便建设单位进行方案比较以及设计单位进行设计优化，而且还可利用 BIM 技术相关软件对设计成果进行碰撞检查，及时发现设计中存在的问题，便于施工前进行纠正，以减少施工过程中的变更，为后续施工图预算奠定良好的基础。

2. 施工图预算的形成

施工图预算发生在施工图设计阶段，用以确定单项工程或者单位工程的计划价格，并要求预算不能超过设计概算。在施工图预算过程中，工程量计算是一项基础工作，也是预算编制环节中最重要的环节。与设计概算类似，在 BIM 技术的支持下，施工图预算也可以利用 BIM 模型形成，具体途径有如下三种：

（1）利用应用程序接口（API）在 BIM 软件和成本预算软件中建立连接　这里的应用

程序接口是 BIM 软件系统和造价软件系统不同组成部分衔接的约定。这种方法通过成本预算系统与 BIM 系统之间直接的 API 接口，将所需要获取的工程量信息从 BIM 软件中导入到造价软件，然后造价管理人员结合其他信息开始造价计算。Innovaya 公司等厂商推出的软件就是采用这一类方法进行计算。

（2）利用开放式数据库连接（ODBC）直接访问 BIM 软件数据库 作为一种经过实践验证的方法，ODBC 对于以数据为中心的集成应用非常适用。这种方法通常使用 ODBC 来访问建筑模型中的数据信息，然后根据需要从 BIM 数据库中提取所需要的预算信息，并根据预算解决方案中的计算方法对这些数据进行重新组织，得到工程量信息。与上述利用 API 在 BIM 软件和预算软件中建立连接的方式不同的是，采用 ODBC 方式访问 BIM 软件的造价软件需要对所访问的 BIM 数据库的结构有清晰的了解，而采用 API 进行连接的造价软件则不需要了解 BIM 软件本身的数据结构。所以目前采用 ODBC 方式与 BIM 软件进行集成的成本预算软件都会选择一种比较通用的 BIM 软件（如 Revit）作为集成对象。

（3）输出到 Excel 大部分 BIM 软件都具有自动算量功能，也可以将计算的工程量按照某种格式导出。造价管理人员常用的就是将 BIM 软件提取的工程量导入到 Excel 表中进行汇总计算。与上面提到的两种方法相比，这种方法更加实用，也便于操作。但是，要采用这样的方式进行造价计算就必须保证 BIM 的建模过程非常标准，对各种构件都要有非常明确的定义，只有这样才能保证工程量计算的准确性。

上述的 3 种方法没有优劣之分，每种策略都与各造价软件公司所采用的计算软件、工作方法及价格数据库有关。

8.3 BIM 与建设项目招投标阶段造价控制

8.3.1 基于 BIM 的招投标造价管理流程

1. BIM 技术在招投标中的应用价值

招投标阶段介于设计阶段和施工阶段之间，其目标是通过招投标方式确定一家综合最优的承包单位来完成项目的施工。传统的招投标过程存在诸多问题，首先，招投标中普遍存在的信息孤岛现象，招标方的需求和目标难以公平有效地传递给投标单位；其次，对于工程量计算，招投标双方都要进行计算，浪费了大量时间，影响了招投标的速度，而且双方对于工程量上的偏差以及后期签证的争议都将增加双方的风险；最后，在现有招投标环境中，投标方在施工组织设计中可以发挥的空间有限，难以有效展示投标人的技术水平。

将 BIM 技术融合到招投标管理过程中，不仅可以对建设项目造价进行有效管理，而且可以解决建筑工程传统投标过程中存在的问题，提高招投标的可靠性，实现建设工程全过程公开、透明管理。通过整合并利用设计阶段的已有 BIM 造价模型，较大幅度地提高工程量清单、招标控制价、投标报价等造价基础性工作的精准性，为价格分析、合同策划以及报价策略等各方的造价管理的核心工作创造了更好的条件。并且不同于以往仅以二维图等非结构化信息存储方式，基于 BIM 模型的信息交互，较大程度地优化了招标人与投标人的信息传递流程，避免信息不对称引起的无效招标，大幅度地提高招投标阶段各方造价管理的工作能效，为项目的有效开展奠定良好的基础。

2. BIM 技术在工程招投标造价管理中的流程

(1) 招标人利用 BIM 技术快速准确编制招标控制价　在时间紧迫的招投标阶段，招标人对设计 BIM 模型加以利用，快速建立工程量模型，从而在短时间内完成工程量清单及招标控制价的编制。通过 BIM 的自动算量功能，招标人快速计算工程量，编制精度更高的工程量清单，还可借助 BIM 技术通过设计优化、碰撞检验及工程量的校核，提高工程量清单的有效性。工程造价人员有更充裕的时间利用 BIM 信息库获取最新的价格信息，分析单价构成，以保证招标控制价的有效性。招标工作在运用 BIM 后将大幅度提高工程量清单及招标控制价的精准性从而降低招标人风险。

(2) 投标人运用 BIM 技术有效进行投标报价　由于投标时间比较紧张，要求投标人高效、灵巧、精确地完成工程量计算，把更多时间运用在投标报价技巧上。而且随着现代建筑造型趋向于复杂化、艺术化，人工计算工程量的难度越来越大，快速、准确地形成工程量清单成为招投标阶段工作的难点和瓶颈。投标人利用招标人提供的 BIM 模型对清单工程量进行复核，可全面加快编制投标报价的进程，为报价分析预留充足时间。还可利用 BIM 技术实现模拟施工、进度模拟及企业 BIM 数据库及 BIM 云获取市场价格，细致深入地进行投标报价分析及策略选取，达到报价的最大市场竞争力。

(3) 评价投标单位的施工方案　评标人根据 BIM 造价模型合理确定中标候选人，评标人可直接根据 BIM 模型所承载的报价信息，对商务标部分进行快速的评审。同时在评标阶段，通过前期建立的 BIM 5D 模型，对比投标的整体施工组织思路。通过施工模拟验证潜在中标人的施工组织设计、施工方案的可行性，快速准确地确定中标候选人。

上述基于 BIM 技术的招投标阶段造价管理流程，整合了建设各方的工作流，大幅度提高招投标双方在确定工程造价过程中的效率，招标人最大限度地满足其对项目经济性要求的制定，而投标人尽可能从报价中体现企业竞争力。

8.3.2　基于 BIM 的招标控制价编制

招投标作为工程项目承发包的主要形式，通过市场自由竞价的形式，优选建设项目具体实施主体，是项目成功开展的前提。目前广泛采用的工程量清单计价模式下的招投标，需要招标人提供工程量清单作为投标人的共同的报价基础，其准确性的重要性不言而喻。但往往招标时间紧迫，造成招标文件中各分部分项工程的工程量不够精确，不仅不能准确反映出项目规模，而且较大的工程量偏差往往成为投标人不平衡报价的可乘之机。同样作为招标人还需要编制招标控制价，作为投标人报价的最高限，以防止围标串标现象的发生。因此，在招标控制环节，借助 BIM 模型丰富信息，准确和全面地编制工程量清单是核心关键。

1. 基于 BIM 的招标控制价编制步骤

(1) 建立或复用设计阶段的 BIM 模型　在招投标阶段，各专业的 BIM 模型建立是 BIM 应用的重要基础工作。BIM 模型建立的质量和效率直接影响后续应用的成效。模型的建立可直接建立 BIM 模型或利用相关软件将二维施工图转成 BIM 模型。也可以复用和导入设计软件提供的 BIM 模型，生成 BIM 算量模型，这是从整个 BIM 流程来看最合理的方式，可以避免重新建模所带来的大量手工工作及可能产生的错误。

(2) 利用 BIM 模型快速、精确算量　BIM 的自动化算量功能可以使工程量计算工作摆脱人为因素影响，得到更加客观的数据。

（3）生成控制价文件　将 BIM 工程量导入计价软件生成工程量清单，同时结合设计文件对工程量清单各项目特征进行细致的描述，以防项目特征错误引起的不平衡报价现象。在高效准确地编制工程量清单的基础上，利用 BIM 云端价格数据库，直接调取当期材料信息价，人工费调整信息，以及相关的规费、税金的取费信息，最终输出招标控制价。

2. 基于 BIM 的招标控制价校核与优化

通过对设计阶段 BIM 模型的直接加工利用，为紧凑的招标流程赢取了更多的时间，同时提高招标工程量的精确性。在 BIM 的辅助下，招标阶段造价管理人员将着眼于分析工程量清单项的完整性，校核工程量清单是否反映招标范围的全部内容，避免缺项漏项。

在招标控制价编制阶段，建设工程项目通过 BIM 技术的 5D 模型，模拟建设工程项目施工的全过程。通过 BIM 技术论证项目工期可行性，进而分析建设项目的施工方案，最终预测合理的建设成本与招标控制价。

BIM 高度的信息集成技术，将大幅度改良原有工程造价基础性工作的效率。招标人的工程造价管理将着力于招标文件中对付款方式、风险分摊、变更索赔形式等有关内容的编制，使招标文件及合同更具完备性，为后期工程造价管理奠定良好的基础。

8.3.3　基于 BIM 的投标报价编制

作为投标人，同样在短时间内要根据招标人提供的招标文件，既要复核图纸对应的工程量清单的准确性，又要结合自身施工水平以及市场形势制订有利的报价策略，实际工作中往往只能对部分工程子项进行复核，常因为工程量不准确问题导致项目亏损。同时，目前大部分投标人都是依靠国家或行业相关定额作为编制控制价的依据，然而定额水平有一定时效性，不能完全反应市场的动态性。并且由于建设项目相关的价格信息繁多，准确地获取市场价格信息也严重影响投标报价准确性。

1. 基于 BIM 技术的投标报价编制步骤

（1）快速复核工程量　招标人在提供招标文件时，可以将负载工程量清单信息的 BIM 模型同时交给投标人。由于 BIM 模型已赋予各构件工程信息以及项目编码，投标人可直接结合 BIM 模型与二维图及招标文件约定的招标范围等信息，快速核查工程量清单中工程量的准确性，全面加快编制投标报价的进程，为投标报价及策略分析预留充足时间。

（2）进行快速报价　投标人将基于企业 BIM 数据库中人工、材料、机械台班消耗量数据，配合 BIM 云端数据平台中市场价格信息，综合该项目的其他情况，进行快速的价格匹配，提高报价的效率。

（3）快速精确地选择投标策略和投标方案　投标人运用 BIM 技术对项目进行施工模拟及资源优化，细致深入地进行投标报价分析及策略选取，提升投标方案的可行性和投标报价的精确性，提高中标的概率。

2. 基于 BIM 技术的投标报价分析及策略选取

（1）碰撞检查降低成本　利用 BIM 的三维技术在施工前期进行碰撞检查，减少在建筑施工阶段可能存在的错误损失和返工的可能性，为业主减低建造成本。将碰撞检查结果报告、综合管线优化排布等方案呈现在投标文件中，这无形中增加了技术标的分数。

（2）通过 BIM 技术论证施工方案可行性　利用 BIM 技术对施工组织设计方案以及施工工艺的环节，进行模拟分析选择合适的方案，有助于投标单位在投标阶段合理制订施工方案，准确预测工程造价。并能有竞争性地给出相应投标工程的投标报价等信息，使建设单位能更清晰地了解所见工程资源与资金的使用情况，帮助投标单位提升投标竞争性优势。

8.4　BIM 与建设项目施工阶段造价控制

8.4.1　BIM 5D 模型的建立及更新

1. BIM 5D 施工资源信息模型构成

BIM 5D 施工资源信息模型是在原有的 3D 基础信息模型上进行改进，将 3D 基础信息模型与施工进度结合在一起形成链接体，并融合进施工资源与造价信息。BIM 5D 施工资源信息模型是由三个子模型构成，即 3D 基础信息模型、造价信息模型和进度信息模型，如图 8-2 所示。

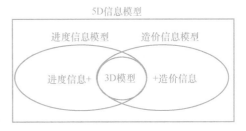

图 8-2　BIM 5D 施工资源信息模型构成

（1）3D 基础信息模型　3D 基础信息模型是通过 BIM 建模软件创建的基本信息模型，作为 BIM 模型构建的基础模型，其包含了施工项目构件的名称、类型、尺寸、材质、物理参数等属性信息，以及构件之间的空间关系。通过 3D 基本信息模型，可直接查看到构件的工程量，或在明细表中计算出构件的数量。

（2）造价信息模型　造价信息模型是在 3D 基础信息模型上附加工程造价信息，形成了含有成本与材料用量的一个子信息模型。它包含了建筑物构件建成所需要的人工、材料与机械定额用量、工程量清单、文明施工、安全施工等的费用信息。通过此模型的构建，系统能够自动提取工程量清单信息和构件所需的资源用量与造价信息。

（3）进度信息模型　进度信息模型主要用途体现在施工阶段中，它是将 3D 基础信息模型信息与各个施工任务时间信息，通过 WBS 分解并关联形成 4D 信息模型。以此对施工过程模拟，实现对进度、资源的动态有效管理与优化。这其中 WBS 起着重要的作用，它既是建筑模型构件分解的依据，又是施工管理的重要核心。

BIM 5D 施工资源信息模型是在 3D 基础信息模型的基础上，集成进度信息与造价信息模型，用等式可表示为 5D = 3D 实体 + 时间（Time）+ 成本（Cost）。从本质上看，3D 模型与 5D 模型的模型框架体系是相同的，根本区别在于模型图元数据结构的不同。因此构建 5D 模型时仍然可以沿用 3D 模型的框架体系，不需要对 3D 模型的结构体系做出本质改变，只需要在 3D 基础信息模型的基础上，将时间数据以及造价数据与模型图元的 3D 几何数据及关联数据进行有机的整合，即可构建 BIM 5D 模型。

通过集成的 BIM 5D 模型，可以实现以时间段、部位、专业、构件类型等各种维度来查看相关的进度、清单、工程量、合同、图纸等业务数据。同时还可以实现对施工过程中的任意一个阶段或者节点进行工程量的计算、人材机的用量计算以及相应成本预算情况的汇总，并进行动态的管理、优化与监控。

2. BIM 5D 施工资源信息模型的创建

BIM 5D 施工资源信息模型的创建方式主要有两种：一种是直接利用 BIM 设计软件建立

的三维模型；另一种是利用二维 CAD 设计图转化为三维信息模型。

（1）直接利用 BIM 设计软件建立的三维模型　在设计模型建立过程中，就已经为构件建立相关的三维坐标信息、材料信息等。在构建 BIM 5D 施工资源信息模型时，可直接对三维构件做进度和成本信息的添加，保证了设计信息完整和准确，同时也避免了重新建模过程中可能产生的人为错误。其主要步骤为：

1）创建 3D 基础信息模型，形成三维几何空间模型。在创建时可采用三维核心建模软件，如 Revit 系列、Bentley 系列、Archi CAD 等软件。

2）在 3D 基础信息模型基础上附加工程造价信息，构建预算信息模型，形成造价文件。该过程一方面可以通过对 Revit 软件 3D 模型设置相应的造价参数，形成工程造价信息；另一方面也可以通过斯维尔、鲁班、广联达、Innovaya 等造价管理软件实现。

3）采用 Microsoft Project、P6、OpenPlan 等项目管理软件完成网络图的编制，形成进度文件。

4）在创建中应用 Autodesk Navisworks、斯维尔、鲁班、广联达等软件提供的 BIM 5D 平台，导入 3D 基础信息模型、进度计划文件与造价文件以及图纸等资料，通过软件平台集成进度、预算、资源、施工组织等关键信息，最终形成 BIM 5D 施工资源信息模型。

（2）利用二维 CAD 设计图转化三维信息模型　该方式需要对二维图进行二次加工，将二维 CAD 图纸导入 BIM 软件中，并人为添加空间坐标信息，生成可视化的三维模型，然后在三维模型上添加进度和成本信息。这种方式效率相对较低，同时在对二维图进行二次加工，可能产生一些人为错误。

3. BIM 5D 施工资源信息模型的更新

施工资源信息模型通过将建筑物所有信息参数化形成 5D 模型，并以 BIM 5D 模型为基础构建起建设工程项目的数据信息库，在施工阶段中随着工程施工的展开及市场变动，建设工程项目或者材料市场价格发生变化时，只需要对 BIM 5D 模型进行更新，调整相应的信息，整个数据库包含的建筑构件工程量、建筑项目施工进度、建筑材料市场价格、建设项目设计变更以及变更前后的变化等信息都会相应地发生调整，使信息的时效性更强，信息更加准确有效。

8.4.2　材料计划管理

在施工阶段工程造价管理中，工程材料控制是管理的重要环节。材料费占工程造价的比例较大，一般占整个预算费用的 70% 左右；及时完备地供应所需材料，是保障施工顺利的主要因素。因此，施工阶段一方面要严格控制材料用量，选择合理价格采购，有效管控施工成本；另一方面还要合理制订材料计划，按计划及时组织材料进场，保证工程施工的正常开展。

在传统的材料管理模式下，需要施工、造价、材料等管理人员共同汇总分析各方数据进行管理，在管理中存在核算不准确、材料申报审查不严格、材料计划不能随工程变更和进度计划及时调整等问题，使材料计划的准确性和及时性很难保证，导致材料积压、停工待料、限额领料依据不足、工程成本上涨等管理问题难以消除。

BIM 5D 应用其模型中基本构件与工程量信息、造价信息、工程进度信息的关联性，可以有效地解决传统的材料管理模式所出现的管理问题。其在现场材料计划管理过程中的主要应用包括以下几个方面：

1. 有效获取材料使用量信息

根据工程进度，BIM 5D 模型可按照年、季、月、周等时间段周期性地自动从模型中抽取与之关联的资源消耗信息以及材料库存信息，形成准确及时的周期材料计划，使材料使用数量、使用时间、投入范围与施工进度计划有效地结合在一起，使材料的采购与库存成本最优化，实现对现场材料的动态平衡管理。

2. 制订材料采购计划

通过 BIM 5D 模型，工程采购人员能够随时查看周期材料计划和现场实际材料消耗量以及仓库内物资的库存情况，并结合工程进度要求制订出各周期相应的材料采购计划。工程采购人员按照材料采购计划合理安排材料进场时间，及时补充材料避免工程进度因材料供应问题发生工期延误。

3. 及时更新材料计划

当发生工程变更或施工进度变化时，修改 BIM 5D 模型，可自动对指定时间段内的人力、材料、机械等资源需求量以及工程量进行统计更新，使模型系统自动更新相应时间段内的材料计划，避免出现由于计划调整的滞后产生成本损失。

4. 实现限额领料

使用 BIM 5D 模型可以实现限额领料，控制材料浪费现象。BIM 5D 模型中集成了各类材料信息，为限额领料提供了实时的材料查询平台，并能按照分包、楼层、部位、工序等多维度查询材料需用量。施工班组领料时，材料库管人员可根据领料单涉及的工程范围，通过 BIM 5D 模型直接查看相应的材料计划，通过材料计划量控制领用量，并将领用量计入模型，形成实际材料消耗量。工程预算人员可针对计划进度和实际进度查询任意进度计划节点在指定时间段内的工程量以及相应的材料计划用量和实际用量，并可进行相关材料的预算用量、计划用量和实际消耗量 3 项数据的对比分析和预测。

8.4.3　进度款支付

1. 基于 BIM 5D 的进度款计量

工程进度款是指在工程项目进入施工阶段后，建设单位或业主根据监理单位签署的工程量和工程产品的质量验收报告，按照初始订立的合同规定数额计算方式，并按一定程序支付给承包商的工程价款。进度款支付方式有按月结算、竣工后一次结算和分段结算等几种方式。

无论用何种支付方式，在工程进度款支付时都需要有准确的工程量统计数据。将 BIM 5D 模型系统应用于进度款计量工作中，将有效地改变传统模式下的计量工作状况。

2. 基于 BIM 5D 的进度款管理

进度款管理时往往会遇到依据多、计算烦琐、汇总量大、管理难等难点，因此在进度款管理中引入 BIM 5D 平台进行管理，具有较高的应用价值。

1）根据 BIM 5D 模型系统上已完工程量，补充价差调整等信息，快速准确地统计某一时段的造价信息，并通过项目管理平台及时办理工程进度款支付申请。

2）BIM 5D 模型系统集成了任务信息和施工流水段信息，各分包与施工流水段是对应的，这样系统就能清晰识别各分包的工程，便于总承包单位进行分包工程量核实。如果能将分包单位纳入统一 BIM 5D 平台系统，分包也可以直接基于系统平台进行分包报量，提高工作效率。

3）进度款的支付单据和相应数据都会自动记录在 BIM 5D 模型系统中，并与模型相关联，便于后期的查询、结算、统计汇总等工作，为后期的造价管理工作提供准确的进度款信息。

4）BIM 5D 模型系统提供了可视化功能，可以随时查看三维变更信息模型，并直接调用变更前后的模型进行对比分析，避免在进行进度款结算时描述不清楚而出现纠纷。图 8-3 所示为工程进度款的支付与管理平台应用。

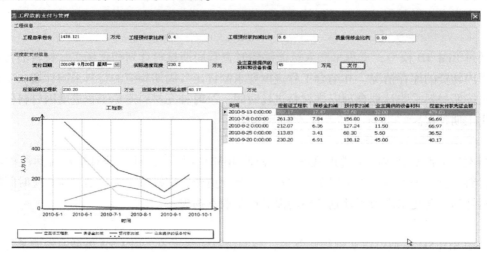

图 8-3　工程进度款的支付与管理平台应用

8.4.4　签证与变更处理

建设项目的复杂性和动态性，施工过程变化大，导致设计变更、签证较多。签证、变更设计需要很多现场信息，业主代表将信息反馈给技术人员过程中，中间信息传递滞后且容易丢失，使签证、变更过程中沟通协商成本变高。BIM 技术的应用在这方面有较为突出的优势，一旦出现签证、设计变更，建模人员做出模型修改后，更新数据可及时传递给各方，加快了工期推进，提高了管理效率，并实现了数据的集成化管理。基于 BIM 5D 平台的签证及变更管理主要有以下内容：

（1）查询原方案信息　通过 BIM 5D 模型查询与签证、变更有关的构件模型，确定出构件原方案的几何、材料以及造价信息并汇总。

（2）调整变更模型和造价管理　在 BIM 5D 模型中对与签证、变更有关的构件进行变更内容修改，将修改后的模型导入造价管理软件，重新形成新的预算信息模型。计算出签证、变更后的工程量，并确定出签证、变更后的价格信息，形成新的造价文件。

（3）变更数据存储　将新的造价文件重新导入 BIM 5D 平台，由于 BIM 5D 平台中保留了原模型的数据，因此可进行新旧数据的对比分析，形成签证、变更的数据库，实现对工程签证、变更的动态管理。

（4）变更管理　利用 BIM 5D 平台的可视性及协同性，可以实现多方管理人员对签证、变更的协同管理，提高管理效率，避免出现管理延误。

8.4.5　动态成本控制

1. 基于 BIM 5D 的动态成本控制

在传统的项目管理系统（PM）的基础上，集成 BIM 5D 技术对施工项目成本进行动态控制，可以有效地融合技术和管理两个手段的优势，提高项目成本控制的效果。BIM 5D 的施工动态成本控制主要包括成本计划阶段、成本执行和反馈阶段、成本分析阶段。

（1）成本计划阶段　成本计划的编制是施工成本预控的重要手段。需要根据工程预算和施工方案等确定人员、材料、机械、分包等成本控制目标和计划，并依据进度计划制定人员和资源的需求数量、进场时间等，最后编制合理的资金计划，对资金的供应进行合理安排。BIM 技术在成本计划阶段的应用主要体现在以下方面：

1）BIM 技术可将建筑物全生命周期的信息集成在一个模型中，便于项目历史数据的调用和参考，减少了对主观经验的依赖。

2）通过 BIM 5D 模型可自动识别出实体的工程量，并结合进度和施工方案确定人工、材料、机械等资源数量，关联资源价格数据可快速计算出工程实体的成本，并将成本计划进一步分配到时间、部位等维度。

3）在计划执行前，可通过 BIM 5D 平台对方案和计划进行事前模拟，确定方案的合理性，并通过调整计划使施工期资源达到均衡。

（2）成本执行和反馈阶段　成本计划的执行和反馈是成本事中控制的重要阶段，反映的是工程成本计划的执行和监控的实际过程。BIM 技术在成本执行和反馈阶段的应用主要体现在以下方面：

1）成本事中控制阶段，在 BIM 5D 模型中对各项成本数据的统计和分析是以工程实体对象为准，统一了成本控制的口径。

2）施工过程中 BIM 5D 平台可以根据工程实体的进度，自动计算出不同实体在不同时期的动态资源需求量，便于合理地安排资源的采购和进场。

3）BIM 5D 平台不仅可以继承建筑的物理信息，而且还集成建筑的过程信息，在成本实施中可以将不同阶段的进度、成本信息按工程实体及时反馈到 BIM 5D 平台系统中，基于反馈的信息，BIM 5D 平台系统可主动计算出成本计划和实际的偏差，为及时采取有效措施调整偏差创造条件。

4）工程实施过程中，工程变更的发生会打乱原计划，BIM 5D 平台可通过比较变更前后的模型差异，计算变更部位及变更工程量的差异。在计算出变更工程量之后，可根据模型的变更情况，快速定位进度计划，实现进度计划的实时调整和更新，加快了应对效率，降低了成本。

5）BIM 5D 平台还是一种协同控制平台，设计方可以根据施工进度合理地安排出图计划，监理方可根据 BIM 模型的实体进度来审核验工计价，业主方可以根据 BIM 5D 平台的资金流程准备资金，总承包商可以通过 BIM 5D 平台与供应商、分包商进行沟通和协作，提高效率，降低成本。

（3）成本分析阶段　成本分析是揭示工程项目成本变化情况及变化原因的过程。成本分析为未来的成本预测和成本计划编制指明了方向。BIM 技术在成本分析阶段的应用主要体现在以下方面：

1）平台面向实体的可视化特性和集成过程信息的特性，在工程项目的某一个周期结束后，可以将该施工周期的形象进度、各类资源的投入、工程变更等进行可视化的回放，为造价管理人员进行深入的成本分析奠定了基础。

2）成本分析阶段不仅可以实现多维（预算成本、合同收入、实际成本）的统计和分析，而且还可将成本分析细化到分部分项工程、工序等层次，进行深层次的成本对比分析，形成对成本的综合动态分析，为挖掘成本控制的潜力和不足以及下一步成本控制提供依据。

3）在施工过程中，合同收入、预算成本和实际成本数据是实现成本动态对比分析的基础，利用 BIM 5D 可以方便快捷地得到三算数据。

BIM 5D 模型在施工过程中，按照月度实际完成进度，自动形成关联模型的已完工程量清单，并导入项目管理系统形成月度业主报量，根据业主批复工程量和预算单价形成实际收入。同时根据清单资源自动归集到成本项目，形成核算期间内的成本项目口径的合同收入。

根据月度实际完成任务，确定当月完成模型的范围。从关联模型中自动导出形成月度实际完成工程量，按照成本口径归集，形成预算成本。进一步细化，按照合约规划项自动统计，形成具体分包合同的预算成本。

在项目管理系统中，随着工程分包、劳务分包、材料出库、机械租赁等业务的进展，每月自动按照分包合同口径形成实际成本归集，进一步归集到成本项目。这样就形成项目的实际成本。

基于 BIM 的成本分析可以实现工序、构件级别的成本分析。在 BIM 5D 成本管理模式下，关于成本的信息全部和模型进行了绑定，间接绑定了进度任务，这样就可以在工序、时间段、构件级别进行成本分析。特别是基于 BIM 模型的资源量控制，主要材料（钢筋、混凝土）基于模型已经细化到楼层、部位，通过 BIM 模型的预算量，可控制其实际需用和消耗量，并将预算和收入进行及时的对比分析和预控。对于合同而言，可以按照分包合同，细化到各费用明细，通过 BIM 模型的工程量，控制其过程报量和结算量。

2. 基于 BIM 5D 的成本控制模式动态性体现

基于 BIM 5D 的成本控制模式是一种动态的成本控制模式，主要体现在以下方面：

（1）空间维度上的动态　由于 BIM 5D 面向实体对象和可虚拟动态模拟的特性，使得成本计划、成本监控和成本分析的各种过程数据都可以实现和模型实体的结合，不再是与对象割裂静态的数据。

（2）时间维度上的动态　基于 BIM 5D 的成本控制模式，可实现成本数据的实时反馈、动态追踪和偏差分析，使得成本控制的周期极大缩短，不再是成本控制周期较长、成本分析相对滞后的静态的成本控制模式。

（3）时间和空间维度相结合的动态　基于 BIM 5D 的成本控制模式，使得工程项目的建造过程中与成本控制相关的进度、资源、工程实体等可以像纪录片一样进行记录和回放，在对项目进行分析时，不再需要去查询施工日志、图纸等静态的资料。

8.5　BIM 与建设项目竣工阶段造价控制

按照我国建设程序的规定，竣工验收是建设过程最后阶段，是建设项目施工阶段和保修阶段的中间环节，是全面检验建设项目是否符合设计要求和工程质量检验标准的重要环节，审查投资使用是否合理的重要环节，是投资成果转入生产或使用的标志，对促进建设项目及时投产或交付使用、发挥投资效果、总结建设经验有着重要作用。

在工程竣工验收合格后，承包人应利用 BIM 技术及时编制竣工结算提交发包人审核。发包人在规定时间内详细审核承包人竣工结算模型，同时审核编报的结算文件及其相关资料，出具审核结论。审定的结算经发包人、承包人签字盖章确认后作为经济性文件，成为双方结清工程价款的直接依据。

8.5.1　竣工结算模型管理

1. 竣工结算模型构建

竣工结算模型基于施工过程模型，通过补充完善施工中的修改变更和相关验收资料信息等创建，包含施工管理资料、施工技术资料、施工进度及造价资料、施工测量记录、施工物资资料、施工记录、施工试验记录及检测报告、过程验收资料、竣工质量验收资料等。相关资料应符合《建筑工程施工质量验收统一标准》（GB 50300—2013）、《建筑工程资料管理规程》（JGJ/T 185—2009）等国家、行业、企业相关规范、标准的要求。

竣工结算模型应根据相关参与方协议，明确数据信息的内容及详细程度，以满足完成造价任务所需的信息量要求。同时应确定数据信息的互用格式，即交付方应保证模型数据能够被接收方直接读取。当数据格式需转换时，能采用成熟的转换工具和转换方式。交付方在竣工模型交付前，须对模型数据信息进行内部审核验收，应达到合同商定的验收条件。模型接收方接受模型后，应及时确认和核对。

竣工结算模型由总包单位或其他单位统一整合时，各专业承包单位应对提交的模型数据信息进行审核、清理，确保数据的准确性与完整性。竣工资料的表达形式包括文档、表格、视频、图片等，宜与模型元素进行关联，便于检索查找。竣工结算模型的信息应满足不同竣工交付对象和用途，模型信息宜按需求进行过滤筛选，不宜包含冗余信息。对运维管理有特殊要求的，可在交付成果中增加满足运行与维护管理基本要求的信息，包括：设备维护保养信息、工程质量保修书、建筑信息模型使用手册、房屋建筑使用说明书、空间管理信息等。竣工结算模型的创建及应用过程如下：

（1）收集数据　竣工结算模型创建需要收集准备的数据包括施工过程造价管理模型、与竣工结算工程量计算相关的构件属性参数信息文件、结算工程量计算范围、计量计价要求及依据、结算相关的技术与经济资料等。

（2）生成竣工结算模型　在最终版施工过程造价管理模型的基础上，根据经确认的竣工资料与结算工作相关的各类合同、规范、双方约定等相关文件资料进行模型的调整，生成竣工结算模型。

（3）审核模型　最终版施工过程造价管理模型与竣工结算模型进行比对，确保模型中反映的工程技术信息与商务经济信息相统一。

（4）完善模型　对于在竣工结算阶段中产生的新类型的分部分项工程按前述步骤完成工程量清单编码映射、完善构件属性参数信息、构件深化等相关工作，生成符合工程量计算要求的构件。

（5）生成造价文件　利用经过校验并多方确认的竣工结算模型，进行"结算工程量报表"的编制，完成工程量的计算、分析、汇总，导出完整全面的结算工程量报表，以满足结算工作的要求。竣工结算模型创建流程如图 8-4 所示。

2. 竣工结算模型深度

竣工结算阶段的工程量计算是项目 BIM 在工程量计算应用中的最后一个环节。本阶段强调对项目最终成果的完整表达，要将反映项目真实情况的竣工资料与结算模型相统一。本阶段工程量计算应用注重对前面几个阶段技术与经济成果的延续、完善和总结，成为工程结算工作的重要依据。竣工结算模型通常应满足表 8-1 的要求。

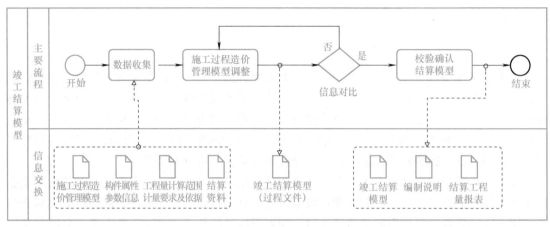

图 8-4　竣工结算模型创建流程

表 8-1　竣工结算模型信息深度

专业	模型内容	基本信息
土建	（1）桩基工程：各类桩尺寸、位置。凿截桩、注浆等内容用传统方式表达 （2）土方石工程：平整场地，挖土方与填土方。可用体量或传统方式表达 （3）钢筋混凝土工程：垫层、条形基础、独立基础、筏板基础、集水井、地下室混凝土外墙及附墙柱、地下室混凝土内墙及附墙柱、地上混凝土墙及附墙柱、混凝土柱、地下室外露顶板、坡道板、有梁板、平板、无梁板及柱帽等尺寸和位置。钢筋、模板的工程量计算需使用其他软件工具或传统方式，楼梯等按投影面积计算内容按传统方式 （4）混凝土细部工程：阳台梁、阳台板、雨篷、空调板、挂板、栏板、天沟挑檐、腰线、坡道、散水、台阶、排水沟、后浇带、设备基础、零星混凝土等尺寸、位置，散水、台阶等按投影面积计算内容用传统方式表达；电缆沟等按线性统计长度的用传统方式表达 （5）砌筑与二次结构工程：砌体内、外墙，构造柱、圈过梁、导墙、压顶、窗台梁等尺寸、位置；二次结构的钢筋、模板的工程量计算需使用其他软件工具或传统方式表达 （6）金属结构工程：钢结构、钢网架、钢桁架等尺寸、位置，楼梯、窗护栏、阳台、露台等部位的金属栏杆、栏板等尺寸、位置；钢平台、钢梯等零星金属构件的尺寸、位置 （7）门窗幕墙工程：按设计实际尺寸分类以面积统计或按"樘"统计 （8）装饰工程：内墙面、内墙裙、踢脚线、楼地面、天棚、外墙面、柱面、其他装饰面的尺寸、位置；部分模型工作量大的装饰面处理考虑使用其他软件工具或传统方式表达 （9）屋面与防水工程：屋面、墙面防水、地面防水、其他部位防水的尺寸、位置；变形缝等按线性统计长度的用传统方式，部分模型工作量大的屋面与防水工程考虑使用其他软件工具或传统方式表达 （10）其他工程：电梯、扶梯、浴厕配件、导识标牌等按模型中个数统计；脚手架的工程量计算需使用其他软件工具或传统方式，零星工程用传统方式统计 （11）签证单独计费项目构件，适合模型统计的按模型统计，软硬件条件或模型处理工作量过大的构件用传统方式	（1）接收技术应用阶段附加信息 （2）变更、签证等洽商资料与结算相关资料信息 （3）修改桩基构件的规格、混凝土等级等 （4）修改混凝土构件的种类、等级、添加剂等 （5）依据项目情况修改钢筋配筋信息等 （6）修改砌体构件的规格、材质、等级、砂浆强度等级等 （7）修改金属结构构件的品种、规格等 （8）修改其他材料的种类、材质、规格等 （9）修改装饰工程的种类、材质、规格、厚度、做法等 （10）修改屋面与防水工程的种类、材质、规格、做法等

（续）

专业	模 型 内 容	基 本 信 息
安装	暖通专业 （1）主要设备深化尺寸、定位信息：冷水机组、新风机组、空调器、通风机、散热器、水箱等 （2）其他设备的基本尺寸、位置：伸缩器、入口装置、减压装置、消声器等 （3）主要管道、风道深化尺寸、定位信息：管径、标高等 （4）次要管道、风道的基本尺寸、位置 （5）风道末端（风口）的大概尺寸、位置 （6）主要附件的大概尺寸（近似形状）、位置：阀门、计量表、开关、传感器等 （7）固定支架等大概尺寸（近似形状）、位置 给排水专业 （1）主要设备深化尺寸、定位信息：水泵、锅炉、换热设备、水箱水池等 （2）给排水干管、消防管道等深化尺寸、定位信息：管径、埋设深度或敷设标高、管道坡度等；管件（弯头、三通等）的基本尺寸、位置 （3）给排水支管的基本尺寸、位置 （4）管道末端设备（喷头等）的大概尺寸（近似形状）、位置 （5）主要附件的大概尺寸（近似形状）、位置：阀门、仪表等 （6）固定支架等大概尺寸（近似形状）、位置 电气专业 （1）主要设备深化尺寸、定位信息：机柜、配电箱、变压器、发电机等 （2）其他设备的大概尺寸（近似形状）、位置：照明灯具、插座、开关、视频监控、报警器、警铃、探测器等 （3）桥架（线槽）的基本尺寸、位置 （4）避雷带、均压环、引下线、接地网的基本尺寸、位置 备注：电线管、电缆模型中不建议进行模型建立，可通过其他方式计算	暖通专业 （1）更新系统信息：系统编号 （2）更新设备信息：品牌、设备编号、型号、设备参数信息等 （3）更新管道信息：品牌、接口形式、材质、规格等 （4）更新附件信息：品牌、材质、规格、型号等 （5）更新管道及设备保温信息：保温材质及厚度 （6）更新固定支架信息：固定支吊架规格及材质信息 给排水专业 （1）更新系统信息：系统编号等 （2）更新设备信息：品牌、设备编号、型号及安装形式 （3）更新管道信息：品牌、接口形式、材质、规格等 （4）更新附件信息：品牌、材质、规格、型号等 （5）更新管道及设备保温信息：品牌、保温材质及厚度 （6）更新固定支架信息：固定支吊架规格及材质信息 电气专业 （1）更新系统信息：系统编号 （2）更新设备信息：品牌、柜体编号、型号、设备参数信息等 （3）更新附件信息：品牌、材质、规格、型号及安装形式等 （4）更新桥架信息：品牌、安装方式、桥架类型、规格、材质、所属专业 （5）更新防雷接地信息：规格、材质、安装方式

8.5.2　基于 BIM 的结算管理

1. 结算管理的特点

在工程量清单计价模式下，竣工结算的编制是基于 BIM 技术采取投标合同加上变更、签证等费用的方式进行计算，即以合同标价为基础，增加的项目应另行经发包人签证，对签证的项目内容进行详细费用计算，将计算结果加入合同标价中，即为该工程结算总造价。

虽然结算工作是造价管理最后一个环节，但是结算所涉及的业务内容覆盖了整个建造过程，包括从合同签订一直到竣工的关于设计、预算、施工生产和造价管理等的信息。竣工阶段由于常发生竣工资料不完善、前序积累信息流失等问题，是造价管理过程中的常见问题，也是管理难点。传统结算工作主要存在以下几个难点：

1）依据多。结算涉及合同报价文件，施工过程中形成的签证、变更、暂估材料认价等各种相关业务依据和资料，以及工程会议纪要等相关文件。特别是变更、签证，一般项目变更率在 20% 以上，施工过程中与业主、分包、监理、供应商等产生的结算单据数量也较多。

2）计算多。施工过程中的结算工作涉及月度、季度造价汇总计算，报送、审核、复审造价计算，以及项目部、公司、甲方等不同维度的造价统计计算。

3）汇总多。结算时除了需要编制各种汇总表，还需要编制设计变更、工程洽商、工程签证等分类汇总表，以及分类材料（如钢筋、商品混凝土等）分期价差调整明细表。

4）管理难。结算工作涉及成百上千的计价文件、变更单、会议纪要的管理，业务量和数据量大，造成结算管理难度大，变更、签证等业务参与方多和步骤多也会造成结算管理难。

BIM 技术和 5D 协同管理的引入，有助于改变上述工程结算工作的被动状况。随着施工阶段推进，BIM 模型数据库不断完善，模型相关的合同、设计变更、现场签证、计量支付、甲供材料等信息也不断录入与更新，到竣工结算时，其信息量已完全可以表达竣工工程实体。通过 BIM 模型与造价软件的整合，利用系统数据与 BIM 模型随工程进行而更新的数据进行分析，可以根据结算需要快速地进行工程量分阶段、构件位置的拆分与汇总，依据内置工程量计算规则直接统计出工程量，实现“框图出量”，如图 8-5 所示。

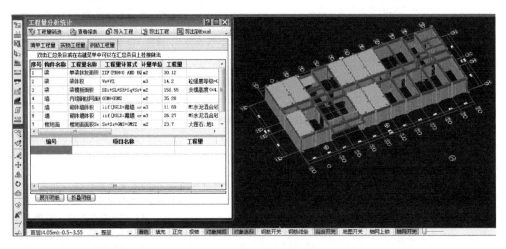

图 8-5　基于 BIM 模型“框图出量”

进而在 BIM 模型基础上加入综合单价等工程造价形成元素对竣工结算进行确认，实现“框图出价”（见图 8-6），最终形成工程造价成果文件。

010401004001	多孔砖墙	225.64	m3	494.00	111466.16	131.94
AD0053换	烧结多孔砖 干混砂浆 [人*1.25]	22.564	10m3	4939.98	111465.71	1319.44
010401005002	空心砖墙	187.42	m3	387.55	72634.62	133.61
AD0068换	烧结空心砖 干混砂浆 [人*1.25]	18.742	10m3	3875.49	72634.43	1336.10
	小计				184100.78	
0105	混凝土及钢筋混凝土工程					
010502001004	矩形柱	71.88	m3	560.12	40261.43	27.30
AE0083	柱 商品混凝土 C30	7.188	10m3	5601.23	40261.64	273.00
010502002007	构造柱	33.54	m3	546.98	18345.71	32.76
AE0094	商品混凝土构造柱 C20	3.354	10m3	5469.80	18345.71	327.60
010503002005	矩形梁	3.48	m3	559.87	1948.35	26.69
AE0113	梁 商品混凝土 C30	0.348	10m3	5598.65	1948.33	266.85
010503005008	过梁	4.05	m3	549.82	2226.77	26.69
AE0112	梁 商品混凝土 C25	0.405	10m3	5498.15	2226.75	266.85
010505001006	有梁板	286.72	m3	560.98	160844.19	26.81
AE0233	板 商品混凝土 C30	28.672	10m3	5609.83	160845.05	268.05
010505003003	平板		m3			

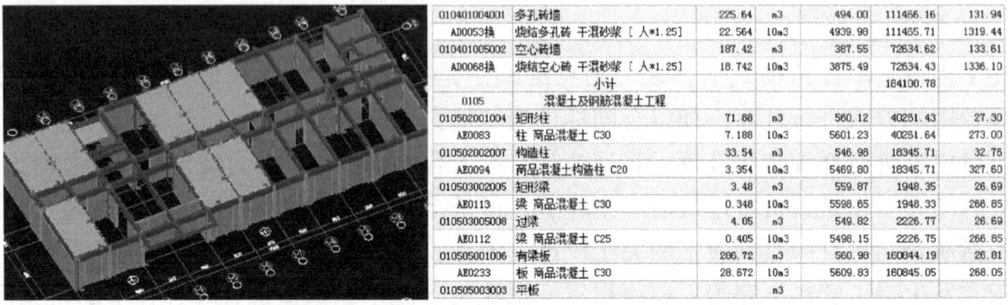

图 8-6　基于 BIM 模型“框图出价”

在集成于 BIM 系统的含变更的结算模型中，通过 BIM 可视化的功能可以随时查看三维变更模型，并直接调用变更前后的模型进行对比分析，查阅变更原始资料。同时还可以自动统计变更前后的费用变化情况等。图 8-7 所示为墙体设计变更前后工程量与费用对比统计图。

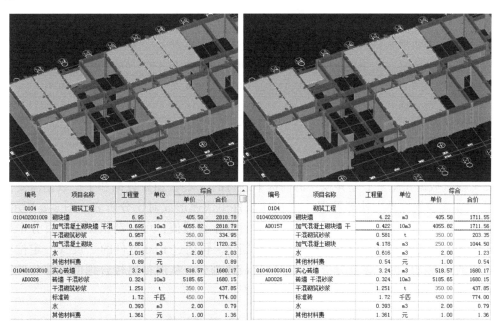

图 8-7 墙体设计变更前后工程量与费用对比统计图

当涉及工程索赔和现场签证时，可将原始资料（包括现场照片或影像资料等）通过 BIM 系统中图片数据采集平台及时与 BIM 模型准确位置进行关联定位，结算时按需要进行查阅。模型的更新和编辑工作均需留痕迹，即模型及相关信息应记录信息所有权的状态、信息的建立者与编辑者、建立和编辑的时间及所使用的软件工具及版本等。

2. 核对工程量

造价人员基于 BIM 模型的竣工结算工作有两种实施方法：其一是向提供的 BIM 模型中增加造价管理需要的专门信息；其二是把 BIM 模型里面已经有的项目信息抽取出来或者和现有的造价管理信息建立连接。不论是哪种实施方法，项目竣工结算价款调整主要由工程量和要素价格及取费决定。

竣工结算工程量计算是在施工过程造价管理应用模型基础上，依据变更和结算材料，附加结算相关信息，按照结算需要的工程量计算规则进行模型的深化，形成竣工结算模型并利用此模型完成竣工结算的工程量计算，以此提高竣工结算阶段工程量计算效率和准确性。从项目发展过程时间线来看，项目工程量随着设计或施工的变化而发生改变，工程结算阶段工程量核对形式依据先后顺序主要分为以下四种：

（1）分区核对　分区核对处于核对数据的第一阶段，主要用于总量比对。一般造价员、BIM 工程师按照项目施工阶段的划分将主要工程量分区列出，形成 BIM 数据与预算数据对比分析表。当然施工实际用量的数据也是结算工程量的一个重要参考依据，但是对于历史数据来说，往往分区统计存在误差，所以只存在核对总量的价值，表 8-2 为某项目混凝土构件结算工程量分区对比分析表。

表 8-2 某项目混凝土构件结算工程量分区对比分析表 （单位：m³）

序号	施工阶段	BIM 数据	预算数据	计算偏差		BIM 模型扣除钢筋占体积	实际用量	BIM 模型与现场量差	
				数值	百分比（%）			数值	百分比（%）
1	B-4-1	4281.98	4291.4	-9.42	-0.22	4166.37	4050.34	116.03	2.78
2	B-4-2	3852.83	3852.4	0.43	0.01	3748.8	3675.3	73.5	1.96
3	B-4-3	3108.18	3141.3	-33.12	-1.07	3024.26	3075.2	-50.94	-1.68
4	B-4-4	3201.98	3185.3	16.68	0.52	3115.53	3183.8	-68.27	-2.19
合计		14444.97	14470.4	-25.43	-0.76	14054.96	13984.64	70.32	0.87

（2）**分部分项清单工程量核对** 分部分项清单工程量核对是在分区核对完成以后，确保主要工程量数据在总量上差异较小的前提下进行的。如果 BIM 数据和手工数据需要比对，可通过 BIM 建模软件导入外部数据，在 BIM 软件中快速形成对比分析表，图 8-8 所示为分部分项清单工程量对比分析表。通过设置偏差百分率警戒值，可自动根据偏差百分率排序，迅速对数据偏差交代的分部分项工程项目进行锁定。再通过 BIM 软件的"反查"定位功能，对所对应的区域构件进行综合分析，确定项目最终划分，从而得出较合理的分部分项子目。而且通过对比分析表也可以对漏项进行对比检查。

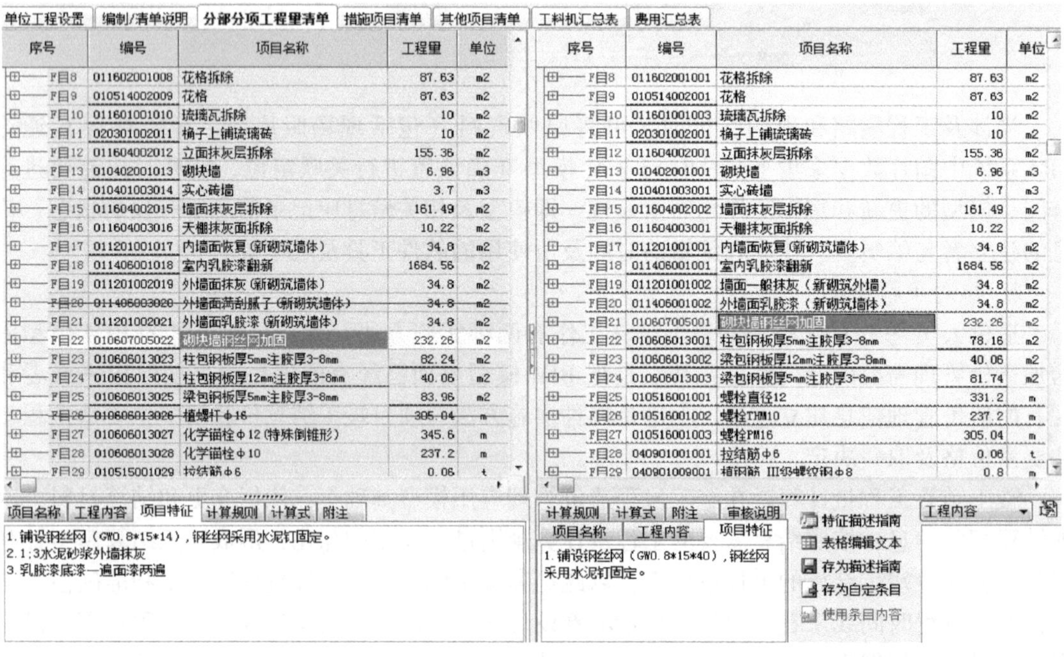

图 8-8 分部分项清单工程量对比分析表

（3）**BIM 模型综合应用查漏** 由于专业与专业之间的信息传递局限和技术能力差异，实际结算工程量计算准确性也有较大差异。通过各专业 BIM 模型的综合应用，直观快速检查专业之间交叉信息，减少计算能力和经验不足造成结算偏差。

（4）大数据核对　大数据核对是在前三个阶段完成后的最后一道核对程序。对项目的高层管理人员来讲，依据一份大数据对比分析报告，加上自身丰富的经验，就可以对项目结算报告做出分析，得出结论。BIM 完成后，直接到云服务器上自动检索高度相似的工程进行云指标对比，查找漏项和偏差较大的项目。

3. 核对要素价格

基于 BIM 技术可实现项目计价算量一体化。由于施工合同相关条款约定，在施工过程中经常存在人工费、材料单价等要素的调整，在结算时应进行分时段调整。通过如图 8-9 所示 BIM 5D 平台将模型与已标价的投标工程量清单关联，当发生要素调整时，仅需要在 BIM 模型中添加进度参数，即在 BIM 5D 模型中动态显示出整个工程的施工进度。系统自动根据进度参数形成新的模型版本，进行各时段需调整的分项工程量或材料消耗量统计。同时根据模型关联的已标价投标工程量清单进行造价数据更改，更改记录也会记录在相应模型上。

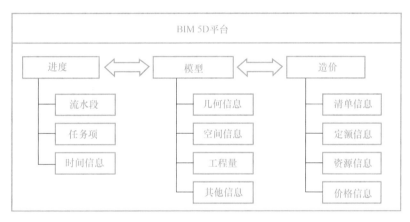

图 8-9　BIM 5D 平台

4. 取费确定

工程竣工结算时除了工程量和要素价格调整外，还涉及如安全文明施工费、规费及税金等的确定。此类费用与施工企业管理水平、项目施工方案、施工条件、施工合同条款、政策性文件等约束条件有关，需要根据项目具体情况把这些约束条件或调整条件考虑进去，建立相应 BIM 模型的标准。可通过 BIM 技术手段实现，如应用编程接口（Application Programming Interface，API）：由 BIM 软件厂商随 BIM 软件一起提供的一系列应用程序接口，造价人员或第三方软件开发人员可以用 API 从 BIM 模型中获取造价需要的项目信息，与现有造价管理软件集成，也可以把造价管理对项目的修改调整反馈到 BIM 模型中。

8.5.3　竣工资料档案汇总

建立完整的工程项目竣工资料档案是做好竣工验收工作的重要内容。工程竣工资料档案记录工程项目的整个历程，是国家、地区、行业发展史的一部分，是评比项目各参与方工作成绩和追究责任的重要依据。涉及造价方面的资料，包括竣工结算模型、经济技术文件等，特别是 BIM 技术下的数据信息模型，是保证项目正式投入运营后进行维修和进一步改扩建的重要技术依据，也是总结经验教训、持续改进项目管理和提供同类型项目管理的借鉴。工程项目竣工结算资料档案按存储介质形式目前可分为纸质版和电子版两种形式。按内容划分主要包括以下方面：

1）与工程项目决策有关的文件，包括项目建议书、可行性研究报告、评估报告、环评、批准文件等。

2）项目实施前准备阶段的工作资料，包括勘察设计文件和图纸、招标文件、投标文件、各项合同文件及附件资料。

3）相关部门的批准文件和协议。

4）建设工程中的相关资料，包括施工组织设计、设计变更、工程洽商、索赔与现场签证、各项实测记录、质量监理、试运行考核记录、验收报告和评价报告等。

5）与工程结算编制相关的工程计价标准、计价方法、计价定额、计价信息及其他规定等依据。

6）建设期内影响合同价格的法律、法规和规范性文件等。

7）竣工结算模型。它是反映工程项目完工后实际情况的重要资料档案，各参与方应根据国家对竣工结算模型的要求，对其进行编制、整理、审核、交接和验收。

建筑行业工程竣工档案的交付目前主要采用纸质档案，其缺点是档案文件堆积如山，数据信息保存困难，容易损坏、丢失，查找使用麻烦。《纸质档案数字化技术规范》（DA/T 31—2017）等国家档案行业相关标准规范中规定了纸质档案数字化技术和管理规范性要求，纸质竣工档案通过数字化前处理、目录数据库建立、档案扫描、图像处理、数据挂接、数字化成果验收与移交等环节，确保了传统纸质档案数字化成果的存储。但这类扁平化资料在三维可视化和信息集成化等方面依然有较大局限性。

在集成应用了 BIM 技术、计算机辅助工程（Computer Aided Engineering，CAE）技术、虚拟现实、人工智能、工程数据库、移动网络、物联网以及计算机软件集成技术，引入建筑业国际标准《工业基础类》（Industry Foundation Class，IFC），通过建立建筑信息模型，可形成一个全信息数据库，实现信息模型的综合数字化集成，具有可视化、智能化、集成化、结构化特点。

智能化要求建筑工程三维图形与施工工程信息高度相关，可快速对构件信息、模型进行提取、加工，利用二维码、智能手机、无线射频等移动终端实现信息的检索交换，快速识别构件系统属性、技术参数，定位构件现场位置，实现现场高效管理。

规划、设计信息、施工信息、运维信息在工程各个阶段通常是孤立的，给同一项目各个专业信息传达造成极大不便。通过对各个阶段信息进行综合，并与模型集成，可达到工程数据信息的集成管理。

数字化集成交付系统在网络化的基础上，对信息进行集成、统一管理，通过构件编码和构件成组编码，将构件及其关键信息提取出来，实现数据的高效交换和共享。

根据国家档案局对工程项目档案的要求，工程项目竣工资料不得少于两套。一套交使用（生产、运营）单位保管，一套交有关主管部门保管，关系到国家基础设施建设工程的还应增加一套送国家档案馆保存。工程项目档案资料的保管期分为永久、长期、短期三种，长期保管的工程项目档案资料实际保管期限不得短于工程项目的实际寿命。

本章小结

　　工程造价管理包括工程造价的确定和控制范畴。本章主要介绍了 BIM 技术在建设项目各个阶段工程造价控制中的应用，包括 BIM 技术在决策和设计阶段、招投标阶段、施工过程中以及竣工结算阶段的模型建立以及造价控制方法，介绍了 BIM 技术在全过程工程造价管理中发挥的积极作用。但是由于国内基于 BIM 技术的工程造价软件开发程度还远远不够，在实际应用中没有很好地发挥 BIM 技术的优势，没有实现真正意义上的成本控制。随着技术的不断更新与发展，BIM 技术在造价管理中的应用拓展，将为精细化管理提供更良好的支持。

习　题

1. 如何理解 BIM 技术在建设项目决策和设计阶段的应用价值？
2. BIM 技术在建设项目招投标中有哪些应用价值？
3. 建设项目施工阶段 BIM 5D 施工资源信息模型如何构成？
4. 简述 BIM 5D 施工资源信息模型的构建方式。
5. 建设项目 BIM 5D 施工资源信息模型在施工现场材料计划管理过程中的主要应用有哪些方面？
6. 如何运用 BIM 5D 施工资源信息模型进行进度款管理？
7. 如何运用 BIM 5D 施工资源信息模型进行工程签证和变更管理？
8. 如何运用 BIM 5D 施工资源信息模型进行动态成本控制？
9. 简述竣工结算模型的创建及应用过程。
10. 基于 BIM 的结算管理主要体现在哪些方面？

参考文献

［1］李建成．BIM 应用：导论［M］．上海：同济大学出版社，2015．

［2］丁烈云．BIM 应用：施工［M］．上海：同济大学出版社，2015．

［3］庞红，向往．BIM 在中国建筑设计的发展现状［J］．建筑与文化，2015（1）：158-159．

［4］刘占省，赵雪峰．BIM 技术与施工项目管理［M］．北京：中国电力出版社，2015．

［5］孙彬，栾兵，刘雄，等．BIM 大爆炸：认知＋思维＋实践［M］．北京：机械工业出版社，2018．

［6］张建平．BIM 技术的研究与应用［J］．施工技术，2011（2）：116-119．

［7］赵红红，李建成．信息化建筑设计［M］．北京：中国建筑工业出版社，2005．

［8］李犁．基于 BIM 技术建筑协同平台的初步研究［D］．上海：上海交通大学，2012．

［9］张磊．BIM 造价专业基础知识［M］．北京：中国建筑工业出版社，2018．

［10］王轶群．BIM 技术应用基础［M］．北京：中国建筑工业出版社，2015．

［11］张江波．BIM 模型算量应用［M］．西安：西安交通大学出版社，2017．

［12］中国建设工程造价管理协会．建设工程造价管理基础知识［M］．3 版．北京：中国计划出版社，2014．

［13］中华人民共和国住房和城乡建设部．建设工程工程量清单计价规范：GB 50500—2013［S］．北京：中国计划出版社，2013．

［14］中华人民共和国住房和城乡建设部．建筑信息模型应用统一标准：GB/T 51212—2016［S］．北京：中国建筑工业出版社，2016．

［15］中华人民共和国住房和城乡建设部．建筑信息模型施工应用标准：GB/T 51235—2017［S］．北京：中国建筑工业出版社，2017．

［16］全国造价工程师执业资格考试培训教材编审委员会．建设工程造价管理［M］．北京：中国计划出版社，2013．

［17］中华人民共和国住房和城乡建设部．房屋建筑与装饰工程工程量计算规范：GB 50854—2013［S］．北京：中国计划出版社，2013．

［18］中华人民共和国住房和城乡建设部．通用安装工程工程量计算规范：GB 50856—2013［S］．北京：中国计划出版社，2013．

［19］中国工程咨询协会．工程项目管理指南［M］．天津：天津大学出版社，2013．

［20］BIM 工程技术人员专业技能培训用书编委会．BIM 技术概论［M］．北京：中国建筑工业出版社，2016．

［21］匡施瑶．BIM 技术在建设工程招投标中应用［J］．吉林建筑大学学报，2017，34（1）：109-112．

［22］丁敏．工程造价分析及造价指数在项目实施中的作用［J］．中国市政工程，2007（6）：66-67．

［23］王婷，池文婷．BIM 技术在 4D 施工进度模拟的应用探讨［J］．图学学报，2015，36（2）：306-311．

［24］王牡丹，祝宇阳，吴媛民．基于 BIM 技术的公共建筑能耗分析监测系统设计［J］．土木建筑工程信息技术，2017，9（1）：76-81．